21世纪高等学校计算机规划教材

21st Century University Planned Textbooks of Computer Science

Java Web
程序设计教程

Java Web Development

范立锋 林果园 编著

精品系列

人民邮电出版社

北 京

图书在版编目（CIP）数据

Java Web程序设计教程 / 范立锋，林果园编著. --
北京 : 人民邮电出版社，2010.4
21世纪高等学校计算机规划教材
ISBN 978-7-115-21974-9

Ⅰ. ①J… Ⅱ. ①范… ②林… Ⅲ. ①
JAVA语言－程序设计－高等学校－教材 Ⅳ. ①TP312

中国版本图书馆CIP数据核字(2009)第244140号

内 容 提 要

本书介绍使用 Java 语言开发 Web 应用的主流技术。首先，从基本开发技术入手，讲解了 JSP、Servlet、SQL 以及 JDBC 的基础概念及应用方法。然后，逐步过渡到框架技术的讲解，包括 Struts 2 框架技术应用、Hibernate 框架技术应用、Spring 框架技术应用以及 3 个框架的整合应用方式。每章为读者配备了简明而又实用的示例，在书的最后通过一个完整的项目开发案例对所学技术进行总结和应用。

本书可作为普通高等院校计算机及相关专业课程教材，同时也可作为 Java 编程爱好者及开发人员的参考用书。

21 世纪高等学校计算机规划教材

Java Web 程序设计教程

◆ 编　著　范立锋　林果园

　　责任编辑　刘　博

◆ 人民邮电出版社出版发行　　北京市崇文区夕照寺街 14 号
　　邮编　100061　电子函件　315@ptpress.com.cn
　　网址　http://www.ptpress.com.cn
　　三河市海波印务有限公司印刷

◆ 开本：787 × 1092　1/16
　　印张：22
　　字数：578 千字　　　　　　2010 年 4 月第 1 版
　　印数：1 – 3 000 册　　　　2010 年 4 月河北第 1 次印刷

ISBN 978-7-115-21974-9

定价：36.00 元

读者服务热线：(010)67170985　印装质量热线：(010)67129223
反盗版热线：(010)67171154

出版者的话

计算机应用能力已经成为社会各行业最重要的工作要求之一，而计算机教材质量的好坏会直接影响人才素质的培养。目前，计算机教材出版市场百花争艳，品种急剧增多，要从林林总总的教材中挑选一本适合课程设置要求、满足教学实际需要的教材，难度越来越大。

人民邮电出版社作为一家以计算机、通信、电子信息类图书与教材出版为主的科技教育类出版社，在计算机教材领域已经出版了多套计算机系列教材。在各套系列教材中涌现出了一批被广大一线授课教师选用、深受广大师生好评的优秀教材。老师们希望我社能有更多的优秀教材集中地呈现在老师和读者面前，为此我社组织了这套"21世纪高等学校计算机规划教材-精品系列"。

"21世纪高等学校计算机规划教材-精品系列"具有下列特点。

（1）前期调研充分，适合实际教学需要。本套教材主要面向普通本科院校的学生编写，在内容深度、系统结构、案例选择、编写方法等方面进行了深入细致的调研，目的是在教材编写之前充分了解实际教学的需要。

（2）编写目标明确，读者对象针对性强。每一本教材在编写之前都明确了该教材的读者对象和适用范围，即明确面向的读者是计算机专业、非计算机理工类专业还是文科类专业的学生，尽量符合目前普通高等教学计算机课程的教学计划、教学大纲以及发展趋势。

（3）精选作者，保证质量。本套教材的作者，既有来自院校的一线授课老师，也有来自IT企业、科研机构等单位的资深技术人员。通过他们的合作使老师丰富的实际教学经验与技术人员丰富的实践工程经验相融合，为广大师生编写出适合目前教学实际需求、满足学校新时期人才培养模式的高质量教材。

（4）一纲多本，适应面宽。在本套教材中，我们根据目前教学的实际情况，做到"一纲多本"，即根据院校已学课程和后续课程的不同开设情况，为同一科目提供不同类型的教材。

（5）突出能力培养，适应人才市场要求。本套教材贴近市场对于计算机人才的能力要求，注重理论技术与实际应用的结合，注重实际操作和实践动手能力的培养，为学生快速适应企业实际需求做好准备。

（6）配套服务完善，共促提高。对于每一本教材，我们在教材出版的同时，都将提供完备的PPT课件，并根据需要提供书中的源程序代码、习题答案、教学大纲等内容，部分教材还将在作者的配合下，提供疑难解答、教学交流等服务。

在本套教材的策划组织过程中，我们获得了来自清华大学、北京大学、人民大学、浙江大学、吉林大学、武汉大学、哈尔滨工业大学、东南大学、四川大学、上海交通大学、西安交通大学、电子科技大学、西安电子科技大学、北京邮电大学、北京林业大学等院校老师的大力支持和帮助，同时获得了来自信息产业部电信研究院、联想、华为、中兴、同方、爱立信、摩托罗拉等企业和科研单位的领导和技术人员的积极配合。在此，人民邮电出版社向他们表示衷心的感谢。

我们相信，"21世纪高等学校计算机规划教材-精品系列"一定能够为我国高等院校计算机课程教学做出应有的贡献。同时，对于工作欠缺和不妥之处，欢迎老师和读者提出宝贵的意见和建议。

前　言

Java 语言以其简单易学、适用范围广泛等优点，成为了近年来最为流行的编程语言之一。尤其在 Web 应用开发方面，Java 更具有得天独厚的优势。随着 Java 语言的推广和应用，各种针对 Web 开发的框架技术也应运而生。本书从 Java Web 应用开发的基础技术入手，重点讲解了 Struts 2，Spring 以及 Hibernate 框架在实际开发中的应用技巧。

本书是作者在总结了多年开发经验与成果的基础上编写的。书中全面、翔实地介绍了 Java Web 应用开发所需的各种知识和技巧。通过本书的学习，读者可以快速、全面地掌握使用框架开发 Web 应用程序的方法，并可达到融会贯通、灵活运用的目的。

Java Web 应用知识体系

Java Web 应用的知识体系如下图所示。

本书特点

（1）教材知识体系结构合理。知识安排强调整体性和系统性，知识表达强调层次性和有序性，便于读者学习和理解。

（2）书中采用程序结构、页面交互图、表格等多种方式给出了问题描述及解决的全部流程，使读者从多个角度来更好地理解问题。

（3）重点难点醒目。书中采取"注意"、"说明"、"技巧"的特殊体例，将各知识点中的重点内容或相关应用技巧突现出来，使读者能快速抓住问题关键。

（4）注重理论性与实践性的结合。本书在每章知识点讲解之后，都给出一个综合应用本章技术的案例，使读者在实践基础上加深对理论的认识及掌握。

（5）综合案例实用性强。本书最后给出的综合性案例，详细介绍了从需求分析、数据库设计到系统设计、编码设计的整个流程。读者通过此案例不仅能够掌握书中知识点的综合应用，更能学会软件开发的一般流程。

本书结构

本书围绕 Java Web 应用开发循序渐进地介绍相关知识，全书共分 15 章，各章主要内容如下表所示。

章　　名	主　要　内　容
第 1 章　Web 应用开发简介	介绍 Web 应用的概念，Java 在 Web 应用开发方面的相关技术及集成开发环境
第 2 章　Java EE 运行及开发环境	介绍构建 Java EE 开发环境所需各种开发工具、软件
第 3 章　JSP 和 Servlet	介绍 JSP 及 Servlet 相关的基础技术点及其应用
第 4 章　SQL 与 JDBC	介绍 SQL 与 JDBC 相关的基础技术点及其应用
第 5 章　Struts 2 框架基础	介绍 Struts 2 框架的工作原理、基础知识及简单应用
第 6 章　Struts 2 高级应用	介绍 Struts 2 框架的高级应用技巧
第 7 章　Struts 2 中应用模板语言	介绍 FreeMarker 和 Velocity 这两种模板语言的使用方法
第 8 章　Hibernate 框架基础	介绍 Hibernate 框架工作原理、工作流程及简单应用
第 9 章　Hibernate 查询	介绍 Hibernate 框架的数据检索策略、查询方式及各种关联查询操作
第 10 章　Hibernate 性能优化	介绍 Hibernate 事务与并发操作及缓存原理和实现
第 11 章　Spring 框架基础	介绍 Spring 框架的开发环境、Bean 装载，以及核心控制器的应用
第 12 章　Spring AOP	介绍 Spring AOP 的基础知识、Spring 通知、工厂及代理工厂技术
第 13 章　Spring 与 Java EE 持久化数据访问	介绍 Spring 对 DAO 模式的支持、Spring 的 JDBC 及 Spring 中的事务处理方式
第 14 章　Spring 与 Struts 2、Hibernate 框架的整合基础	介绍 Spring 与 Struts 2 及 Hibernate 在 Web 应用中的作用，以及 3 个框架整合开发 Web 应用的方式
第 15 章　图书馆管理系统	介绍图书馆管理系统的整个开发流程

本书面向的读者

本书可作为普通高等院校计算机及相关专业课程教材，也可作为具有一定 Java 语言编程基础，并想快速掌握 SSH 开发技术的初学者及开发人员的参考用书。

技术支持

本书实例开发中用到的程序源代码，可以在"人民邮电出版社教学服务与资源网（www.ptpedu.com.cn）"中免费下载，以供读者学习和使用。

编　者

2009 年 9 月

目 录

第1章
Web 应用开发简介

Web 是 Internet 上的一种服务，它使用超文本技术将 Internet 上的资源以页面的形式表示出来；Web 应用程序是一种使用 HTTP 作为核心通信协议，通过 Internet 让 Web 浏览器和服务器通信的计算机程序。开发 Java Web 应用中可使用的框架有多种，如 Struts 2、WebWork 等。开发应用程序的 IDE 种类也是多种多样，如 Eclipse、IntelliJ IDEA 等。Web 应用程序的运行离不开 Web 应用服务器，Java 应用中常用的 Web 应用服务器有 Tomcat、WebLogic 等。

通过本章的学习，读者将会了解 Web、Web 应用程序、开发 Java Web 应用中常用的框架、常用的集成开发环境、常用的 Web 服务器等知识。

1.1　何为 Web 应用

Internet 是一个全球计算机互连网络，同时它也是全球信息资源的总汇。Web 则是 Internet 上集文本、声音、图像、视频等多媒体信息于一身的全球信息资源网络，是 Internet 上的重要组成部分。

1.1.1　Web 的概念及发展

World Wide Web 简称为 Web，中文译为万维网，是 Internet 上的一种服务。Web 的历史最早可追溯到 1980 年 Tim Berners-Lee 负责的 Enquire（Enquire Within Upon Everything 的简称）项目（用于科学家之间方便交流信息等方面），该项目虽然和目前的 Web 不太一样，但是它已经具有了和 Web 类似的核心思想。之后，一直到 1990 年，第一台 Web 服务器 "nxoc01.cern.ch" 开始运行，Tim Berners-Lee 在自己编写的图形化 Web 浏览器 "World Wide Web" 上看到了最早的 Web 页面。1991 年，CERN（European Particle Physics Laboratory）正式发布了 Web 技术标准，这也意味着 Web 正式登上了历史的舞台。

Web 使用超文本技术将 Internet 上的资源以页面的形式表示出来，以供用户使用，并且资源之间可以通过超链接链接起来，以达到多种资源共享的目的。同时，Web 上的资源是十分丰富的，包括图片、文本、多媒体等，因此用户可以通过 Web 来获取知识、进行娱乐、在线交易等。

Web 在组成上包括以下两部分。

● 服务器：物理设备方面指的是存放供用户访问的信息资源的远程计算机，如某个公司的网站服务器架设在操作系统为 Linux 的计算机上。软件方面指的是能根据用户的请求将信息资源传递给用户的应用程序，如 Apache 服务器。

- 客户端：物理设备方面指的是客户所使用的本地计算机，如上网时使用的个人计算机。软件方面指的是能接收并显示服务器上传递过来的信息资源的应用程序，如 Internet Explorer。

发展到今天，Web 共经历了两个阶段：Web 1.0 和 Web 2.0，其中 Web 1.0 被称为 Internet 第一代，指的是 2003 年以前的 Internet 模式。在 Web 1.0 时代，Internet 采用的是技术创新主导模式，比较著名的网站有早期的新浪、搜狐等。而 Web 2.0 则是以 Internet 作为平台，利用集体智慧，通过数据库的支持完成超越单一设备的软件及网络应用，它将软件发布周期作为一个循环，提升了用户的体验，比较著名的例子有博客、播客、维基、社区、分享服务等。Web 2.0 以用户为灵魂，它允许多人参与，以可读可写的模式成为了 Internet 新的发展趋势。

针对 Web 2.0 有人又提出了 Web 3.0，不过对 Web 3.0 的争议非常大，如将 Web 3.0 描述为一条最终通向人工智能的网络进化的道路或者构思成将整个网络转化为一系列的 3D 空间。不管 Web 3.0 最终将向何处发展，但不可否认的是，从 Web 诞生至今，它不仅改变着人们联系、交流、获取知识的方式，而且也在改变着商业的运行模式，它已经成为人们生活、工作中非常重要的一部分。

1.1.2　Web 应用程序

最初，Web 上的内容是由静态页面组成的，页面上包含了一些文本、图片等信息资源，用户可以通过超链接来浏览信息。采用静态页面的缺陷非常多，如不能与用户进行交互，不能实时更新 Web 上的内容，因此像搜索引擎、股市行情等许多功能无法实现。之后出现了动态页面，即根据不同的用户或不同的时间，呈现给用户不同的信息资源。其中，动态内容是由 Web 应用程序来实现的。

Web 应用程序是一种使用 HTTP 作为核心通信协议，通过 Internet 让 Web 浏览器和服务器通信的计算机程序。不同于静态网站，Web 应用程序能够动态创建页面，实现网站和用户的实时交互。

说明：HTTP 称为超文本传输协议，它主要用来定义客户端和服务器端通信的规范。

Web 应用中的每一次数据交换都要涉及客户端和服务端两个层面。因此，Web 应用程序的开发技术分为客户端开发技术和服务器端开发技术两种。客户端开发技术如下。

- HTML：超文本标记语言，是 Web 的描述语言。
- CSS：用于（增强）控制网页样式并允许将样式信息与网页内容分离的一种标记性语言。
- DOM：文档对象模型的缩写，使用 DOM 可以访问页面其他的标准组件。
- ActiveX：一个集成平台，使用 ActiveX 可轻松方便地在 Web 页中插入多媒体效果、交互式对象、复杂程序等。
- JavaScript：客户端脚本语言，可以为客户提供更流畅的浏览效果。
- 其他：VBScript、Applet 等。

服务器端开发技术如下。

- JSP/Servlet：服务器端的 Java 应用程序，可以生成动态的 Web 页面。
- PHP：在服务器端执行的嵌入 HTML 文档的脚本语言。
- ASP：用于构建 Windows 服务器平台上的 Web 应用程序。
- 其他：CGI、Perl、ISAPI 等。

应用程序的模式分为两种：C/S 模式和 B/S 模式。其中，C/S 模式（客户端/服务器端模式）的程序一般能够独立运行；B/S 模式（浏览器端/服务器端模式）的应用程序一般需要通过浏览器来运行。Web 应用程序一般采用的是 B/S 模式。采用 B/S 模式的 Web 应用程序分为 3 层结构。

- 表示层：采用 Web 浏览器实现。
- 业务逻辑层：由位于 Web 服务器上的各种服务器端程序实现。
- 数据服务层：由数据库服务器提供，数据库服务器如 MySQL、SQL Server 等。

随着 Web 的普及，Web 应用程序已经成为目前最流行的应用程序。

1.2　使用 Java 开发 Web 应用

Java 提供的 JSP 和 Servlet 是开发 Web 应用中引人注目的技术，同时它的开源项目也是层出不穷，如 Web 框架 Struts、Struts 2 等，持久层框架 Hibernate、Ibatis 等，J2EE 框架 Spring，模板引擎 Velocity、FreeMarker 等。

1.2.1　面向对象的编程语言

自从第一台计算机诞生以来，程序设计方法与程序设计语言不断发展。早期，由于计算机硬件条件的限制，使程序员片面地追求高效率，而忽略了程序的可理解性、可扩充性等因素。随着计算机硬件与通信技术的发展，计算机应用领域越来越广泛，应用规模也越来越大，程序设计不再是几个程序员可以完成的任务。在这种情况下，程序员开始综合考虑程序的稳定性、扩充性、重用性、理解性等因素，正是这种需求刺激了程序设计方法与程序设计语言的快速发展。

从最初的机器语言到汇编语言，一直发展到今天的高级语言。高级语言的出现使得程序编写的效率和程序的可读性都有了一个质的飞跃。早期的高级语言（如 C、Cobol、Pascal 等）采用的是一种称为"面向过程"的编程思想，面向过程是以事件为中心，它将重点围绕在数据的使用上，在程序设计过程中通过流程图的方式辅助程序设计，然后用结构化的编程语句来编写程序。面向过程曾经在编程语言中占据着主导地位，但是随着时间的流逝，面向过程的缺点也日渐显露，如可重用性差、可维护性差、稳定性差等。

针对面向过程方面的不足，程序开发人员开始寻求解决的措施，并于 20 世纪 70 年代开发出了第一个面向对象的编程语言——Smalltalk 语言，在此之后涌现出了大批的面向对象的编程语言，如 Java、C++、Self 等。

面向对象将要解决的问题分解成各个对象，建立对象的目的不是为了完成一个步骤，而是为了描述解决问题的各个步骤中的行为。面向对象编程方式是建立在面向过程编程方式基础上，其最重要的改变在于面向对象编程中，程序将围绕被操作的对象来设计，而不是操作本身。面向对象编程方式以类作为构造程序的基本单位，具有封装、抽象、继承、多态性等特点。

面向对象对程序的灵活性和可维护性都有了很大程度的提高，并且在大型项目设计中被广泛应用。在面向对象编程语言中，非常流行的语言之一就是 Java，Java 是由 Sun Microsystems 公司于 1995 年 5 月推出的一个跨平台语言，它的一个非常重要的贡献就是用于创建动态的 Web 应用。

1.2.2　丰富的框架技术

面向对象的一个突出优点就是复用，面向对象系统获得的最大的复用方式就是使用框架。框架其实就是可重用的设计架构，应用框架强调的是软件的设计重用性和系统的可扩充性，以缩短大型应用软件系统的开发周期，提高开发质量。

下面是 Java 中常用的框架。

1．Struts

Struts 是 Apache 基金会 Jakarta 项目组的一个开源项目，是一个基于 Sun Java EE 平台的 MVC 框架，它将 Servlet 和 JSP 标签作为实现自身功能的一部分。

2．WebWork

WebWork 是由 OpenSymphony 组织开发的，是一个基于 Web 的 MVC 框架。它在运行时通过 Interceptor（拦截器）自动应用，因此脱离了 Action 类。

3．Struts 2

Struts 2 是 Apache 基金会的一个开源项目，它建立在 Struts 框架与 WebWork 框架基础之上，继承了二者的优点，是目前非常流行的一个 Web 框架。

4．Spring

Spring 是一个以 IoC 和 AOP 为核心的轻量级容器框架。它提供了一系列的 Java EE 开发解决方案，包括表示层的 Spring MVC、持久层的 Spring JDBC、业务层事务管理等众多的企业级应用技术。

5．Hibernate

Hibernate 是一个 ORM（对象关系映射）框架，它对 JDBC 进行了轻量级的封装。通过使用 Hibernate 框架，开发人员能够以面向对象的思维方式来操作数据库。

6．Ibatis

相对于 Hibernate 而言，Ibatis 是一个"半自动化"的 ORM 实现框架，它主要致力于 POJO 与 SQL 之间的映射关系，是对"全自动化"ORM 框架的一种有益补充。

7．EasyJWeb

EasyJWeb 是一个核心基于模板技术实现的 MVC 框架，主要致力于 Java Web 应用程序的快速开发。

除了上面介绍的这些框架，Java 中还有很多框架，在应用开发中，可根据实际的需求来选择使用。

1.2.3　XML、CSS 的应用

XML 中文称为可扩展标记语言，它是由 W3C（万维网协会）推出的新一代数据交互的标准，主要用于定义 Web 网页上的文档元素和商业文档。

XML 的前身是标准通用标记语言（Standard Generalized Markup Language，SGML）。XML 最早于 1996 年出现，并由相关人士向 W3C 提案。直到 1998 年 2 月，W3C 正式推出了 XML（XML 1.0）。在 Internet 背景下，XML 以其应用简单、使用灵活等优势在 Web 应用中占据着重要地位，并得到了迅速的发展。如今，XML 不仅已经广泛用于计算机及计算机网络的各个方面，还在机械、物理、化学、数学等领域发挥着越来越重要的作用。

XML 是一种数据存储语言，它使用一系列简单的标记（或者称为元素）来描述数据，包

含 XML 的文件称为 XML 文件，它通常以 ".xml" 结尾。下面是一个名为 "student.xml" 文件中的代码：

```
<?xml version="1.0" encoding="GB2312"?>
<student>
    <!-- 姓名 -->
    <name>张三</name>
    <!-- 班级 -->
    <class>09213班</class>
</student>
```

在上述代码中，"<?xml version="1.0" ?>" 是 XML 文件中的声明，属性 version 指定 XML 文件的版本号，属性 encoding 指定 XML 文件的字符编码格式；<student>是 XML 文件中的根元素，一个 XML 文件中有且只有一个根元素，其他元素都包含在根元素中（注释可以例外）；"<!-- 姓名 -->" 是注释部分。XML 文件中每个元素都有开始和结束部分。

XML 文件通常都是配合其他应用程序而使用的，它也可以单独运行，如使用浏览器打开。图 1-1 所示为一个 XML 文件在 IE 浏览器中的运行结果。

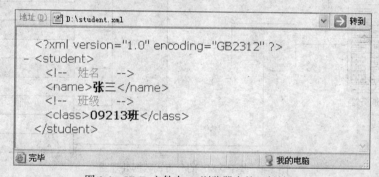

图 1-1　XML 文件在 IE 浏览器中的运行结果

XML 的用途是非常广泛的。包括以下几个方面。

1. 实现不同应用程序之间的数据交互

XML 是跨平台的，它提供了一种不同的应用程序之间进行数据库交换的公共标准，是一种公共的交互平台，如图 1-2 所示。

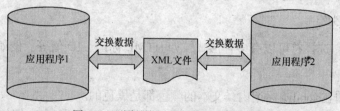

图 1-2　不同的应用程序之间的数据交换

2. 对一种数据实现多种样式

XML 将信息的数据部分和信息的显示样式部分分离开来，这样就可以给同一份数据添加多种样式（样式部分必须由其他语言来定义，如使用 CSS），从而得到多种显示效果，如图 1-3 所示。

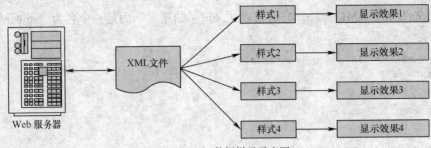

图 1-3　XML 数据样示示意图

3．实现数据的分布式处理

XML 是一种针对 Internet 设计的标记语言，它可以在 Internet 上自由传送。当 XML 数据被发送给客户后，客户可以通过应用软件从 XML 文档中提取数据，进而对数据进行编辑和处理。XML 文档对象模型允许用脚本和其他编程语言处理 XML 格式的数据。这种情况下的数据处理可以在客户端完成，而没有必要返回到 Web 服务器上，因此节省了 Internet 上的数据带宽。基于 XML 的分布式数据处理图如图 1-4 所示。

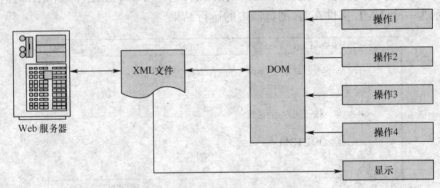

图 1-4　基于 XML 的分布式数据处理图

CSS 英文全称为 Cascading Style Sheets，中文称为层叠样式表单，由 W3C 的 CSS 工作组设置和维护，它是一种用来表现 HTML 或 XML 等文件式样的计算机语言，属于浏览器解释型语言，不需要编译，就可以直接由浏览器执行。

CSS 语法非常简单，组成 CSS 语法的元素只有 CSS 选择符与 CSS 属性。每个 CSS 选择符可以包含一个或多个 CSS 属性。基本格式如下：

选择符{属性:属性值}

在 HTML 中，选择符可以有多种形式，如 HTML 标记、ID 值等。例如：

```
body {color:black}
```

上述代码说明在<body>标记内，文本的颜色都是黑色的。

在 XML 中，选择符可以是标记名称或标记名称的 id/class 属性值。例如，将下面的 XML 代码通过 id 和 class 属性来设置样式：

```
<?xml version="1.0" encoding="GB2312"?>
<student>
    <name id="className">张三</name>
    <class class="studentClass">09213班</class>
```

```
</student>
```

CSS 文件内容：

```
#studentName {color:blue}
.studentClass {color:red}
```

id 和 class 的区别在于，id 属性的值在文件中是唯一的，可以唯一地标识一个标记，而 class 属性的值不唯一，可以标识一组标记。在 CSS 文件中，定义 id 的样式用井号（"#"）加 id 值来定义，定义 class 属性的样式用点号（"."）加 class 值来定义。如果对父标记做了样式的定义，而没有对其子标记做定义，则子标记具有和父标记相同的样式。

如果一个选择符含有多个属性，则属性之间用分号（";"）隔开。如果有多个选择符具有相同的属性和属性值，则可以把这些选择符组合起来书写，用逗号将选择符分开。如：

```
a,b,c{color:red}
```

这样书写的好处是，减少了相同属性列表出现的次数，使 CSS 结构变得更加简洁。在 CSS 语法中是不区分大小写的，但推荐使用小写。

CSS 样式文件通常以 ".css" 结尾，如 "student.css"。在 XML 文件中引用 CSS 文件的方式为：

```
<?xml-stylesheet type="text/css" href="CSS 文件的 URI" ?>
```

在上述代码中，href 属性的值是一个 CSS 文件的 URI，URI 必须是一个有效的资源。例如，在下面的 XML 文件中引用 CSS 样式文件，示例代码如下：

```
<?xml version="1.0" encoding="GB2312"?>
<?xml-stylesheet type="text/css" href="school.css" ?>
<student>
    <!-- 省略代码 -->
</student>
```

说明：CSS 文件不仅可以被 XML 文件引用，还可以直接将 CSS 代码写入 XML 文件中，例如：

```
<?xml version="1.0" encoding="GB2312"?>
<?xml-stylesheet type="text/css" ?>
<student xmlns:HTML="http://www.w3.org/Profiles/XHTML-transitional">
    <HTML:style>
        name {color:blue}
        class {color:red}
    </HTML:style>
    <!-- 姓名 -->
    <name>张三</name>
    <!-- 班级 -->
    <class>09213 班</class>
</student>
```

将 CSS 代码直接写入 XML 文件中会降低 XML 文件的可读性以及可维护性，因此更建议使用 CSS 样式文件的方式。

1.2.4　使用 JavaScript 与 Ajax 提升用户体验

JavaScript 是由 Netscape 公司开发的一种客户端脚本语言，它允许在 HTML 基础上进行交互式 Web 网页的开发。JavaScript 的出现使网页与用户之间实现了一种实时性的、动态的、交互性的关系，使网页包含更多的活跃元素。JavaScript 很多情况下用在客户端数据校验方面，一定程度上减轻了服务器的负载量，为客户提供更流畅的浏览效果。

在 HTML 页面中使用 JavaScript 有两种方式：直接在页面中使用 JavaScript 和引用外部文件中的 JavaScript。

1. 直接在页面中使用 JavaScript

所谓直接在页面中使用 JavaScript，指的是将 JavaScript 代码放在页面中的<script>标签中即可。例如，下面的代码使用 JavaScript 输入一条信息：

```
<html>
    <body>
        <script type="text/javascript">
            <!--
            document.write("你好, JavaScript");
            // JavaScript 结束-->
        </script>
    </body>
</html>
```

在上述代码中，<script>标签是 JavaScript 的开始标签，其属性 type 用于指定程序所使用的脚本语言种类，此处为 JavaScript 语言；<!--和-->是 HTML 的注释标签，当使用浏览器不支持 JavaScript 时，使用注释标识可以避免页面上出现 JavaScript 源代码；"//"是 JavaScript 的注释标识。

说明：<script>标签的位置不是固定的，它可以被包含在<head>和</head>或者<body>和</body>中的任何地方。

2. 引用外部文件中的 JavaScript

引用外部文件通过<script>标签的 src 属性来实现，示例代码如下：

```
<html>
    <head>
        <title>问候页面</title>
        <script type="text/javascript" src="hello.js"></script>
    </head>
    <body>    <!--页面代码-->    </body>
</html>
```

"hello.js" 文件是一个纯文本文件，其中的代码如下：

```
function sayHello(){
    alert("你好, JavaScript");

}
```

事实上，如果需要，在 "hello.js" 文件中可以添加任意多个类、函数等。

在实际应用中更推荐以引用外部文件这种方式来使用 JavaScript，因为直接将 JavaScript 代码写入 HTML 页面中使得代码的安全性、可维护性差，而且会降低用户访问页面的速度。

在传统的 Web 应用中，用户在页面的表单中填写信息，完毕后提交表单，浏览器向 Web 服务器发送一个请求，服务器接收此请求并处理表单传递的数据，返回一个新的网页。当很多用户同时向服务器进行数据的提交时，服务器就会因为需要同时处理较多的业务而增加响应的时间，这时用户就会进入到漫长的等待中。即使用户只需要提交极少量的信息，传统的 Web 应用也会将所有的 HTML 代码刷新，导致响应时间过长。

Ajax 可以解决传统的 Web 应用中页面刷新的问题。Ajax 全称为"Asynchronous JavaScript and XML"（异步 JavaScript 和 XML），是指一种结合了 XML、JavaScript 等编程技术，用于创建交互式网页应用的 Web 开发技术。

Ajax 应用可以仅向服务器发送并取回必需的数据，它使用 SOAP 或其他一些基于 XML 的 Web Service 接口，并在客户端采用 JavaScript 处理来自服务器的响应。因为在服务器和浏览器之间交换的数据大量减少，于是用户就能看到响应更快的应用，同时很多的处理工作可以在发出请求的客户端完成，所以 Web 服务器的处理时间也相应的减少。

Ajax 本身是几种技术的有机结合体，这些技术如下。

- XMLHttpRequest：是由微软公司开发的可以在不刷新页面的情况下直接进行脚本与服务器通信的技术。在 Ajax 中，XMLHttpRequest 用于完成异步向服务器进行数据传输的功能。
- JavaScript：一种客户端脚本语言。在 Ajax 中，JavaScript 起到了一个纽带的作用，将其他技术进行有机结合，同时其自身又发挥着客户端校验的作用。
- CSS：层叠样式表单。在 Ajax 中，CSS 提供了从内容中分离应用样式和设计的机制。
- DOM：文档对象模型，它是一种与浏览器、平台、语言无关的接口，可以访问页面其他的标准组件。在 Ajax 中，DOM 用于在不刷新页面的情况下对已载入的页面进行动态更新，实现数据的动态显示和交互。
- XML：可扩展标记语言，是当前处理结构化文档信息的有力工具。在 Ajax 中，XML 用于处理数据交互格式。
- XHTML：XHTML 称为可扩展超文本标识语言，它结合了部分 XML 的强大功能及大多数 HTML 的简单特性。在 Ajax 中，XHTML 用于结合 CSS 实现页面的外观表示。
- XSLT：用于将 XML 文档转换为 XHTML 文档或其他 XML 文档的语言。在 Ajax 中，XSLT 用于结合 XML 进行数据交换及相关操作。

在上面这些技术中，XMLHttpRequest、JavaScript、CSS、DOM 是 Ajax 的核心技术。

1.3　多种集成开发环境

通常情况下，开发应用程序都要使用 IDE，IDE（集成开发环境）能够提高应用程序的开发效率。本节将介绍开发 Java Web 应用程序常用的 IDE 以及 Web 应用运行的环境——Web 应用服务器。

1.3.1　集成开发环境简介

集成开发环境（Integrated Development Environment，IDE）是一种用于辅助开发人员开发应用程序的应用软件。

IDE 一般包括代码编辑器、编译器、调试器和图形用户界面工具，有的还包括版本控制系统、性能分析器等更多工具，因此 IDE 也就具有了编写、编译、调试等多种功能。正是基于这些功能，使用 IDE 能够减少项目的开发周期，减轻程序员的工作量，提高应用程序的开发效率等。

IDE 的种类非常多,有的 IDE 能同时支持多种应用程序的开发,如 Eclipse 用于开发 Java、PHP、C++等多种语言,Microsoft Visual Studio 用于开发 C#、Visual Basic 等多种语言。有的 IDE 只针对于特定的语言开发,如 Jbuilder 只用于 Java 的开发,Zend Studio 只用于 PHP 的开发。

在众多 IDE 中,适用于开发 Java 的 IDE 种类非常多,下面是一些常用的 IDE。

1. IntelliJ IDEA

IntelliJ IDEA 是 JetBrains 公司的产品,它是 Java 语言开发的集成环境,官方下载网址为 http://www.jetbrains.com/idea/download/index.html。IntelliJ IDEA 具有的突出功能包括智能代码助手、代码自动提示、重构、Java EE 支持、Ant、JUnit、CVS 整合、代码审查等。IntelliJ IDEA 的开发界面如图 1-5 所示。

图 1-5　IntelliJ IDEA 的开发界面

2. JBuilder

JBuilder 最初是由 Borland 公司开发的产品,目前已归 Embarcadero 公司所有,它是针对 Java 的开发工具,官方下载网址为 http://www.embarcadero.com/products/jbuilder。JBuilder 具有专业化的图形调试界面,支持远程调试和多线程调试,它能够简化团队合作,适合企业的 Java EE 开发。JBuilder 的开发界面如图 1-6 所示。

3. Eclipse

Eclipse 最初是由 IBM 公司开发的 IDE,目前由非营利软件供应商联盟 Eclipse 基金会（Eclipse Foundation）管理,官方下载网址为 http://www.eclipse.org/downloads/。Eclipse 是开放源代码的软件开发项目,它的最大的特点就是其扩展性,几乎能够集成开发人员编写的任何开放源代码插件。Eclipse 的开发界面如图 1-7 所示。

菜单栏　　　　工具栏　　　　　　　　　　编辑窗口

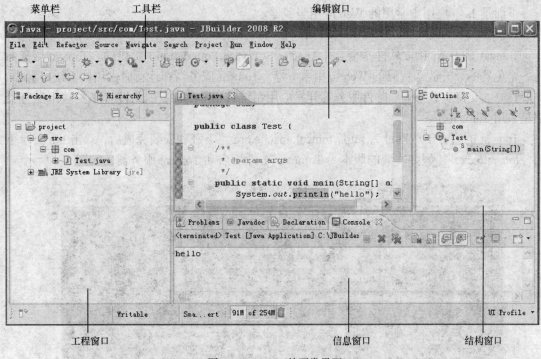

工程窗口　　　　　　　　　　　　　　信息窗口　　　　　　　结构窗口

图 1-6　JBuilder 的开发界面

菜单栏　　　　工具栏　　　　　　　　编辑窗口　　　　　　　　结构窗口

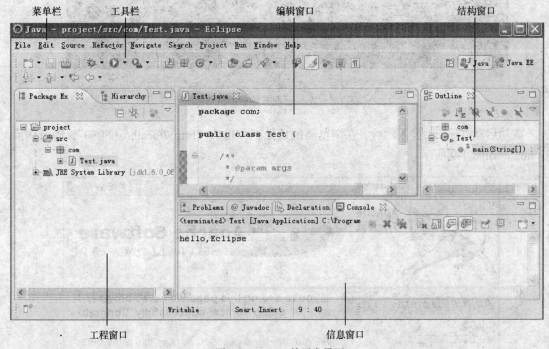

工程窗口　　　　　　　　　　　　　　信息窗口

图 1-7　Eclipse 的开发界面

1.3.2　Web 应用服务器说明

Web 应用服务器是为创建、部署、运行以及管理 Web 应用提供多种运行时服务（如事务、安全等）的分布式系统，它是应用程序运行的一个基本环境。

下面是 Java 应用中常用的 Web 应用服务器。

1. Tomcat

Tomcat 是由 Apache 软件基金会（Apache Software Foundation）提供的。Tomcat 服务器是一个免费的、开放源代码的 Web 应用服务器。Tomcat 服务器在运行时占用的系统资源小、扩展性好、支持负载平衡、邮件服务等开发应用系统常用的功能，因此目前许多 Web 服务器都是采用 Tomcat。

Tomcat 的官方下载网址为 http://tomcat.apache.org/。下载和安装完成后，双击 bin 目录下的 "tomcat6.exe"（假如安装的版本为 Tomcat 6）即可启动 Tomcat 服务器，如图 1-8 所示。

图 1-8　Tomcat 服务器启动窗口

成功启动 Tomcat 服务器后，在浏览器的地址栏中输入 "http://localhost:8080"，即可访问 Tomcat，如图 1-9 所示。

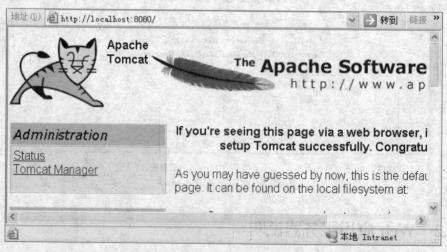

图 1-9　Tomcat 首页

2. WebLogic

WebLogic 是由 BEA 公司出品的，官方下载网址为 http://www.bea.com/。WebLogic 是一个 Java 企业级应用服务器，用于开发、集成、部署和管理大型分布式 Web 应用、网络应用和数据库应用。WebLogic 在使应用服务器成为企业应用架构的基础方面处于领先地位，因此它是开发、部署 Internet 上企业级应用的首选。

WebLogic 安装完成以后，可通过开始菜单中的"Configuration Wizard"选项进行服务器配置。配置完成以后，在创建好的 Domain 中启动 WebLogic 服务器，如图 1-10 所示。

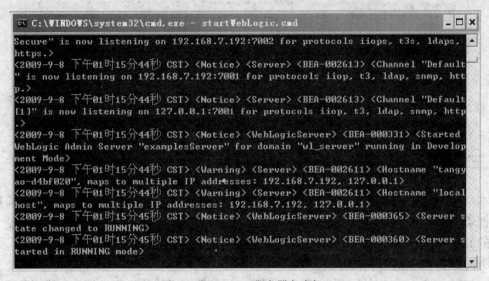

图 1-10　WebLogic 服务器启动窗口

成功启动 WebLogic 服务器以后，在浏览器的地址栏中输入"http://localhost:7001/console"，即可访问 WebLogic，如图 1-11 所示。

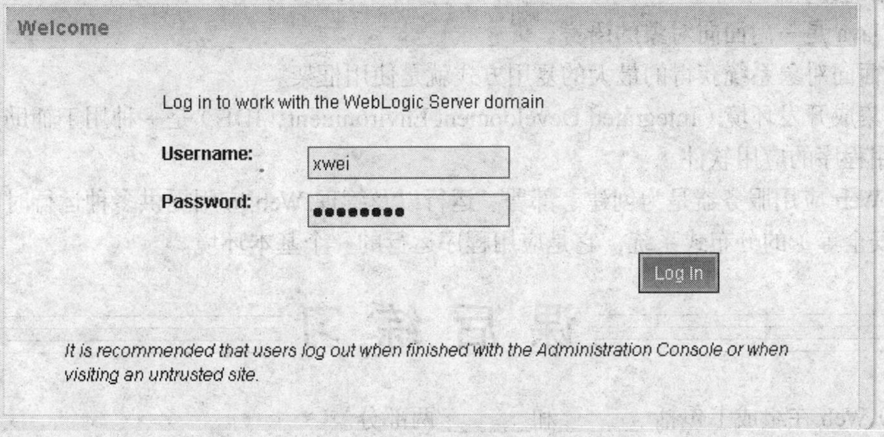

图 1-11　WebLogic 的登录界面

在登录界面中输入配置服务器时设置的用户名和密码，即可进入 WebLogic 的管理页面，如图 1-12 所示。

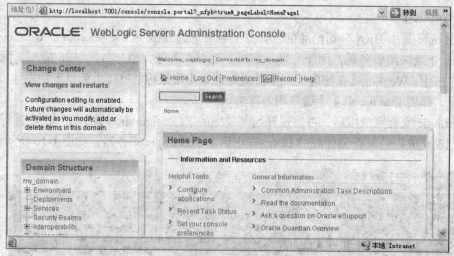

图 1-12　WebLogic 管理页面

本 章 小 结

本章首先介绍了 Web 和 Web 应用程序中的相关知识，之后介绍了开发 Java Web 应用使用的框架技术以及一些辅助语言，包括 XML、CSS、JavaScript 和 Ajax，最后介绍了开发 Web 应用的 IDE 和运行 Web 应用的 Web 应用服务器。

下面是本章的重点内容回顾：

- Web 是 Internet 上集文本、声音、图像、视频等多媒体信息于一身的全球信息资源网络，是 Internet 上的重要组成部分。
- Web 在组成上包括服务器和客户端两部分。
- Web 应用程序是一种使用 HTTP 作为核心通信协议，通过 Internet 让 Web 浏览器和服务器通信的计算机程序。
- Java 是一门面向对象的语言。
- 面向对象系统获得的最大的复用方式就是使用框架。
- 集成开发环境（Integrated Development Environment，IDE）是一种用于辅助开发人员开发应用程序的应用软件。
- Web 应用服务器是为创建、部署、运行以及管理 Web 应用提供多种运行时服务（如事务、安全等）的分布式系统，它是应用程序运行的一个基本环境。

课 后 练 习

（1）Web 在组成上包括_____和_____两部分。

（2）谈谈对面向对象的认识。

（3）介绍几种常用的框架技术。

（4）IDE 的用途是什么？

（5）Web 应用服务器的用途是什么？

第2章
Java EE 运行及开发环境

Java EE 核心是一组技术规范与指南，其中包含的各类组件、服务架构及技术层次，均有通用的标准及规格。各种依赖 Java EE 架构的平台之间，都具有良好的兼容性，这可以解决过去由于企业后端使用的信息产品彼此之间无法兼容，而导致的企业内部或外部难以互通的问题。

通过本章学习，读者可以掌握 Java EE 运行环境和开发工具的搭建、安装，以及使用开发工具创建一个 Java EE 应用等知识。

2.1　JDK 的下载与安装

JDK 全名为 Java Development Kit(Java 开发工具箱)，它是整个 Java 的核心，包括了 Java 运行环境（Java Runtime Envirnment，JRE），一些 Java 工具和 Java 基础类库(rt.jar)。无论哪一种 Java 应用服务器，其实质都是内置某个版本的 JDK，因此掌握 JDK 是学好 Java 的第一步。

2.1.1　JDK 的下载与安装

目前 JDK 已经推出了第 6 个版本，它的官方下载网址为 http://java.sun.com/javase/downloads/index.jsp。下载完成后双击安装文件将看到安装向导初始页面，如图 2-1 所示。

图 2-1　JDK 安装程序欢迎界面

之后安装程序将进入到许可协议界面，如图 2-2 所示。

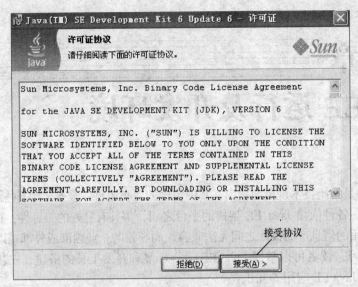

图 2-2　许可证协议界面

　　仔细阅读许可协议后单击"接受"按钮进入可选功能界面，如图 2-3 所示，在该界面中选择需要的功能，并对 JDK 安装路径进行配置。

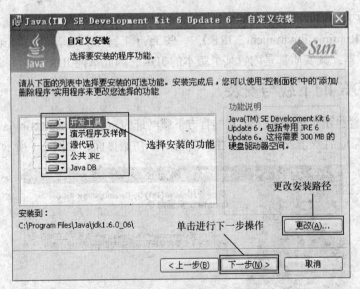

图 2-3　可选功能界面

　　在图 2-3 所示的窗口中单击"下一步"按钮，将开始 JDK 的安装。在安装过程中会自动弹出 JRE 的安装窗口，如图 2-4 所示，在该界面中选择所需 JRE 功能，同时设置其安装路径。

　　在图 2-4 所示的窗口中单击"下一步"按钮，将开始 JRE 的安装。JRE 安装完成后单击图 2-5 中的"完成"按钮，到此就完成了 JDK 的安装。

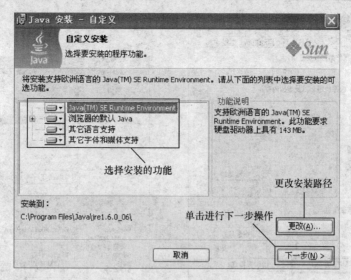

图 2-4　JRE 可选功能界面

图 2-5　安装完成

2.1.2　配置环境变量

JDK 安装完成后需要将其配置到环境变量中。右键单击"我的电脑",选择"属性"选项进入到系统特性配置界面中,然后选择"高级"选项卡,如图 2-6 所示。

单击图 2-6 所示窗口中的"环境变量(E)…"按钮,打开环境变量配置界面,如图 2-7 所示。

环境变量配置界面分为两部分,上边部分用于设置用户环境变量,下边部分用于设置系统环境变量。将 JDK 的环境变量配置到系统环境变量中,单击下边部分的"新建"按钮,弹出如图 2-8 所示窗口。

在变量名文本框中输入需要新建变量的名称"Java_Home",它用于指明 JDK 的安装路径;在变量值文本框中输入变量的值,即 JDK 在系统中的实际安装路径。单击"确定"按钮,完成环境变量"Java_Home"的新建。

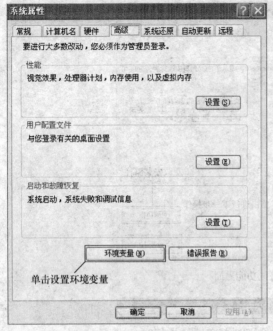

图 2-6　系统属性高级配置

图 2-7　环境变量配置界面

之后同样单击下边部分的"新建"按钮，新建环境变量"classpath"，该变量用于设置类的路径，在新建系统变量界面中的变量名文本框中输入"classpath"，然后在变量值中输入".;%Java_Home%\lib\dt.jar;%Java_Home%\lib\tools.jar"，如图 2-9 所示。单击"确定"按钮，完成环境变量"classpath"的新建。

图 2-8　新建环境变量 Java_Home

图 2-9　新建环境变量 classpath

最后将 JDK 的 bin 目录配置到环境变量"Path"中，选定环境变量"Path"，单击"编辑"按钮，弹出环境变量 Path 的编辑界面，在该界面的变量值文本框中加入内容："%Java_Home%\bin;"，如图 2-10 所示。单击"确定"按钮，完成系统变量"Path"的编辑。

JDK 的环境变量配置完成后，下面对其进行测试。打开命令提示符，输入"java"，按下键盘上的"Enter"键，若显示如图 2-11 所示的界面，则说明 JDK 配置成功。

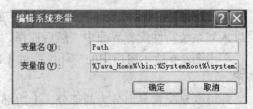

图 2-10　将 JDK 的 bin 目录编辑到系统变量中

技巧：配置 JDK 环境变量时，需要进行"两新增，一编辑"的操作。其中"两新增"，指新增 classpath 和 Java_Home 变量；"一编辑"，指编辑 Path 变量值。

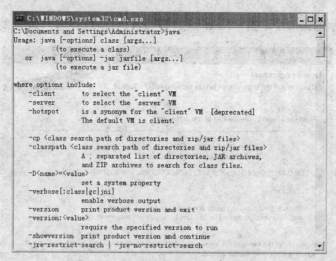

图 2-11　测试 JDK 环境变量的配置

2.2　Tomcat 的下载与安装

Tomcat 服务器是一个免费的开放源代码的 Web 应用服务器，它是 Apache 软件基金会（Apache Software Foundation）下 Jakarta 项目组的核心项目，由 Apache、Sun 和其他一些公司及个人共同开发而成。由于 Sun 的参与和支持，最新的 Servlet 和 JSP 规范总是能在 Tomcat 中得到体现，其中 Tomcat 6 支持最新的 Servlet 2.4 和 JSP 2.0 规范。因为 Tomcat 技术先进、性能稳定、免费，因而深受 Java 爱好者的喜爱，并且得到了许多软件开发商的认可，成为目前非常流行的 Web 应用服务器。

2.2.1　下载并安装 Tomcat 服务器

目前，Tomcat 的最新版本为 Tomcat 6.0，官方下载网址为 http://tomcat.apache.org/download-60.cgi，下载完成后运行 Tomcat 的安装文件，如图 2-12 所示。

图 2-12　Tomcat 安装文件欢迎界面

在图 2-12 所示的窗口中单击 "Next" 按钮进入许可协议界面，如图 2-13 所示。

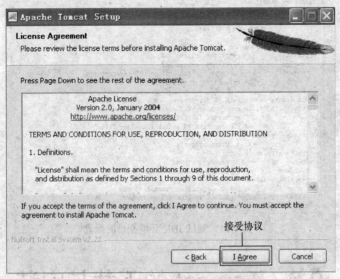

图 2-13　Tomcat 许可协议界面

在图 2-13 所示的窗口中单击 "I Agree" 按钮，进入 Tomcat 功能选择界面，如图 2-14 所示。

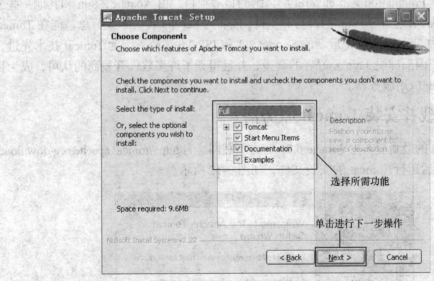

图 2-14　功能选择界面

在图 2-14 所示的窗口中选择需要的功能，然后单击 "Next" 按钮进入 Tomcat 安装路径选择界面，如图 2-15 所示。

配置好安装路径后单击 "Next" 按钮，进入 Tomcat 服务器设置界面，如图 2-16 所示。

在服务器设置界面中可配置服务器端口号、管理员用户名及其用户密码。配置完成所需信息后，单击 "Next" 按钮，进入到系统 JRE 选择界面，如图 2-17 所示。

通常情况下，安装程序会根据环境变量中提供的路径找到系统已经安装的 JRE，否则，需手工添加 JRE 的安装路径。单击 "Install" 按钮，开始 Tomcat 的安装直至完成。

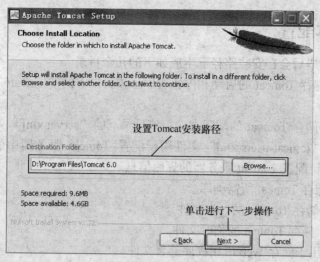

图 2-15　配置 Tomcat 安装路径

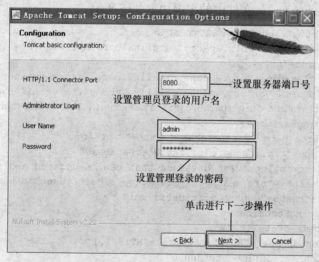

图 2-16　Tomcat 服务器设置

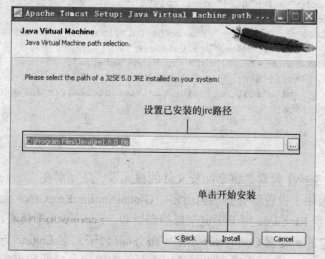

图 2-17　JRE 选择界面

2.2.2　基本配置

Tomcat 安装完毕后会在安装路径下生成如下的几个目录。

- bin：用于储存 Tomcat 的启动和停止程序。该目录下的"tomcat6.exe"文件用于运行 Tomcat 服务器。
- conf：用于储存 Tomcat 的配置文件。该目录下的"server.xml"文件用于配置服务器端口连接等信息；"tomcat-users.xml"文件用于配置 Tomcat 服务器中的用户与角色信息；"web.xml"文件用于配置 Tomcat 服务器的界面信息。
- lib：用于储存 Tomcat 所需类库。
- logs：用于储存 Tomcat 的日志文件。
- temp：用于储存 Tomcat 的临时文件。
- webapps：用于储存 Web 应用程序部署文件。
- work：用于储存 Web 应用程序部署文件中经过编译的页面文件。

conf 目录下"server.xml"文件中的主要内容如下所示：

```xml
<Server port="8005" shutdown="SHUTDOWN">
    <Listener className="org.apache.catalina.core.AprLifecycleListener"
        SSLEngine="on" />
    <Listener className="org.apache.catalina.core.JasperListener" />
    <Listener className="org.apache.catalina.mbeans.ServerLifecycleListener" />
    <Listener className="org.apache.catalina.mbeans.GlobalResourcesLifecycleListener" />
    <GlobalNamingResources>
        <Resource name="UserDatabase" auth="Container"
            type="org.apache.catalina.UserDatabase"
            description="User database that can be updated and saved"
            factory="org.apache.catalina.users.MemoryUserDatabaseFactory"
            pathname="conf/tomcat-users.xml" />
    </GlobalNamingResources>
    <Service name="Catalina">
        <Connector port="8080" protocol="HTTP/1.1"
            connectionTimeout="20000"
            redirectPort="8443" />
        <Connector port="8009" protocol="AJP/1.3" redirectPort="8443" />
        <Engine name="Catalina" defaultHost="localhost">
            <Realm className="org.apache.catalina.realm.UserDatabaseRealm"
                resourceName="UserDatabase"/>
            <Host name="localhost"  appBase="webapps"
                unpackWARs="true" autoDeploy="true"
                xmlValidation="false" xmlNamespaceAware="false">
            </Host>
        </Engine>
    </Service>
</Server>
```

上述代码中的 Server 元素是整个配置文件的根元素，该元素在"server.xml"文件中是唯一的。Listener 元素用于设置服务器的监听器。GlobalNamingResources 元素用于设置全局资源信息，它的子元素 Resource 用于指定全局静态资源。Service 元素代表与引擎(Engine)相关联的一组连接器，它的子元素 Connector 指定了服务端口，子元素 Engine 与 Service 元素相关，指定请求的引擎信息，Realm 元素指明存放用户名，密码和角色的数据库，它的另一个作用就是配置数据源。Host 元素指明一个网络虚拟主机。

2.2.3　服务器页面介绍

双击"tomcat6.exe"文件运行 Tomcat 服务器，然后在浏览器中输入"http://localhost:8080"即可进入 Tomcat 服务器页面，其中 localhost 代表服务器地址，8080 为安装 Tomcat 时设置的端口号，服务器页面如图 2-18 所示。

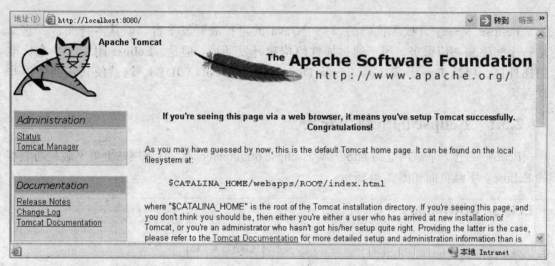

图 2-18　Tomcat 服务器页面

单击左侧的"Tomcat Manager"链接进入 Tomcat 管理页面，在弹出的提示框中输入安装 Tomcat 时设置的用户名和密码，单击"提交"按钮后跳转到管理页面，该页面如图 2-19 所示。

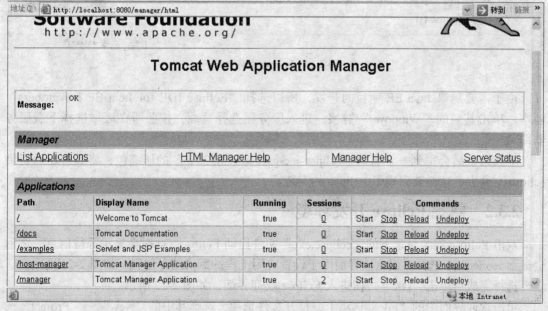

图 2-19　管理页面

图 2-19 所示的页面中显示了当前 Tomcat 服务器中的所有应用，可以对其进行 Start（开始）、Stop（停止）、Reload（重置）、Undeploy（卸载）等操作。单击应用名可以进入相应的应用程序。

2.3　Eclipse 的下载与安装

Eclipse 是一个开放源代码的、基于 Java 的可扩展开发平台。就其本身而言，它只是一个框架和一组服务，用于通过插件组构建开发环境。但是，Eclipse 附带了一个标准的插件集，包括 Java 开发工具（Java Development Tools，JDT），这就使其功能变得非常强大。

2.3.1　Eclipse 的下载与安装

Eclipse 的官方下载网址为 http://www.eclipse.org/downloads/，在该网站上可下载最新版本的 Eclipse。下载页面如图 2-20 所示。

图 2-20　Eclipse 下载页面

由于需要从事 Java EE 项目的开发，所以选择"Eclipse IDE for Java EE Developers"版本。单击其后的"Windows"链接，进入服务器选择页面，按照所在区域选择下载服务器即可。

下载结束后会得到一个名为"eclipse-jee-galileo-win32.zip"的压缩包，将其解压后得到 eclipse 文件夹，这样就完成了 Eclipse 的安装。

2.3.2　熟悉 Eclipse 开发环境

双击 Eclipse 安装目录下的"eclipse.exe"文件启动 Eclipse，此时会显示等待信息，之后会显示 workspace 选择界面，该界面用于设置应用工程的默认储存位置，如图 2-21 所示。

选择完成后单击"OK"按钮进入 Eclipse 欢迎界面，如图 2-22 所示。

单击欢迎界面中的"File"选项卡，打开文件选项，选择其中的"New"→"Project"选项，进入新建工程界面，如图 2-23 所示。

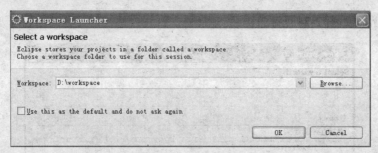

图 2-21　workspace 选择界面

图 2-22　Eclipse 欢迎界面

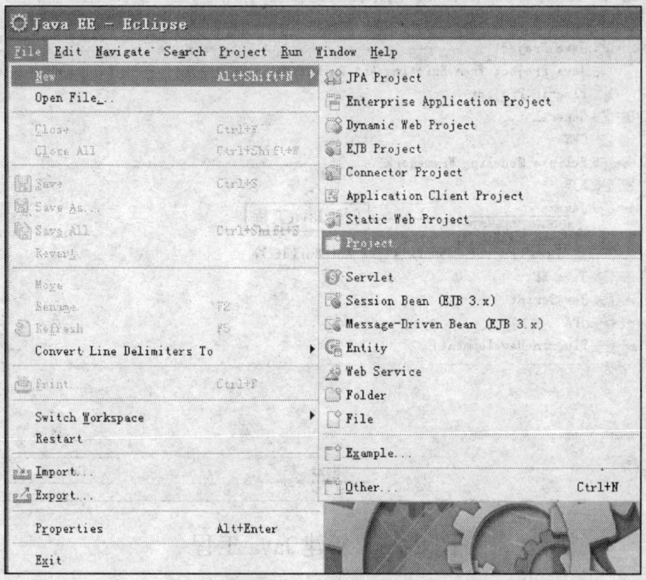

图 2-23　新建工程

新建工程界面如图 2-24 所示。

图 2-24　新建工程界面

若新建一个 Java 工程，打开"Java"选项卡，单击"Java Project"选项，如图 2-25 所示。

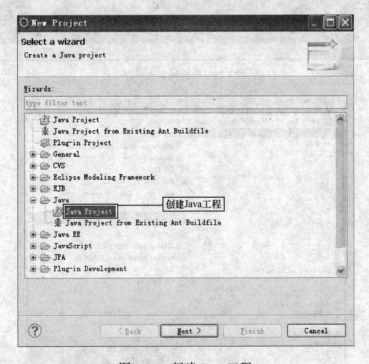

图 2-25　新建 Java 工程

单击"Next"按钮，进入新建 Java 工程界面，如图 2-26 所示。

图 2-26　新建工程

　　将工程名、workspace、JRE 等信息配置完毕后单击"Finish"按钮，完成工程的创建。

　　工程创建完成后进入如图 2-27 所示的视图界面，可以在此界面中进行相应的编码、调试等操作。

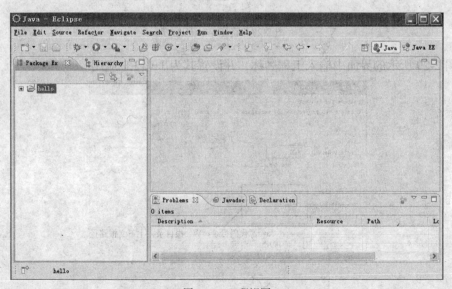

图 2-27　工程视图

　　注意：实际上，Eclipse 的功能是有限的，可是 Eclipse 的开源使得它可以支持许多插件，这许许多多的插件将 Eclipse 这个光秃秃的树干变得枝繁叶茂。当前 Eclipse 的最强大的整合插件是 MyEclipse。

2.4 项目实战——第一个 Java EE 应用：HelloWorld

本节使用 MyEclipse 编写一个简单的 HelloWorld 应用。通过该应用学习使用 MyEclipse 创建 Java EE 工程，以及在 MyEclipse 中配置 Tomcat，发布 Web 工程。

2.4.1 开始创建第一个 Java EE 应用

在 MyEclipse 中新建一个 Web 工程，如图 2-28 所示。

图 2-28 新建 Web 工程

在图 2-29 所示的界面中输入工程名称，并设置其为 Java EE 应用。

图 2-29 对 Web 工程进行设置

　　单击"Finish"按钮，完成 Java EE 应用的建立。新建
应用的文件结构如图 2-30 所示。

图 2-30　Web 应用文件结构

2.4.2　熟悉 HelloWorld 框架结构

　　下面对上节 Java EE 应用中的"index.jsp"文件进行
修改，该文件可在页面中输出"Hello World"，代码如下：

```
<%@ page language="java" pageEncoding="ISO-8859-1"%>
<head>
    <title>Hello page</title>
</head>
<body>
    Hello,World
</body>
```

　　为了能在浏览器中访问"index.jsp"文件，需要将应用工程发布到 Tomcat 中。首先在
MyEclipse 中配置 Tomcat 服务器。选择"Window"菜单项中的"Preferences…"选项，如图
2-31 所示，之后进入 Eclipse 的配置界面，如图 2-32 所示。

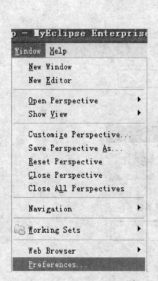

图 2-31　Window 选项卡

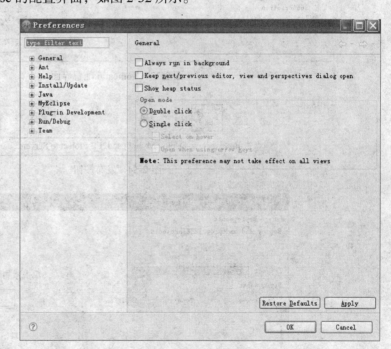

图 2-32　Eclipse 配置界面

　　打开"MyEclipse"→"Servers"→"Tomcat"结点，选择"Tomcat 6.x"结点，将显示
如图 2-33 所示界面。

　　在图 2-33 所示的界面上配置 Tomcat 的安装路径，并同时将"Tomcat server"选项设置为
"Enable"状态。配置完成后，单击"OK"按钮，完成 Tomcat 服务器的配置。

　　选中要发布的工程，单击 MyEclipse 的发布按钮"Deploy MyEclipse J2EE Project to
Server"，如图 2-34 所示。进入应用发布界面，如图 2-35 所示。

　　单击"Add"按钮，进入服务选择界面，如图 2-36 所示。

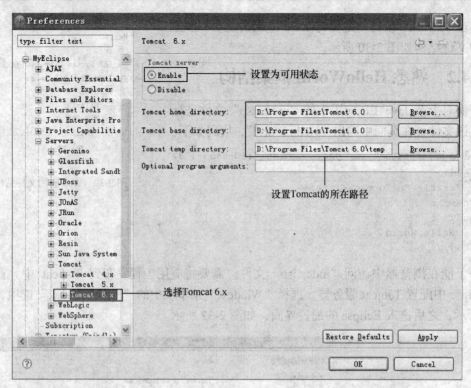

图 2-33　Tomcat 6 配置界面

图 2-34　发布按钮

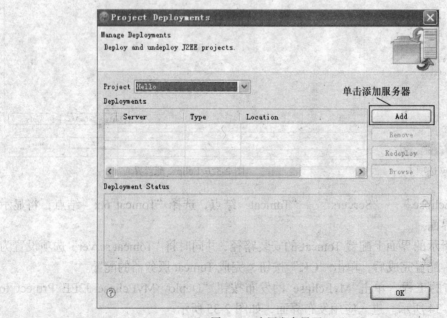

图 2-35　应用发布界面

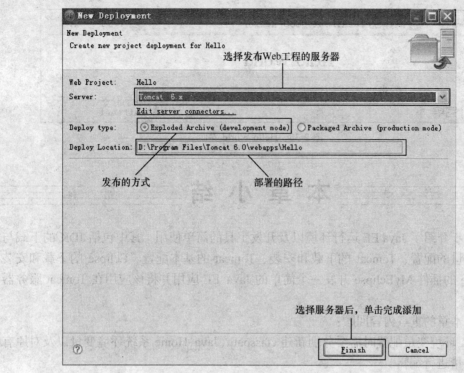

图 2-36　选择发布服务器

选择所需的服务器后单击 "Finish" 按钮，完成应用的发布，如图 2-37 所示。

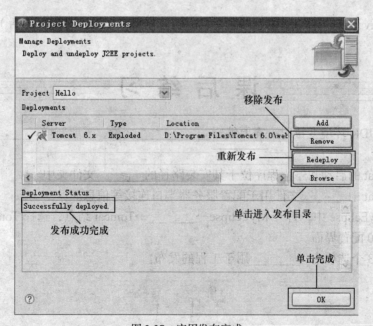

图 2-37　应用发布完成

接下来在浏览器中查看所发布应用中的页面。双击 Tomcat 安装路径下 bin 目录中的 "tomcat6.exe" 文件，启动 Tomcat 服务器。然后打开浏览器，在地址栏中输入 "http://localhost:8080/Hello/"，得到如图 2-38 所示界面。

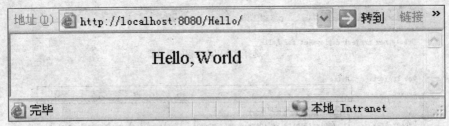

图 2-38　Hello World 界面

本 章 小 结

　　本章初步介绍了 Java EE 运行环境以及开发工具的简单使用，其中包括 JDK 的下载与安装、环境变量的配置、Tomcat 的下载和安装、Tomcat 的基本配置、Eclipse 的下载和安装、使用 Eclipse 的插件 MyEclipse 开发一个简单的 Java EE 应用并将该应用在 Tomcat 服务器中发布。

　　下面是本章的重点内容回顾：

　　● JDK 环境变量配置时需要分别新建 classpath、Java_Home 系统环境变量以及对原有的 Path 环境变量进行编辑。

　　● Tomcat 安装路径下 bin 目录中的"tomcat6.exe"文件用于启动 Tomcat 服务器。

　　● 创建 Java EE 应用的过程为：创建 Web 应用，将其设置为 Java EE 应用，对应用进行编码。

　　● 发布 Java EE 应用的过程为：配置 Tomcat 服务器（如果没有配置的话），发布 Java EE 应用。

课 后 练 习

　　（1）配置 JDK 环境变量时，需要编辑_____变量，需要新增_____变量和_____变量。

　　（2）Tomcat 的启动和停止程序位于其安装路径的_____文件夹中。

　　（3）Tomcat 中_____文件用于配置服务器端口连接等信息。

　　（4）在 MyEclipse 中，打开 MyEclipse→_____→Tomcat 结点，选择 Tomcat 6.0 结点，进入 Tomcat 6.0 配置界面。

　　（5）以下 3 个选项中，_____用于工程的发布。

第3章

JSP 和 Servlet

随着 Internet 和电子商务的普遍应用，各种动态网页语言陆续诞生。其中，JSP 自从发布以来，在一些主流的动态网页技术中一直受到密切的关注。JSP 是由 Sun Microsystems 公司倡导的，并与许多公司一起参与建立的一种动态网页技术标准，该技术是在 Servlet 技术基础上发展而来的。如今，JSP 已经成为 Java 服务器编程的重要组成部分。

Servlet 是 1997 年由 Sun 和其他几个公司提出的一项技术，使用该技术能将 HTTP 请求和响应封装在标准 Java 类中来实现各种 Web 应用方案。Servlet 在处理 Web 编程方面具有高效性、可移植性，而且 Servlet 功能强大，容易使用，能够在开发过程中节省一定的投资成本。

通过本章的学习，读者可以对 JSP 和 Servlet 技术有一定的了解，并能使用 JSP 和 Servlet 技术开发 Web 应用程序。

3.1　开发第一个 JSP+Servlet 应用

在掌握JSP和Servlet之前，本节将首先开发一个简单的JSP+Servlet应用示例——问候程序，以使读者对JSP+Servlet工程有一个初步的了解。

3.1.1　创建工程

创建工程分为以下两步。

（1）在 MyEclipse 中新建一个 Web 工程，工程的名称为"HelloUser"，并设置其为 Java EE 应用，如图 3-1 所示。

（2）在图3-1所示的窗口中单击"Finish"按钮，在生成的src目录下新建名为"sunyang"的Package，在该Package下分别新建名为"HelloServlet"和"User"的Java类。在WebRoot目录下新建名为"hello.jsp"的JSP文件。工程的目录结构如图3-2所示。

图 3-1　创建 Web 工程

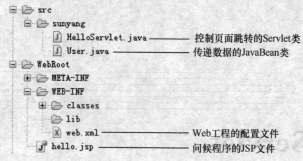

图 3-2　工程目录结构图

3.1.2　编写程序

下面是程序的代码实现。

（1）类User的代码实现。类User是一个JavaBean类，它仅有一个私有属性username，作用是为了封装用户在"hello.jsp"页面的表单中输入的数据，它的实现代码如下：

```java
public class User {
    private String username;
    public String getUsername() {
        return username;
    }
    public void setUsername(String username) {
        this.username = username;
    }
}
```

注意：JavaBean 是用于描述 Java 的一种组件模型，此处提到的 JavaBean 是一种狭义上的，具有一组 set、get 方法的类。对于程序员来说，可以使用 JavaBean 封装数据，实现代码的重复利用，另外对于程序的易维护性等也有很大的意义。

（2）类HelloServlet的代码实现。类HelloUserServlet继承了"javax.servlet.http.HttpServlet"，HttpServlet是Servlet的一个子类，主要功能是接受从浏览器发送过来的HTTP请求（request），并返回HTTP响应（response）。在HelloUserServlet类中重写了HttpServlet的两个方法doGet()和doPost()，其中doGet()方法用于处理GET请求，doPost()方法用于处理POST请求。它的实现代码如下：

```java
public class HelloServlet extends HttpServlet {
    protected void doGet(HttpServletRequest req, HttpServletResponse resp)
            throws ServletException, IOException {
        doPost(req, resp);
    }
    protected void doPost(HttpServletRequest req, HttpServletResponse resp)
            throws ServletException, IOException {
        String username = req.getParameter("username");        //获取输入信息
        User user = new User();
        user.setUsername(username);
        req.setAttribute("user", user);       //将User对象添加到HttpServletRequest对象中
        RequestDispatcher rdt=req.getRequestDispatcher("/hello.jsp");  //将请求转向
指定的页面
        rdt.forward(req, resp);
```

```
        }
    }
```

（3）"hello.jsp"页面的代码实现。它的实现代码如下：

```
<%@ page language="java" pageEncoding="gbk"%>
<jsp:useBean id="user" scope="request" class="sunyang.User" />
<html>
    <head>
        <title>问候程序</title>
    </head>
    <body>
        <%
            if (user.getUsername() != null) {
                if (user.getUsername().equals("")) {
                    out.println("请输入一个用户名");
                } else {
        %>
        你好:<%=user.getUsername()%>
        <%
                }
            }
        %>
        <form action="hello" method="post">
            用户名: <input type="text" name="username" value="" /><br>
            <input type="submit" name="submit" value="submit" />
        </form>
    </body>
</html>
```

在上面代码中，"<%@ page %>"是 JSP 编译指令中的 page 指令部分，其作用是指定了 JSP 脚本所采用的语言种类为 Java、JSP 页面编码的字符集为 gbk。"<jsp:useBean>"是 JSP 的一个动作指令，用来在 JSP 页面内创建一个 JavaBean 实例。

3.1.3　部署应用

创建完 Servlet 类以后，还需要把它部署到 Servlet 容器中。部署 Servlet 非常简单，只需将此 Servlet 在 WEB-INF 目录下的"web.xml"文件中配置即可。"web.xml"是 Web 工程的一个配置文件，可在里面设置 Servlet 的路径映射。本示例的"web.xml"文件中添加了两个元素：<servlet>和<servlet-mapping>，<servlet>元素用来给 Servlet 定义唯一的名称，<servlet-mapping>元素用来给 Servlet 创建一个映射路径。web.xml 中的详细配置代码如下：

```
<?xml version="1.0" encoding="UTF-8"?>
<web-app version="2.5" xmlns="http://java.sun.com/xml/ns/javaee"
    xmlns:xsi="http://www.w3.org/2001/XMLSchema-instance"
    xsi:schemaLocation="http://java.sun.com/xml/ns/javaee
    http://java.sun.com/xml/ns/javaee/web-app_2_5.xsd">
    <servlet>
        <servlet-name>HelloServlet</servlet-name>
        <servlet-class>sunyang.HelloServlet</servlet-class>
    </servlet>
    <servlet-mapping>
```

```
        <servlet-name>HelloServlet</servlet-name>
        <url-pattern>/hello</url-pattern>
    </servlet-mapping>
</web-app>
```

部署完 Servlet 以后，在 Tomcat 服务器中发布应用程序。启动 Tomcat，在浏览器的地址栏中输入 "http://localhost:8080/HelloUser/hello.jsp" 就会出现如图 3-3 所示的效果。

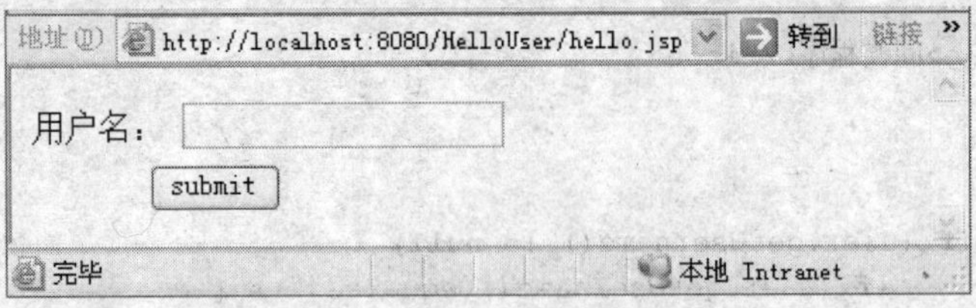

图 3-3　访问 hello.jsp 显示的界面

若用户在文本框中未输入任何信息就单击 "submit" 按钮，页面就会输出 "请输入一个用户名" 的提示信息，如图 3-4 所示。

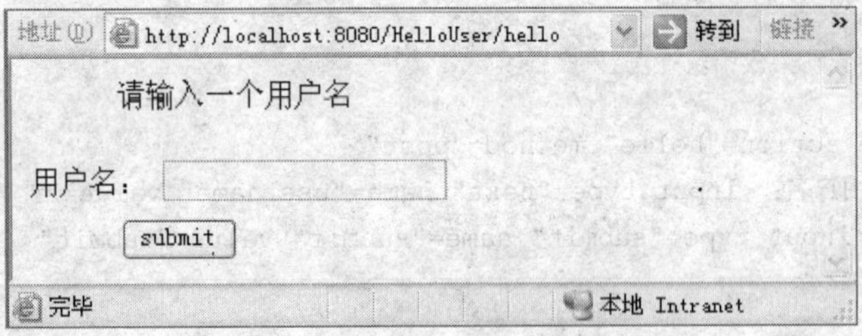

图 3-4　未输入用户名显示的界面

当用户在文本框中输入用户名后单击 "submit" 按钮，页面就会输出 "你好：XXX"（XXX指在文本框中输入的用户名）的信息，如图 3-5 所示。

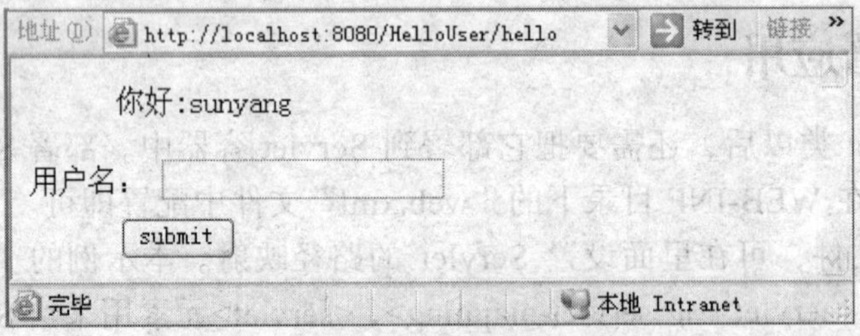

图 3-5　问候界面

3.2　认识 JSP

JSP 全称为 Java Server Pages，是一种用于开发包含有动态内容的 Web 页面技术，该技术是由 Sun 公司提出、许多公司参与合作研发的。

JSP 技术有点类似于 ASP 技术，它在传统的网页 HTML 文件(*.htm，*.html)中插入 Java 程序段(Scriptlet)和 JSP 标记(tag)，从而形成了 JSP 文件(*.jsp)。

3.2.1　JSP 的工作原理

只有懂得了 JSP 工作原理才能真正理解 JSP，下面是 JSP 的工作原理。

● 在服务器端有一个 JSP 容器主要负责获得对 JSP 页面的请求。当一个 JSP 页面第一次被请求时，容器首先会把 JSP 页面转换成 Servlet。在转换时，所有 HTML 标签将被包含在 println()语句中，所有 JSP 元素将会被转换成 Java 代码。

● 在转换的过程中，若发现 JSP 页面中存在语法错误，转换将会被终止，并向服务器和客户端输出错误信息。如果转换成功，转换后的 Servlet 会被编译成相应的 class 文件。因编译的过程会耗费一点时间，所以第一次访问该页面的响应时间会比较长。

● JSP 容器还负责调用从 JSP 转换而来的 Servlet，该 Servlet 负责提供服务响应用户的请求。在调用 Servlet 时，首先执行其 jspInit()方法（jspInit()方法在 Servlet 的生命周期中只被执行一次），然后调用 jspService()方法处理客户端的请求。对客户端发送的每一个请求，JSP 容器都会创建一个新的线程来处理该请求。如果有多个客户端同时请求该 JSP 文件，则 JSP 容器会创建多个线程，每个客户端请求对应一个线程。

● 如果.jsp 文件被修改了，服务器将根据设置决定是否对该文件进行重新编译，如果需要，则将编译结果取代内存中的 Servlet，并继续上述处理过程。

● 当 Servlet 被处理后，调用 jspDestroy()方法结束它的生命周期，同时被 JVM（Java 虚拟机）的垃圾回收器回收。

JSP 的工作原理图如图 3-6 所示。

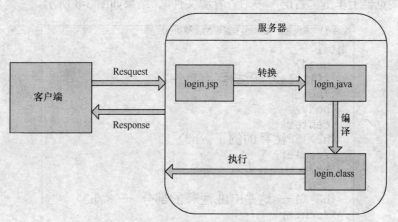

图 3-6　JSP 的工作原理图

3.2.2　JSP 注释方式

在 JSP 页面中可以使用两种注释，一种是 HTML 注释，一种是 JSP 隐藏注释。HTML 注释使用下面的格式：

```
<!-- 注释语句[%=表达式%] -->
```

HTML 注释将会被发送到客户端，用户查看页面源代码就可以看到这些注释。如果不想让用户看到注释部分，则可使用 JSP 隐藏注释，它的格式如下：

```
<%-- 注释语句 --%>
```

JSP 隐藏注释将不会被发送到客户端，因此用户使用查看源代码的方式是看不到的。下面是一个使用 HTML 注释和 JSP 隐藏注释的例子。

（1）新建一个名称为 "note.jsp" 的 JSP 文件，它的代码如下：

```
<%@ page language="java" pageEncoding="GBK"%>
<body>
    <center><h3> JSP 注释的例子 </h3></center>
    <hr>
    <center><h3> <!-- 这是 HTML 注释的部分 --> </h3></center>
    <center><h3> <%--这是 JSP 隐藏注释的部分 --%>    </h3></center>
</body>
```

（2）访问 "note.jsp" 页面，显示的界面如图 3-7 所示。

图 3-7　JSP 注释例子图

（3）在浏览器上单击 "右键" → "查看源文件"，结果如图 3-8 所示。

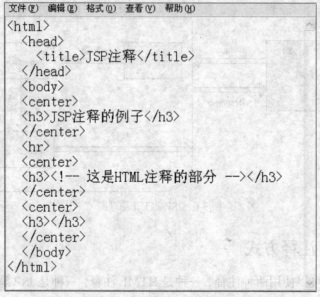

图 3-8　源文件图

3.2.3　JSP 声明方式

JSP 声明是指在 JSP 页面中定义合法的变量和方法，它的语法格式如下：

```
<%! declaration; [ declaration; ] ... %>
```

在一个 JSP 页面中可一次声明一个变量和方法，还可一次声明多个变量和方法，但是它们都只在当前页面中有效。

JSP 声明必须包含在<%!　%>标记内，并且每个声明的末尾都必须有一个分号。需要注意的一点是，在使用<%!　%>声明时，不能在 "%" 和 "!" 之间留有空格。

技巧：虽然声明只在当前页面中有效，但是如果每个页面都用到一些相同的声明，可将它们写成一个单独的文件，然后用<%@ include %>或<jsp:include >元素包含进来。

下面是在 JSP 页面中使用声明的例子：

```
<%!
  int number=0;                       //声明一个变量
  public int getNum(int i){           //声明一个方法
    return i;
  }
%>
```

声明不会在 JSP 页面内产生任何输出，它的作用仅限于定义变量和方法，如果需要生成输出结果，可使用 JSP 表达式或脚本片段（Scriptlets）。

3.2.4　JSP 表达式的应用

JSP 表达式用来在 JSP 页面输出结果，它的语法格式如下：

```
<%= 表达式 %>
```

表达式在运行后会被自动转换为字符串，然后插入到页面指定的位置。使用表达式的示例如下：

```
<%@ page language="java" import="java.util.*" pageEncoding="GBK"%>
<body>
    <%! Random rnd=new Random(); %>
    得到的随机数是：<%=rnd.nextInt(100)%>
</body>
```

上述程序运行后的结果如图 3-9 所示。

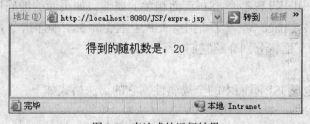

图 3-9　表达式的运行结果

3.2.5　JSP 的脚本段

脚本段（Scriptlets）就是 JSP 代码片段或脚本片段，嵌在 "<% %>" 标记中。在脚本段中可以定义变量、调用的方法和进行各种表达式运算，每行语句后面加入分号。这种 Java 代码在 Web 服务器响应请求时会运行。在脚本段周围可能是原始的 HTML 或 XML 语句，在这些地方，代码段可以创建条件执行代码，或调用另一段代码。

脚本段使用格式如下：

```
<% Java 代码 %>
```

说明：脚本程序的使用比较灵活，实现的功能是 JSP 表达式无法实现的。

使用脚本段的示例如下：

```
<%@ page language="java" pageEncoding="GBK"%>
<body>
    <%
    int role=0;
    if(role==0){
 %>
    <p align="center">    欢迎光临三扬！您的身份是——普通管理员        </p>
    <%
    }else{
 %>
    <p align="center">    欢迎光临三扬！您的身份是——系统管理员        </p>
    <% } %>
</body>
```

在上面代码中通过脚本程序判断变量 role 的值，选择内容并输出到 JSP 页面中。示例的运行结果如图 3-10 所示。

图 3-10　通过脚本语言输出管理员身份

3.2.6　JSP 的编译指令

JSP 的编译指令用于设置整个 JSP 页面相关的属性，如页面的编码格式、所包含的文件等，它们包含在 "<%@ page %>" 标记中。JSP 中主要的 3 个编译指令为 page 指令、include 指令和 taglib 指令。下面将分别介绍它们。

1．page 指令

page 指令用于定义 JSP 页面中的全局属性，它的语法格式如下：

```
<%@ page
[ language="java" ]
[ extends="package.class" ]
[ import="{package.class | package.*}, ..." ]
[ session="true | false" ]
[ buffer="none | 8kb | sizekb" ]
[ autoFlush="true | false" ]
[ isThreadSafe="true | false" ]
[ info="text" ]
[ errorPage="relativeURL" ]
[ contentType="mimeType [ ;charset=characterSet ]" | "text/html ; charset=ISO-8859-1" ]
[ isErrorPage="true | false" ]
```

```
[pageEncoding= "charset=characterSet |ISO-8859-1"]
%>
```

对 page 指令各属性的描述如表 3-1 所示。

表 3-1　　　　　　　　　　　　　　　　**page** 指令的属性

page 指令属性	描　述
language	指定 JSP 脚本所采用的语言种类，目前仅支持 Java，默认值为 Java
extends	定义当前 JSP 页面产生的 Servlet 继承哪个父类
import	定义当前 JSP 页面所使用的 Java API，多个 API 之间用逗号分开
session	指定当前 JSP 页面是否使用 Session，默认值为 true
buffer	指定输出流缓存的大小，默认值为 8kb
autoFlush	指定输出流缓冲区是否需要自动清除，默认值为 true
isThreadSafe	指定当前 JSP 页面是否能处理多个线程的同步请求
info	指定当前 JSP 页面的相关信息
errorPage	指定当前 JSP 页面发生错误时转向的错误页面
contentType	指定当前 JSP 页面 mime 类型的编码格式
isErrorPage	指定当前 JSP 页面是否为处理错误的页面
pageEncoding	指定当前 JSP 页面编码的字符集，默认值为 ISO-8859-1

page 指令对整个页面有效，包括静态的包含文件，但 page 指令不能用于被动态包含的文件，如使用<jsp:include>包含的文件。在一个 JSP 页面中可以使用多个 page 指令，page 指令中的属性只能出现一次（import 属性除外）。

2．include 指令

include 指令用于在 JSP 页面中包含其他文件，它的语法格式如下：

```
<%@ include file="路径名"%>
```

include 指令仅有一个属性 file，其值为文件的相对路径。include 指令包含的过程是静态的，包含的文件可以是 JSP、HTML 或者 inc 文件等。

3．taglib 指令

taglib 指令允许用户使用标签库自定义新的标签，它的语法格式如下：

```
<%@ taglib uri="taglibURI" prefix="tabPrefix"%>
```

taglib 指令中 uri 属性用于根据标签的前缀对自定义的标签进行唯一的命名，其值可以是相对路径、绝对路径或标签库描述文件。属性 prefix 指定了标签的前缀。

3.2.7　JSP 的动作指令

JSP 的动作指令和编译指令不同，编译指令用于设置整个 JSP 页面相关的属性，而动作指令则是用于运行脚本动作。JSP 的动作指令主要有以下 7 种。

1．jsp:include 指令

jsp:include 指令用于在请求处理阶段包含来自一个 Servlet 或 JSP 页面的响应。和编译指令中的 include 指令不同，include 指令只能包含静态页面，而 jsp:include 指令则可同时包含静态页面和动态页面。jsp:include 指令的语法格式如下：

```
<jsp:include page="文件路径"/>
```

或者：

```
<jsp:include page="文件路径">
    <jsp:param name="参数名 1" value="参数值"/>
    ......
    <jsp:param name="参数名 n" value="参数值"/>
</jsp:include>
```

不需要传递参数时，上面两种使用的形式效果是一样的，如果需要传递参数则使用第 2 种形式。

2. jsp:forward 指令

jsp:forward 指令用于执行页面转向，将请求的处理转发到下一页面。它的语法格式如下：

```
<jsp:forward page="文件路径"/>
```

或者：

```
<jsp:forward page="文件路径">
    <jsp:param name="参数名 1" value="参数值"/>
    ......
    <jsp:param name="参数名 n" value="参数值"/>
</jsp:forward>
```

如果要转向的页面为一个动态网页，可使用第 2 种形式来传递参数。

3. jsp:useBean 指令

jsp:useBean 指令用来在 JSP 页面内创建一个 JavaBean 实例，它的语法格式如下：

```
<jsp:useBean id="JavaBean 的名称" scope="有效范围" class="包名.类名"></jsp:useBean>
```

其中 id 属性指定了 JavaBean 的名称，只要是在它的有效范围内，均可使用这个名称来调用它。scope 属性为 JavaBean 的有效范围，它可接受 4 个值：request、session、page、application。class 属性指定了 JavaBean 所归属的类，如果类属于某个包则类名的前面要加上包名。

4. jsp:setProperty 指令

jsp:setProperty 指令用来设置 Bean 属性值，它的语法格式如下：

```
<jsp:setProperty name="JavaBean 的名称" property="*"/>
```

或者：

```
<jsp:setProperty name="JavaBean 的名称" property="属性名称"/>
```

或者：

```
<jsp:setProperty name="JavaBean 的名称" property="属性名称" param="参数名称"/>
```

或者：

```
<jsp:setProperty name="JavaBean 的名称" property="属性名称" value="属性值"/>
```

若 property 值为 "*" 表示保存用户在 JSP 输入的所有值，用于匹配 Bean 中的属性。当 property 有具体的值时表示匹配一个 Bean 的属性。param 属性表示根据指定的 request 对象中的参数与属性匹配。value 属性表示使用指定的值来设置属性。

5. jsp:getProperty 指令

jsp:getProperty 指令用来读取 Bean 的属性值，并将其转换为一个字符串在页面上输出，它的语法格式如下：

```
<jsp:getProperty name="bean 的名称" property="属性名称"/>
```

其中 name 的值对应着 jsp:useBean 指令的 id 值。property 的值对应着 userBean 中的属性名。

6. jsp:plugin 指令

jsp:plugin 指令用于下载服务器端的 JavaBean 或 Applet 到客户端执行。

7. jsp:param 指令

jsp:param 指令用于设置参数值，它不能够单独使用，主要用在 jsp:include 指令、jsp:forward 指令和 jsp:plugin 中。

3.2.8　JSP 的内置对象

内置对象是指不需要预先定义就可以在 JSP 页面中直接使用的对象。JSP 共提供了 9 个内置对象，本小节将分别介绍这些内置对象。

1. request 对象

request 对象用于获取客户端提交的数据，这些数据包括头信息、客户端地址、请求方式等。request 对象常用的方法如表 3-2 所示。

表 3-2　　　　　　　　　　　　　request 对象常用的方法

方 法 名	描　　述
getParameter(String name)	获取表单提交的数据
getParameterNames()	获取客户端提交的所有参数名
getAttribute(String name)	获取 name 指定的属性值
getAttributeNames()	获取 request 对象所有属性的名称集合
getSession(Boolean create)	获取 HttpSession 对象
getCookies()	获取 Cookie 对象
getProtocol()	获取客户使用的协议名称
getServletPath()	获取客户端请求的脚本的相对路径
getMethod()	获取客户端提交数据的方式，如 GET、POST 等
getHeader()	获取文件头信息
getRemoteAddr()	获取客户端的 IP 地址
getServerName()	获取服务器名称
getRemoteHost()	获取客户端主机的名称
getServerPort()	获取服务器的端口号

2. response 对象

response 对象用于对客户端的请求做出动态的响应，向客户端发送数据。它的主要方法如表 3-3 所示。

表 3-3   response 对象常用的方法

方 法 名	描 述
getCharacterEncoding()	返回响应用的字符编码格式
getOutputStream()	返回响应的输出流
getWriter()	返回可以向客户端输出字符的一个对象
setContentLength(int leng)	设置响应头的长度
setContentType(String type)	设置响应的 mime 类型
sendRedirect(String location)	重新定向客户端的请求
flushBuffer()	强制把当前缓冲区的数据发送到客户端
addCookie(Cookie cookie)	在客户端添加一个 Cookie

3. session 对象

从一个客户打开浏览器并连接到服务器开始，到客户关闭浏览器离开这个服务器结束，整个阶段被称为一个会话。session 对象可用来保存用户的会话信息和会话状态。它的主要方法如表 3-4 所示。

表 3-4   session 对象常用的方法

方 法 名	描 述
getId()	获取 session 的标识符
setAttribute(String key,Object obj)	将参数 Object 对象 obj 添加到 session 对象中，并为添加的对象指定一个索引值
getAttribute(String key)	获取 session 对象中含有关键字的对象
isNew()	判断用户是否参与了会话
invalidate()	使当前会话失效
removeAttribute(String name)	删除一个指定 session 的值
getCreationTime()	获取 session 对象创建的时间

4. out 对象

out 对象用来向客户端输出各种数据，它的主要方法如表 3-5 所示。

表 3-5   out 对象常用的方法

方 法 名	描 述
print()/println()	输出各种类型数据
clearBuffer()	清除缓冲区的数据，并将数据写入客户端
clear()	清除缓冲区的当前内容，但不将数据写入客户端
flush()	输出缓冲区中的数据
newLine()	输出一个换行符号
close()	关闭输出流

5. page 对象

page 对象就是指当前 JSP 页面本身，类似于 Java 中的 this。它的主要方法如表 3-6 所示。

表 3-6　　　　　　　　　　　　　　　　　page 对象常用的方法

方 法 名	描 述
getClass()	获取 page 对象的类
hashCode()	获取 page 对象的 hash 码
equals(Object obj)	判断 page 对象是否与参数中的 obj 相等
toString()	把 page 对象转换成 String 类型的对象

6.　application 对象

application 对象实现了用户间数据的共享，可存放全局变量，它的主要方法如表 3-7 所示。

表 3-7　　　　　　　　　　　　　　　　application 对象常用的方法

方 法 名	描 述
setAttribute(String key,Object obj)	将参数 Object 对象 obj 添加到 application 对象中,并为添加的对象指定一个索引值
getAttribute(String name)	获取指定的属性值
getAttributeNames()	获取一个包含所有可用属性名的枚举
removeAttribute(String name)	删除一个指定 Application 的值
getContext(String uripath)	获取指定 WebApplication 的 application 对象
getResource(String path)	获取指定资源(文件及目录)的 URL 路径
getResourceAsStream(String path)	获取指定资源的输入流
log(String msg)	把指定消息写入 Servlet 的日志文件

7.　pageContext 对象

pageContext 对象用于管理对属于 JSP 中特殊可见部分中已经命名对象的访问, 它的主要方法如表 3-8 所示。

表 3-8　　　　　　　　　　　　　　　pageContext 对象常用的方法

方 法 名	描 述
setAttribute(String name,Object attribute)	设置默认页面范围或特定对象范围之中的已命名对象
getAttribute(String name [, int scope])	获取一个已命名为 name 的对象的属性,可选参数 scope 表示在特定范围内
removeAttribute(String name,[int scope])	删除指定范围内的某个属性
forward(String relativeUrlPath)	将当前页面重定向到其他的页面
include(String relativeUrlPath)	在当前位置包含另一文件
release()	释放 pageContext 对象所占用的资源
getServletContext()	获取当前页的 ServletContext 对象
getException()	获取当前页的 Exception 对象

8.　config 对象

config 对象用来获取服务器初始化配置参数，它的主要方法如表 3-9 所示。

表 3-9   config 对象常用的方法

方 法 名	描　　述
getServletContext()	获取当前的 Servlet 上下文
getInitParameter(String name)	获取指定的初始参数的值
getInitParameterNames()	获取所有的初始参数的值
getServletName()	获取当前的 Servlet 名称

9. exception 对象

exception对象用于处理JSP页面中发生的错误和异常，可以帮助了解并处理页面中的错误信息，它的主要方法如表3-10所示。

表 3-10   exception 对象常用的方法

方 法 名	描　　述
getMessage()	获取当前的错误信息
getLocalizedMessage()	获取本地化语言的异常错误
printStackTrace()	输出一个错误和错误的堆载跟踪
fillInStackTrace()	重写异常的执行栈轨迹
toString()	关于异常错误的简单信息描述

注意：exception 对象只能在错误页面中才可以使用，即在使用 exception 对象的页面中将 page 指令的 isErrorPage 属性设置为 ture。例如：

```
<%@ page isErrorPage="true" %>
```

3.3　认识 Servlet

Servlet 是使用 Java 语言编写的服务器端程序，它能够接受客户端的请求并产生响应。与常规的 CGI 程序相比，Servlet 具有更好的可移植性、更强大的功能、更好的安全性等特点。

Servlet 通常都是被部署在容器内，由容器连接到 Web 服务器，当客户端进行请求时，Web 服务器将请求传递给 Servlet 容器，容器会调用相应的 Servlet。

Servlet 发展到今天，已经成为一门非常成熟的技术，在许多的 Web 应用开发中都是使用 Servlet 技术来实现的，因此，掌握 Servlet 在 Web 应用编程中是非常重要的。

3.3.1　Servlet 的开发

开发一个普通的 Servlet 只需扩展 javax.servlet.GenericServlet 即可，GenericServlet 类定义了一个普通的、与协议无关的 Servlet，使用 GenericServlet 类可使编写 Servlet 变得简单。下面将通过一个示例介绍如何使用 GenericServlet 开发一个 Servlet。本示例的具体步骤如下。

（1）创建 Servlet 类 "ServletSample"，类 ServletSample 继承了 GenericServlet，它的代码如下：

```
public class ServletSample extends GenericServlet{
    public void service(ServletRequest request, ServletResponse response)
```

```
        throws ServletException, IOException {
    response.setCharacterEncoding("GBK");    //设置响应的编码类型为 GBK
    PrintWriter out=response.getWriter();        //获取输出对象
    out.println("<html>");
    out.println("<head>");
    out.println("<title>Servlet 简单例子</title>");
    out.println("</head>");
    out.println("<body>");
    out.println("<center>");
    out.println("<h2>这是第一个 Servlet 的例子</h2>");
    out.println("</center>");
    out.println("</body>");
    out.println("</html>");
    out.close();//关闭输出对象
    }
}
```

注意：在扩展 GenericServlet 时必须要重载 service()方法。

（2）将类 ServletSample 在"web.xml"文件中进行配置，配置过程由<servlet>元素和<servlet-mapping>元素实现，其中<servlet>元素用来定义<servlet>，<servlet-mapping>元素用来为 Servlet 配置映射路径。类 ServletSample 在 web.xml 文件中的配置代码如下：

```
<!-- 配置 Servlet -->
    <servlet>
        <servlet-name>ServletSample</servlet-name>
        <servlet-class>sunyang.ServletSample</servlet-class>
    </servlet>
    <!-- 配置 Servlet 映射路径 -->
    <servlet-mapping>
        <servlet-name>ServletSample</servlet-name>
        <url-pattern>/servlet</url-pattern>
    </servlet-mapping>
```

在上面代码中，<servlet>元素的子元素<servlet-name>定义了 Servlet 的名称，子元素<servlet-class>元素定义了 Servlet 的实现类；<servlet-mapping>元素的子元素<servlet-name>和<servlet>元素的子元素<servlet-name>一致，子元素<url-pattern>指定了 Servlet 的映射路径，当用户请求的 URL 和<url-pattern>元素指定的 URL（/servlet）相匹配时，容器就会调用 Servlet。

（3）程序的运行结果如图 3-11 所示。

图 3-11 第一个 Servlet 的例子

3.3.2 使用 HttpServlet

要开发与协议无关的 Servlet 只需继承 GenericServlet 即可，但是如果要创建一个用于 Web 的 HTTP Servlet，则需要扩展"javax.servlet.http.HttpServlet"。HttpServlet 可用于处理 HTTP

请求，下面将通过一个示例介绍如何使用 HttpServlet，本示例的具体步骤如下。

（1）创建 Servlet 类"HttpServletSample"，类 HttpServletSample 继承了 HttpServlet，并重载了 HttpServlet 的 doGet()方法和 doPost()方法，其中 doGet()方法用于处理 GET 方式的请求，doPost()方法用于处理 POST 方式的请求，类 HttpServletSample 的代码如下：

```java
public class HttpServletSample extends HttpServlet {
    protected void doGet(HttpServletRequest req, HttpServletResponse resp)
            throws ServletException, IOException {
        resp.setCharacterEncoding("GBK");              //设置响应的编码类型为 GBK
        PrintWriter out=resp.getWriter();              //获取输出对象
        out.println("<html>");
        out.println("<head>");
        out.println("<title>HttpServlet 简单例子</title>");
        out.println("</head>");
        out.println("<body>");
        String name=req.getParameter("name");          //获取请求的参数
        if(name==null||name.equals("")){
            name="sunyang";
        }
        out.println("<h2>你好, "+name+"<br>这是使用 HttpServlet 的例子</h2>");
        out.println("</body>");
        out.println("</html>");
        out.close();                                    //关闭输出对象
    }
    protected void doPost(HttpServletRequest req, HttpServletResponse resp)
            throws ServletException, IOException {
        this.doGet(req, resp);
    }
}
```

（2）在"web.xml"文件中配置类 HttpServletSample，配置的关键代码如下：

```xml
<!-- 配置 Servlet -->
<servlet>
    <servlet-name>ServletSample</servlet-name>
    <servlet-class>sunyang.HttpServletSample</servlet-class>
</servlet>
<!-- 配置 Servlet 映射路径 -->
<servlet-mapping>
    <servlet-name>ServletSample</servlet-name>
    <url-pattern>/httpServlet</url-pattern>
</servlet-mapping>
```

（3）程序的运行结果如图 3-12 所示。

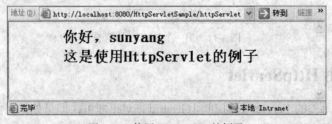

图 3-12　使用 HttpServlet 的例子

3.3.3　Servlet 的生命周期

一个 Servlet 的生命周期由部署 Servlet 的容器来控制，其过程包括 Servlet 如何加载和实例化、初始化，如何处理来自客户端的请求，以及它是如何从服务器中销毁的。Servlet 的生命周期如图 3-13 所示。

图 3-13　Servlet 的生命周期

在 Servlet 生命周期中，Servlet 容器完成加载 Servlet 类和实例化一个 Servlet 对象，并通过下面 3 个方法完成生命周期中的 3 个阶段。

- init() 方法：负责 Servlet 的初始化工作，该方法由 Servlet 容器调用完成。
- service() 方法：处理客户端请求，并返回响应结果。
- destroy() 方法：在 Servlet 容器卸载 Servlet 之前被调用，释放系统资源。

下面是 Servlet 生命周期中的 3 个阶段。

（1）加载并初始化 Servlet

Servlet 加载和实例化是由容器来负责完成的。加载和实例化 Servlet 其实指的是将 Servlet 类载入 JVM（Java 虚拟机）中并初始化。将 Servlet 类载入 JVM 中的时机有 3 种可能。

- 当服务器启动时。
- 浏览器第一次接收请求时。
- 根据管理员要求。

当服务器启动时，首先容器会定位 Servlet 类，然后加载它，容器加载 Servle 类以后，就会实例化该类的一个或者可能多个实例。例如，一个 Servlet 类因为有不同的初始参数而有多个定义，或者 Servlet 实现 SingleThreadModel 而导致容器为之生成一个实例池。

Servlet 被实例化后，容器会在客户端请求以前首先初始化它，其方式就是调用它的 init() 方法，并传递实现 ServletConfig 接口的对象。ServletConfig 对象允许 Servlet 访问容器的配置信息中的键 – 值对（key-value）初始化参数，同时它给 Servlet 提供了访问实现 ServletContext 接口的具体对象的方法。

在初始化阶段，Servlet 实例可能会抛出 ServletException 异常或 UnavailableException 异常。若 Servlet 出现异常，那么它将不会被置入有效服务并且应该被容器立即释放。在此情况下 destroy() 方法不会被调用因为初始化没有成功完成。在失败的实例被释放后，容器可能在任何时候实例化一个新的实例，唯一例外的情况就是如果失败的 Servlet 抛出的异常是 UnavailableException，并且该异常指定了最小的无效时间，那么容器就会至少等待该时间后才会重新试图创建一个新的实例。

执行完 init() 方法后，Servlet 就会处于"已初始化"状态。

（2）处理客户端请求

Servlet 初始化完毕以后，就可以用来处理客户端的请求了。当客户端发来请求时，容器会首先为请求创建一个 ServletRequest 对象和 ServletResponse 对象，其中 ServletRequest 代表请求对象，ServletResponse 代表响应对象。然后会调用 service()方法，并把请求和响应对象作为参数传递，从而把请求委托给 Servlet。在每次请求中，ServletRequest 对象负责接受请求，ServletResponse 对象负责响应请求。

在 HTTP 请求的情况下，容器会调用与 HTTP 请求的方法相应的 doXXX()方法。例如，若 HTTP 请求的方式为 GET，容器会调用 doGet()方法，若 HTTP 请求的方式为 POST，容器会调用 doPost()方法。有可能出现的一种情况就是容器可能会创建一个 Servlet 实例并将之放入等待服务的状态，但是这个实例在它的生存期中可能根本没有处理过任何请求。

Servlet 在处理客户端请求的时候有可能会抛出 ServletException 异常或者 UnavailableException 异常。其中 ServletException 表示 Servlet 进行常规操作时出现的异常，UnavailableException 表示无法访问当前 Servlet 的异常，这种无法访问可能是暂时的，也可能是永久的。如果是暂时的，那么容器可以选择在异常信息里面指明在这个暂时无法服务的时间段里面不向它发送任何请求。在暂时不可用的这段时间内，对该实例的任何请求，都将收到容器发送的 HTTP 503（服务器暂时忙，不能处理请求）响应。如果是永久的，则需要容器必须将 Servlet 从服务中移除，调用 destroy()方法并释放它的实例。此后对该实例的任何请求，都将收到容器发送的 HTTP 404（请求的资源不可用）响应。

（3）卸载 Servlet

Servlet 的卸载是由容器定义和实现的，因为资源回收或其他原因，当 Servlet 需要销毁时，容器会在所有 Servlet 的 service()线程完成之后（或在容器规定时间后）调用 Servlet 的 destroy()方法，以此来释放系统资源，如数据库的连接等。

在 destroy()方法调用之后，容器会释放 Servlet 实例，该实例随后会被 Java 的垃圾收集器回收。如果再次需要这个 Servlet 处理请求，Servlet 容器会创建一个新的 Servlet 实例。

3.3.4　load-on-startup Servlet

在 Servlet 生命周期中有一个加载初始化阶段，指的是将 Servlet 类载入 JVM（Java 虚拟机）中并初始化。将 Servlet 类载入 JVM 中的时机有 3 种可能。

● 当服务器启动时。

● 浏览器第一次接收请求时。

● 根据管理员要求。

如果要求服务器启动时就加载和初始化 Servlet，可以在 web.xml 中配置<servlet>时，加入<load-on-startup>元素。例如：

```
<servlet>
    <servlet-name>LoginServlet</servlet-name>
    <servlet-class>sunyang.LoginServlet</servlet-class>
    <load-on-startup>1</load-on-startup>
    </servlet>
  <servlet>
    <servlet-name>RegisterServlet</servlet-name>
    <servlet-class>sunyang.RegisterServlet</servlet-class>
    <load-on-startup>2</load-on-startup>
```

```
  </servlet>
  <servlet>
    <servlet-name>FindServlet</servlet-name>
    <servlet-class>sunyang.FindServlet</servlet-class>
    <load-on-startup>3</load-on-startup>
  </servlet>
```

　　<load-on-startup>元素在 Web 应用启动的时候指定 Servlet 被加载的顺序，它的值必须是一个整数。如果它的值是一个负整数或者这个元素不存在，那么会在该 Servlet 被调用的时候，加载这个 Servlet。如果值是正整数或零，服务器启动时就加载和初始化 Servlet，而且值小的会先被加载。如果值相等，服务器可以自动选择先加载谁。

3.4　自定义标签库

　　JSP 技术一项非常强大的特性就是能够创建自己的标签库。JSP 标签库（也称自定义标签库）可看成是一种生成基于 XML 脚本的方法，它经由 JavaBean（一种 Java 语言写成的可重用组件）来支持。从概念上讲，标签库就是很简单而且可重用的代码结构。

　　自定义标签库一般由标签处理器、标签库描述、应用程序部署表述符和 JSP 页面构成，如图 3-14 所示。

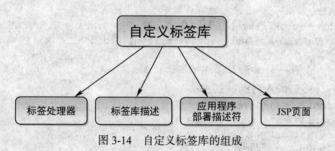

图 3-14　自定义标签库的组成

　　● 标签处理器：自定义标签的核心元素。它用来处理标签的定义、属性、标签体的内容、信息及位置等。

　　● 标签库描述：一般使用.tld 文件对标签进行描述，其实质上是一个 XML 文件，其中记录了自定义标签的属性、信息及位置，并且由服务器来确定通过该文件应该调用哪一个标签。

　　● 应用程序部署描述符：要使用自定义标签，需要在"web.xml"文件中定义自定义标签及描述自定义标签的 tld 文件的信息。

　　● JSP 页面：开发完自定义标签需要在 JSP 页面上进行相关的声明，之后就可以在页面中的任何地方使用自定义标签了。

　　自定义标签库提供了一个简单的方法来建立一个可重用的代码块，它使 Web 应用程序变得易于维护。通常要开发自定义标签程序需要经过以下步骤。

　　（1）建立标签处理器

　　自 JSP 2.0 起，为了简化开发标签的复杂性，新增了一个名为 SimpleTag 的接口，并且还提供了一个名为 SimpleTagSupport 的实现类。在开发 SimpleTag 时，直接继承该实现类即可。在下面这个标签处理器中，继承了 SimpleTagSupport 类，代码如下：

```
public class MyTag extends SimpleTagSupport {
```

```
    private String hello = "";              // 定义标签的第一个属性
    private String name = "";               // 定义标签的第二个属性
    public void setHello(String hello) {
        this.hello = hello;
    }
    public void setName(String name) {
        this.name = name;
    }
    public void doTag() throws JspException, IOException {
        JspContext ctx = getJspContext();
        JspWriter out = ctx.getOut();
        String helloName = hello + name;
        out.println(helloName);             //标签的返回值
    }
}
```

注意：标签处理器可以引用它需要的任何资源（如自定义 JavaBean）和访问页面的全部信息。

（2）创建标签库描述文件

标签库描述文件是一个以.tld 为后缀的文件，它包含了标签处理器的属性、描述信息和位置等。在 WEB-INF 目录下创建一个名为 "myTag.tld" 的文件，其代码如下：

```xml
<?xml version="1.0" encoding="UTF-8" ?>
<!DOCTYPE taglib
    PUBLIC "-//Sun Microsystems, Inc.//DTD JSP Tag Library 1.2//EN"
    "http://java.sun.com/dtd/web-jsptaglibrary_1_2.dtd">
<taglib>
    <!-- 标签库的版本和 JSP 版本 -->
    <tlib-version>1.0</tlib-version>
    <jsp-version>2.0</jsp-version>
    <short-name>tagTest</short-name>
    <uri>com.myTag</uri>
    <!-- 定义标签库中所包含的标签 -->
    <tag>
        <name>helloName</name>
        <tag-class>com.MyTag</tag-class>
        <body-content>empty</body-content>
        <!-- 标签中的属性 -->
        <attribute>
            <name>hello</name>
            <required>true</required>
        </attribute>
        <attribute>
            <name>name</name>
            <required>true</required>
        </attribute>
    </tag>
</taglib>
```

（3）声明自定义标签

在 "web.xml" 文件中定义自定义标签及描述自定义标签的 tld 文件信息，代码如下：

```xml
<jsp-config>
    <taglib>
```

```
      <taglib-uri>mytag</taglib-uri>
      <taglib-location>/WEB-INF/myTag.tld</taglib-location>
    </taglib>
</jsp-config>
```

（4）在 JSP 页面中使用自定义标签

在 JSP 页面中使用标签，首先需要声明使用哪个标签库，这需要使用 JSP 编译指令中的 taglib 指令来实现。代码如下：

```
<%@ page language="java" pageEncoding="GBK"%>
<%@ taglib uri="mytag" prefix="myTag" %>
<html>
  <head>
    <title>使用自定义标签</title>
  </head>
  <body>
    <myTag:helloName hello="你好：" name="欢迎光临本网站"/>
  </body>
</html>
```

（5）程序的运行结果如图 3-15 所示。

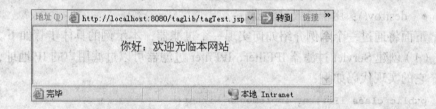

图 3-15　自定义标签显示的效果

3.5　预处理用户请求：Filter

Filter 中文称为过滤器，是 Servlet 2.3 规范中开始引入的一项功能。Servlet 过滤器其实就是一种 Web 组件，它可以根据应用程序的需要来拦截特定的请求和响应。但是，Servlet 过滤器本身并不能生成请求和响应，它只负责过滤。

Servlet 过滤器功能十分强大，可以用在 Web 环境中存在请求和响应的任何地方来拦截请求和响应，以查看、提取或操作客户端和服务器之间交互的数据。Servlet 过滤器的用途也是十分广泛的，如日志记录、访问控制、会话处理等。

Servlet 过滤器介于与之相关的 Servlet 或 JSP 页面与客户端之间，其工作原理是：当某个资源与 Servlet 过滤器关联后，对该资源的所有请求都会经过 Servlet 过滤器，Servlet 过滤器在 Servlet 被调用之前会检查请求对象（Request 对象），并决定是将请求转发给过滤器链中的下一个资源还是中止该请求并响应用户。若请求被转发给过滤器链中的下一个资源（如一个 Servlet）处理后，Servlet 过滤器会检查响应对象（Response 对象），进行处理后返回给用户，其工作原理如图 3-16 所示。

要创建一个过滤器必须实现 "javax.servlet.Filter" 接口，该接口内定义了如下 3 个方法。

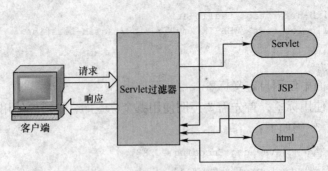

图 3-16　Servlet 过滤器工作原理图

● init（FilterConfig config）：用于初始化过滤器，并在其内获取 web.xml 文件中配置的过滤器初始化参数。

● doFilter（ServletRequest reg, ServletResponse res，FilterChain chain）：用于进行过滤操作，该方法的第 1 个参数为 ServletRequest 对象，此对象给过滤器提供了对进入的信息（包括表单数据、Cookie 和 HTTP 请求头）的完全访问；第 2 个参数为 ServletResponse，用于响应使用 ServletRequest 对象访问的信息，通常在简单的过滤器中忽略此参数；最后一个参数为 FilterChain，该参数用来调用过滤器链中的下一个资源。

● destroy()：用于销毁过滤器。

下面将通过一个示例介绍如何实现一个过滤器，本示例的具体步骤如下。

（1）创建 Servlet 过滤器 IPFilter，IPFilter 过滤器可以过滤用户的 IP 地址，以进行访问控制。它的实现代码如下：

```java
public class IPFilter implements Filter{
    protected FilterConfig filterConfig;
    protected String filterIP;                              // 需要过滤的 IP 地址
    // 初始化过滤器/
    public void init(FilterConfig config) throws ServletException {
        this.filterConfig=config;
        filterIP=config.getInitParameter("filterIP");// 获取被过滤的 IP 地址
        if(filterIP==null)filterIP="";
    }
    // 过滤操作*/
    public void doFilter(ServletRequest reg, ServletResponse res,
            FilterChain chain) throws IOException, ServletException {
        RequestDispatcher reqDispatcher=reg.getRequestDispatcher("error.jsp");
        String remoteIP=reg.getRemoteAddr();               // 获取本地 IP 地址
        if(remoteIP.equals(filterIP)){                     // 如果 IP 地址被过滤，将转向错误页面
            reqDispatcher.forward(reg, res);
        }else{                                             // 将请求转发给过滤器链中的其他资源
            chain.doFilter(reg, res);
        }
    }
    // 销毁过滤器
    public void destroy() {
        this.filterConfig=null;
    }
}
```

（2）在"web.xml"文件中配置 IPFilter 过滤器，在配置文件中定义了一个名为 filterIP 的参数，它的值为"192.168.70.82"，表示 IP 地址为"192.168.70.82"的用户将被拒绝访问。配置的关键代码如下：

```
<!-- 配置过滤器 -->
    <filter>
        <filter-name>IPFilter</filter-name>
        <filter-class>sunyang.IPFilter</filter-class>
        <init-param>
            <param-name>filterIP</param-name>
            <param-value>192.168.70.82</param-value>
        </init-param>
    </filter>
    <!-- 配置过滤器的映射路径 -->
    <filter-mapping>
        <filter-name>IPFilter</filter-name>
        <url-pattern>/*</url-pattern>
    </filter-mapping>
```

（3）建立测试 IPFilter 过滤器的 JSP 页面"success.jsp"和"error.jsp"。当用户访问 success.jsp 时，输出欢迎用户访问的信息。而对于 IP 地址为"192.168.70.82"的用户，当访问 success.jsp 时，则会输出 error.jsp 上的拒绝访问信息。success.jsp 文件的代码如下：

```
<%@ page language="java" pageEncoding="GBK"%>
<html>
  <head>
    <title>欢迎页面</title>
  </head>
  <body>
  <center><h2>欢迎访问吉林省三扬科技咨询有限公司! </h2></center>
  </body>
</html>
```

error.jsp 文件的代码如下：

```
<%@ page language="java" pageEncoding="GBK"%>
<html>
  <head>
    <title>拒绝访问</title>
  </head>
  <body>
  <center><h2>对不起，您的 IP 地址禁止访问该网站! </h2></center>
  </body>
</html>
```

（4）当用户访问"success.jsp"页面时，运行结果如图 3-17 所示。

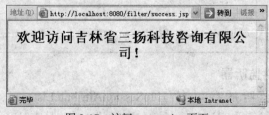

图 3-17　访问 success.jsp 页面

当 IP 地址为"192.168.70.82"的用户访问"success.jsp"页面时，运行结果如图 3-18 所示。

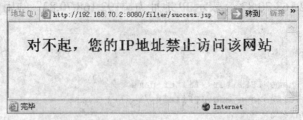

图 3-18　被过滤 IP 地址的用户访问 success.jsp 页面

3.6　使用 Listener

Listener 中文称为监听器，是 Servlet 2.3 规范中和 Filter 一起引入的另一项功能。Servlet 监听器用于监听一些重要事件的发生，如监听客户端的请求、Web 应用的上下文信息、会话信息等，监听器对象就可以在事情发生前、发生后可以做一些必要的处理。

根据监听对象的不同，Servlet 2.4 规范将 Servlet 监听器划分为以下 3 种。

- ServletContext 事件监听器：用于监听应用程序环境对象。
- HttpSession 事件监听器：用于监听用户会话对象。
- ServletRequest 事件监听器：用于监听请求消息对象。

下面分别介绍上面 3 种监听器。

1. ServletContext 事件监听器

对 ServletContext 对象进行监听的接口有 ServletContextAttributeListener 和 ServletContextListener，其中 ServletContextAttributeListener 用于监听 ServletContext 对象中属性的改变，包括增加属性、删除属性和修改属性。ServletContextListener 用于监听 ServletContext 对象本身的改变，如 ServletContext 对象的创建和销毁。ServletContext 事件监听器中的接口和方法如表 3-11 所示。

表 3-11　　　　　　　　　　ServletContext 事件监听器的接口和方法

接 口 名 称	方 法 名 称	描　　述
ServletContextAttributeListener	attributeAdded(ServletContextAttributeEvent scae)	增加属性时激发此方法
	attributeRemoved(ServletContextAttributeEvent scae)	删除属性时候激发此方法
	attributeReplaced(ServletContextAttributeEvent scae)	修改属性时激发此方法
ServletContextListener	contextDestroyed(ServletContextEvent sce)	销毁 ServletContext 时激发此方法
	contextInitialized(ServletContextEvent sce)	创建 ServletContext 时激发此方法

2. HttpSession 事件监听器

对会话对象进行监听的接口有 HttpSessionAttributeListener、HttpSessionListener、HttpSessionActivationListener 和 HttpSessionBindingListener。其中 HttpSessionAttributeListener

用于监听 HttpSession 对象中属性的改变，如属性的增加、删除和修改。HttpSessionListener 用于监听 HttpSession 对象的改变，如 HttpSession 对象的创建与销毁。HttpSessionActivationListener 用于监听 HttpSession 对象的状态，如 HttpSession 对象是被激活还是被钝化。HttpSessionBindingListener 用于监听 HttpSession 对象的绑定状态，如添加对象和移除对象。HttpSession 事件监听器中的接口和方法如表 3-12 所示。

表 3-12   HttpSession 事件监听器的接口和方法

接 口 名 称	方 法 名 称	描　述
HttpSessionAttributeListener	attributeAdded(HttpSessionBindingEvent hsbe)	增加属性时激发此方法
	attributeRemoved(HttpSessionBindingEvent hsbe)	删除属性时激发此方法
	attributeReplaced(HttpSessionBindingEvent hsbe)	修改属性时激发此方法
HttpSessionListener	sessionCreated(HttpSessionEvent hse)	创建 HttpSession 时激发此方法
	sessionDestroyed(HttpSessionEvent hse)	销毁 HttpSession 时激发此方法
HttpSessionActivationListener	sessionDidActivate(HttpSessionEvent se)	激活 HttpSession 时激发此方法
	sessionWillPassivate(HttpSessionEvent se)	钝化 HttpSession 时激发此方法
HttpSessionBindingListener	valueBound(HttpSessionBindingEvent hsbe)	调用 setAttribute()方法时激发此方法
	valueUnbound(HttpSessionBindingEvent hsbe)	调用 removeAttribute ()方法时激发此方法

3. ServletRequest 事件监听器

对请求消息对象进行监听的接口有 ServletRequestListener 和 ServletRequestAttributeListener，其中 ServletRequestListener 用于监听 ServletRequest 对象的变化，如 ServletRequest 对象的创建和销毁。ServletRequestAttributeListener 用于监听 ServletRequest 对象中属性的变化，如属性的增加、删除和修改。ServletRequest 事件监听器的接口和方法如表 3-13 所示。

表 3-13   ServletRequest 事件监听器的接口和方法

接 口 名 称	方 法 名 称	描　述
ServletRequestAttributeListener	attributeAdded(ServletRequestAttributeEvent srae)	增加属性时激发此方法
	attributeRemoved(ServletRequestAttributeEvent srae)	删除属性时候激发此方法
	attributeReplaced(ServletRequestAttributeEvent srae)	修改属性时激发此方法
ServletRequestListener	requestDestroyed(ServletRequestEvent sre)	销毁 ServletRequest 时激发此方法
	requestInitialized(ServletRequestEvent sre)	创建 ServletRequest 时激发此方法

下面将通过一个具体的示例介绍如何在 Web 应用中使用 Servlet 监听器，本示例的具体

步骤如下。

（1）创建 Servlet 监听器 OnlineListener，OnlineListener 监听器用于监听网站的在线人数，它的代码如下：

```java
public class OnlineListener implements HttpSessionListener{
    private int onlineCount;                 //定义一个代表在线人数的变量
    public OnlineListener(){
        onlineCount=0;
    }
    /*会话创建时的处理*/
    public void sessionCreated(HttpSessionEvent sessionEvent) {
        onlineCount++;
        sessionEvent.getSession().getServletContext()
                            .setAttribute("online",new Integer(onlineCount));
    }
    /*会话销毁时的处理*/
    public void sessionDestroyed(HttpSessionEvent sessionEvent) {
        onlineCount--;
        sessionEvent.getSession().getServletContext()
                            .setAttribute("online",new Integer(onlineCount));
        }
}
```

（2）在"web.xml"文件中配置 OnlineListener 监听器，监听器的配置非常简单，只需指定监听器的实现类即可，该文件的关键代码如下：

```xml
<listener>
 <listener-class>sunyang.OnlineListener</listener-class>
 </listener>
```

（3）创建 JSP 页面"online.jsp"，该 JSP 页面可用来测试 OnlineListener 监听器，它的代码如下：

```jsp
<%@ page language="java" pageEncoding="GBK"%>
<html>
  <head>
    <title>使用监听器监听在线人数的例子</title>
  </head>
  <body>
   <center>
     <h2>当前的在线人数：<%=(Integer)application.getAttribute("online") %></h2>
   </center>
  </body>
</html>
```

（4）运行程序，如果你是第 5 个访问该网站的用户，则显示如图 3-19 所示的界面。

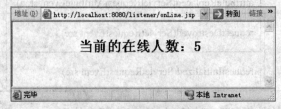

图 3-19　使用监听器的例子

3.7 项目实战——用户登录

本节将使用 JSP 和 Servlet 开发用户登录程序，具体步骤如下。

（1）程序功能分析

在登录界面（见图 3-20），当用户在文本框中输入用户名和密码，单击"登录"按钮后，程序会检查输入的用户名和密码是否正确，如果正确允许用户登录并进入欢迎页面，如图 3-21 所示。如果输入的用户名或密码错误，则显示提示用户输入的用户名或密码错误的信息——要求用户重新登录，如图 3-22 所示。

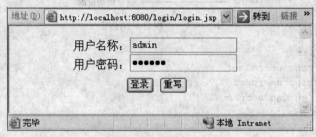

图 3-20 用户登录界面

图 3-21 登录成功界面

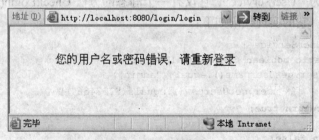

图 3-22 登录失败界面

（2）工程目录结构

本工程的目录结构及其说明如图 3-23 所示。

说明：本工程为一个 Web 工程。

（3）JavaBean 类的实现

代表用户登录信息的 JavaBean 类的类名为"User"，该类包含两个私有属性"username"和"userpsw"及其每个属性的 set、get 方法。它的实现代码如下：

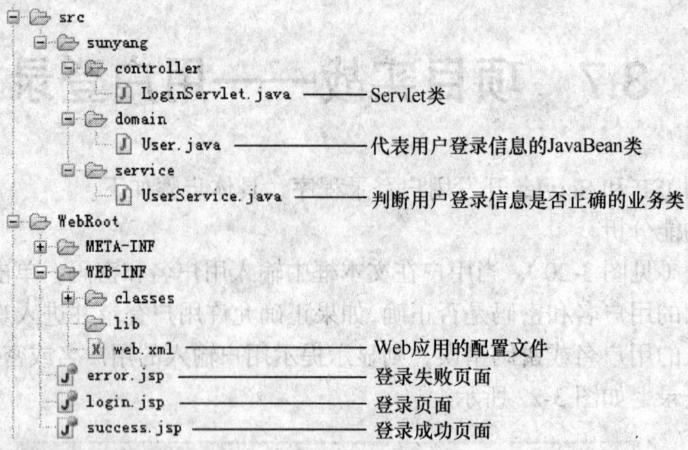

```
src
  sunyang
    controller
      LoginServlet.java ──────── Servlet类
    domain
      User.java ──────────── 代表用户登录信息的JavaBean类
    service
      UserService.java ──────── 判断用户登录信息是否正确的业务类
WebRoot
  META-INF
  WEB-INF
    classes
    lib
    web.xml ──────────── Web应用的配置文件
  error.jsp ──────────── 登录失败页面
  login.jsp ──────────── 登录页面
  success.jsp ──────────── 登录成功页面
```

图 3-23　工程目录结构图

```java
public class User {
    private String username;
    private String userpsw;
    public String getUsername() {
        return username;
    }
    public void setUsername(String username) {
        this.username = username;
    }
    public String getUserpsw() {
        return userpsw;
    }
    public void setUserpsw(String userpsw) {
        this.userpsw = userpsw;
    }
}
```

（4）业务类的实现

业务类的类名为"UserService"，它仅有一个静态的方法 CheckLogin()，用于判断用户登录的信息是否正确。它的实现代码如下：

```java
public class UserService {
    public static boolean CheckLogin(User user) {
        if (user.getUsername().equals("admin")
                && user.getUserpsw().equals("123456")) {
            return true;
        }
        return false;
    }
}
```

（5）Servlet 类的实现

Servlet 类的类名为"LoginServlet"，它用于获取页面表单中的数据并对页面的跳转进行控制，当用户输入的用户名和密码正确，页面跳转到成功页面，否则页面跳转到失败页面。它的实现代码如下：

```java
public class LoginServlet extends HttpServlet {
    protected void doGet(HttpServletRequest req, HttpServletResponse resp)
```

```
        throws ServletException, IOException {
    doPost(req, resp);
}
protected void doPost(HttpServletRequest req, HttpServletResponse resp)
        throws ServletException, IOException {
                                                //获取用户的输入信息
    String username = req.getParameter("username");
    String userpsw = req.getParameter("userpsw");

                                                //调用 JavaBean
    User user = new User();
    user.setUsername(username);
    user.setUserpsw(userpsw);
    HttpSession session = req.getSession();

                                                //选择一个界面对用户进行响应
    String forward = "";
    if (UserService.CheckLogin(user)) {
        forward = "success.jsp";
        session.setAttribute("name", username);        //将登录的用户名放入 Session 中
    } else {
        forward = "error.jsp";
    }
    RequestDispatcher rd = req.getRequestDispatcher(forward);
    rd.forward(req, resp);
}
}
```

（6）登录页面的实现

登录页面的名称为"login.jsp"，它包含一个由用户名文本框、密码框、提交按钮和重置按钮组成的表单。它的实现代码如下：

```
<%@ page language="java" pageEncoding="GBK"%>
<html>
    <body>
        <form action="login" method="post">
            用户名称: <input type="text" name="username" value=""><br>
            用户密码: <input type="password" name="userpsw" value=""><br>
            <input type="submit" name="submit" value="登录">
            <input type="reset" name="reset" value="重写">
        </form>
    </body>
</html>
```

（7）登录成功页面的实现

登录成功页面的名称为"success.jsp"，在该页面输出欢迎用户登录的信息。它的实现代码如下：

```
<%@ page language="java" pageEncoding="GBK"%>
<html>
    <body>
        <%
        String username=(String)session.getAttribute("name");
        if(username!=null){%>
        <center>欢迎登录: <%=username%></center>
```

```
        <% } %>
    </body>
</html>
```

（8）失败页面的实现

失败页面的名称为"error.jsp"，在该页面中输出让用户重新登录的提示信息。它的实现代码如下：

```
<%@ page language="java" pageEncoding="GBK"%>
<html>
    <body>
        <center>您的用户名或密码错误，请重新<a href="login.jsp">登录</a></center>
    </body>
</html>
```

（9）Web 应用配置文件"web.xml"的实现

"web.xml"用于配置 Servlet 以及映射路径，它的实现代码如下：

```
<servlet>
    <servlet-name>LoginServlet</servlet-name>
    <servlet-class>sunyang.controller.LoginServlet</servlet-class>
</servlet>
<servlet-mapping>
    <servlet-name>LoginServlet</servlet-name>
    <url-pattern>/login</url-pattern>
</servlet-mapping>
```

本 章 小 结

本章首先开发一个 JSP+Servlet 应用示例，目的是使读者在掌握 JSP 和 Servlet 之前对它们有一个简单的认识。接下来详细讲解了 JSP 和 Servlet 的基础知识，包括 JSP 的工作原理、JSP 的指令、Servlet 的生命周期、自定义标签库、过滤器、监听器等。

下面是本章的重点内容回顾：

- JSP 的工作原理。
- JSP 页面中有两种注释方式。
- JSP 声明是指在 JSP 页面中定义合法的变量和方法。
- JSP 表达式用来在 JSP 页面输出结果。
- JSP 有 3 个编译指令。
- JSP 有 7 个动作指令。
- JSP 有 9 个内置对象。
- HttpServlet 用于处理 HTTP 请求。
- 要求服务器启动时就加载和初始化 Servlet，可以在 web.xml 中加入<load-on-startup>元素。
- Servlet 过滤器其实就是一种 Web 组件，它可以根据应用程序的需要来拦截特定的请求和响应。
- Servlet 监听器用于监听一些重要事件的发生，以做出相应的处理。

课 后 练 习

（1）JSP 的 9 个内置对象分别为＿＿，＿＿＿，＿＿＿，＿＿＿，＿＿＿，＿＿＿，＿＿＿，＿＿＿，＿＿＿。

（2）画出 JSP 的工作原理图。

（3）page 指令的作用是什么？

（4）jsp:useBean 指令的作用是什么？

（5）<load-on-startup>元素的作用是什么？

（6）举一个声明的例子。

第4章
SQL 与 JDBC

对数据库进行的最基本的操作就是存储数据和取出数据。在通常情况下，存取数据使用的主要工具就是 SQL，即结构化查询语言。

JDBC 是一套面向对象的应用程序接口，通过使用 JDBC 技术，开发人员可以用纯 Java 语言和标准的 SQL 语句编写完整的数据库应用程序，并且真正地实现软件的跨平台性。

通过本章学习，读者可以掌握 SQL 的使用方法以及在页面中编写连接数据库的 JDBC 代码等相关知识。

4.1 SQL

SQL，即结构化查询语言，由于其功能丰富、语言简洁，目前已经成为关系型数据库中的通用操作语言，本节将简单介绍 SQL 的基本概念及其用法。

4.1.1 SQL 概述

SQL（Structured Query Language）是一种结构化查询语言，用来操作数据库中的数据。目前多数的关系型数据库都使用 SQL 查询语言，如 SQL Server、MySQL、Oracle 等。

SQL 语言是非过程化编程语言，它支持使用集合作为输入、查询等操作的参数，从而实现复杂的有条件的嵌套查询。无论通过何种查询方式，都可以得到查询操作的结果集合。正是由于 SQL 的这些特点，使得拥有完全不同底层结构的几种数据库都可以使用它作为输入和管理的接口。

SQL 语言的语法简单，功能丰富，非常容易学习。在众多的使用 SQL 语言的数据库中，都遵照美国国家标准局(ANSI)制定的 SQL 标准，因此学会了使用 SQL 语言，能够更轻松地学习其他数据库系统。

SQL 语言由以下 3 部分组成，分别是：

- 数据库模式定义语言(DDL)：CREATE、DROP、ALTER 等语句。
- 数据操纵语言(DML)：INSERT、UPDATE、DELETE、SELECT 等语句。
- 数据控制语言：GRANT、REVOKE、COMMIT、ROLLBACK 等语句。

4.1.2 DDL 与 DML 简介

1. DDL

DDL，即数据库模式定义语言，用于定义和管理数据库中的数据表。DDL 的主要关键字和使用方式如表 4-1 所示。

表 4-1　　　　　　　　　　　　　　　DDL 关键字和使用方式

关　键　字	描　　述	使　用　方　式
CREATE	创建一个新表、数据库、视图等	CREATE TABLE table_name(clo_name1 VARCHAR(20), col_name2 INT)
ALTER	修改表，为指定表增加一个或多个字段	ALTER TABLE table_name ADD(clo_name3 VARCHAR(50))
DROP	删除指定的表、视图等	DROP TABLE table_name

2. DML

DML，即数据管理操作语言，用于在指定的数据表中维护数据。DML 的关键字和使用方式如表 4-2 所示。

表 4-2　　　　　　　　　　　　　　　DML 关键字和使用方式

关　键　字	描　　述	使　用　方　式
INSERT	给指定的表中增加数据	INSERT INTO table_name (clo_name1，clo_name2,……) VALUES (value1,value2 ……)
SELECT	查询指定的表，获取数据	SELECT * FROM table_name
UPDATE	更新指定的记录	UPDATE table_name SET clo_name2= 值 WHERE clo_name1=值
DELETE	删除指定的数据表中的指定的记录	DELETE FROM table_name 或 DELETE 数据表
WHERE	为查询、更新、删除数据表的过程中指定条件	SELECT table_name WHERE clo_name1 = 条件值

4.1.3　SQL 使用方法

在介绍 SQL 使用方法之前首先简单介绍 SQL 中常用的数据类型。SQL 中常用的数据类型有 5 种，分别是字符型、文本型、数值型、逻辑型和日期型。

1. 字符型

向数据库中存储字符串时，需要使用字符型的标识符。在定义表中字段为字符型时必须指定其长度。常用的字符型如表 4-3 所示。

表 4-3　　　　　　　　　　　　　　　字符型数据类型

类　型　名　称	类　型　描　述
CHAR	最大字符长度为 255，字符长度不可变
VARCHAR	最大字符长度为 255，字符长度可变

说明：VARCHAR 类型比 CHAR 类型更常用，因为该类型的数据长度可变，同时可以省略在插入数据的过程中插入的多余空格，节省硬盘空间。

2. 文本型

文本型使用"TEXT"表示，它可以存储超过二十亿个字符的字符串。当表中的字段被用来存储较大数据时，可以使用该数据类型。使用文本型时要么指定很大的长度，要么不指定长度，无论是否指定长度，一旦有数据存储到该字段，即使是一个空值，也会给它分配 2KB 的空间。

3. 数值型

数值型包括多种，在使用的过程中可以根据不同的情况选择不同的类型来使用。表 4-4 列举出了这些数据类型与使用场合。

表 4-4　　　　　　　　　　　　　　数值型的数据类型

类 型 名 称	类 型 描 述
INT	−2 147 483 647 到 2 147 483 647 的整数
SMALLINT	−32768 到 32768 的整数
TINYINT	0 到 255 的整数，不能用来储存负数
NUMERIC	−1038 到 1038 范围内的数，可以存储小数
SMALLMONEY	−214 748.3648 到 214 748.3647 的钱数
MONEY	−922 337 203 685 477.5808 到 922 337 203 685 477.5807 的数字

4. 逻辑型

逻辑型使用"BIT"表示，该类型只支持两个值：0 或者 1，因此对于只有真和假两种状态的字段可选择使用此种类型。

5. 日期型

当数据表的字段涉及了日期时，可以使用日期型。日期型的数据类型如表 4-5 所示。

表 4-5　　　　　　　　　　　　　　日期型的数据类型

类 型 名 称	类 型 描 述
SMALLDATETIME	1900 年 1 月 1 日到 2079 年 6 月 6 日，它只能精确到秒
DATETIME	1753 年 1 月 1 日第一毫秒到 9999 年 12 月 31 日最后一毫秒

下面以 SQL Server 2000 数据库为例介绍 SQL 的用法，具体步骤如下。

（1）创建数据库。创建数据库使用"CREATE DATABASE"关键字。创建数据库"libSystem"的 SQL 语句如下：

```
CREATE DATABASE libSystem
```

（2）在"libSystem"数据库中创建表。创建数据表的 SQL 语句如下：

```
CREATE TABLE readerinfo (
    [id] [int] IDENTITY (1, 1) PRIMARY KEY NOT NULL ,
    [name] [varchar] (50) ,
    [password] [varchar] (50),
    identiCode [varchar] (50),
    sex [tinyint],
    email [varchar] (50))
```

说明：对上述 SQL 语句中的关键字解释如下：

IDENTITY (1,1)：表明数据表中的主键是自增长的，而且步长为1。

PRIMARY KEY：表明当前标识的字段是数据表的主键。

NOT NULL：表示当前字段不允许为空。

（3）数据表建立以后可通过 "INSERT INTO" 关键字向数据表中插入数据。插入数据的 SQL 语句如下：

```
INSERT INTO readerinfo (name,password,identiCode,sex,email)
VALUES('sunyang','123456','20081015001',1,'zhangsan@sunyang.net')
```

（4）数据存储到数据库以后，就可通过 "SELECT" 关键字来查询相关的记录。查询数据的 SQL 语句如下：

```
SELECT id,name,password,identiCode,sex,email FROM readerinfo
```

（5）如果要更新记录可以使用 "UPDATE..SET" 关键字，更新数据的 SQL 语句如下：

```
UPDATE readerinfo SET name='mySunyang' ,password='654321'WHERE id=1
```

（6）对不再需要存储的数据可以使用 "DELETE" 关键字将其从数据库中删除，删除数据的 SQL 语句如下：

```
DELETE readerinfo where id=1
```

技巧：当进行更新、删除的过程中需要指定数据的某个属性时，可以通过使用 WHERE 关键字来实现。实际应用中，WHERE 指定的条件可根据情况而定。

4.2　JDBC

JDBC 是一套面向对象的应用程序接口，它制定了统一的访问各类关系数据库的标准接口，为各个数据库厂商提供了标准接口的实现。通过使用 JDBC 技术，开发人员可以用纯 Java 语言和标准的 SQL 语句编写完整的数据库应用程序，并且真正地实现软件的跨平台型。本节主要介绍 JDBC 技术的相关知识。

4.2.1　JDBC 概述

JDBC 的全称为 "Java DataBase Connectivity"，它是一组使用 Java 语言编写的用于连接数据库的程序接口（API）。应用项目开发过程中，程序员可以使用 JDBC 中的类与接口来连接多种关系型数据库并进行数据操作，避免了使用不同的数据库时，需要重新编写连接数据库程序的麻烦。

1．JDBC 执行步骤

JDBC 主要完成以下 4 个步骤。

（1）与数据库建立连接。

（2）向数据库发送 SQL 语句。

（3）处理发送的 SQL 语句。

（4）将处理的结果进行返回。

使用 JDBC 时不需要知道底层数据库的细节，JDBC 操作不同的数据库仅仅是链接方式的差异而已。使用 JDBC 的应用程序一旦与数据库建立连接，就可以使用 JDBC 提供的编写接口（API）操作数据库，如图 4-1 所示。

图 4-1　使用 JDBC 操作数据库

2．JDBC 的优缺点

JDBC 的优点如下。

- JDBC 与 ODBC 十分相似，便于软件开发人员的理解。
- JDBC 使软件开发人员从复杂的驱动程序编写工作中解脱出来，可以完全专注于业务逻辑的开发。
- JDBC 支持多种关系型数据库，这样可以增加软件的可移植性。
- JDBC 编写接口是面向对象的，开发人员可以将常用的方法进行二次封装，从而提高代码的重用性。

JDBC 的缺点如下。

- 通过 JDBC 访问数据库时，实际的操作速度会降低。
- 虽然 JDBC 编程接口是面向对象的，但通过 JDBC 访问数据库依然是面向关系的。
- JDBC 提供了对不同厂家的产品支持，这样对数据源的操作有所影响。

4.2.2　JDBC 驱动程序

在应用程序中使用 JDBC，必须为其提供相应数据库的驱动程序和类库。不同的数据库产品使用不同的类库。

JDBC 对多种关系型数据库的驱动和操作进行了封装，实际应用过程中，程序员可以通过加载不同的数据库驱动程序来连接它，而不需要为了不同的数据库编写额外的程序，因此方便了程序的开发。

JDK 已经提供了 JDBC 的管理应用程序。它们分别是：

- JDBC 驱动程序管理器：它是使用 Java 编写的一个小程序，是 JDBC 体系结构的支柱。JDBC 驱动程序管理器通过其内部的几行代码完成 Java 程序与 JDBC 驱动器之间的连接。
- JDBC 驱动程序测试工具包：此测试工具包可以为 JDBC 提供安检。只有通过此工具包测试的程序才符合 JDBC 标准，才能被信任使用。
- JDBC-ODBC 桥：使 ODBC 驱动程序可被 JDBC 使用，以访问那些不常见的数据库管理系统。

根据驱动程序类型的不同，JDBC 驱动程序主要分为以下常用的 4 种。

- JDBC-ODBC 桥：这种驱动程序通过 JDBC 访问 ODBC 的接口。在使用时，客户机上必须加载 ODBC 的二进制代码，必要情况下需要加载数据库客户机代码。大多数的企业网常常使用这种驱动。
- 本地 API：这种方式的驱动是将客户机上的 JDBC API 转换为 DBMS（数据库管理系统）来调用，从而进行数据库的连接。同 JDBC-ODBC 桥相似，客户机必须加载某些必需的二进制代码。
- 网络 Java 驱动程序：这种驱动首先将 JDBC 转换成一种网络协议，该网络协议与

DBMS 没有任何关系，然后再将该网络协议转换为 DBMS 协议。网络 Java 驱动程序是最灵活的驱动，因为网络中的服务器可以将 Java 客户机连接到多种的数据库上，所使用的协议可以由提供者来决定。

● 本地协议纯 Java 驱动程序：这种驱动程序是将 JDBC 调用直接转换为 DBMS 使用的协议，客户机可以直接调用 DBMS 服务器。它是 4 种驱动程序中访问数据库速度最快的一种。

4.2.3　使用 JDBC 读取数据

JDBC 提供的编程接口通过将纯 Java 驱动程序转换为数据库管理系统所使用的专用协议来实现和特定的数据库管理系统交互信息，简单地说，JDBC 可以调用本地的纯 Java 驱动程序和相应的数据库建立连接，如图 4-2 所示。

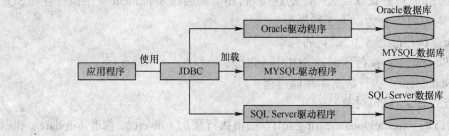

图 4-2　使用 Java 驱动程序

使用 JDBC 操作数据的详细步骤如下。

（1）加载 JDBC 驱动程序

在连接数据库前，首先要加载连接数据库的驱动到 Java 虚拟机，通过 "java.lang.Class" 类的静态方法 forName（String className）来实现。例如，通过构造方法加载 SQL Server 2000 驱动程序的代码如下：

```java
public class DBConnection {
    private final String dbDriver = "com.microsoft.jdbc.sqlserver.SQLServerDriver";
    public DBConnection() {
        try {
            Class.forName(dbDriver).newInstance();
        } catch (ClassNotFoundExceptione) {
        }
    }
    ……//省略其他代码
}
```

加载 JDBC 驱动程序后，会将加载的驱动类注册给 DriverManager 类，如果加载失败，将抛出 ClassNotFoundException 异常，即未找到指定的驱动类，所以需要在加载数据库驱动类时捕捉可能抛出的异常。

（2）取得数据库连接

"java.sql.DriverManager" 驱动程序管理器是 JDBC 的管理层，主要是建立和管理数据库连接。通过该管理器的静态方法 getConnection(String url,String user,String password) 可以建立数据库连接，其中，该静态方法的的第 1 个参数是连接数据库 url 地址，第 2 个参数是连接数据库的名称，第 3 个参数是连接数据库的登录密码，getConnection() 方法的返回值的类型是

"java.sql.Connection"，具体使用方法如下：

```java
public Connection creatConnection() {
    Connection con=null;
    String url = "jdbc:microsoft:sqlserver://localhost:1433;DatabaseName=db_user"
        try {
            con = DriverManager.getConnection(url,"sa","sa");
            con.setAutoCommit(true);
        } catch (SQLException e) {
        }
        return con;
    }
```

（3）执行各种 SQL 语句

当通过 Connection 对象获取到数据库的连接后，还需要通过 Statement 对象执行各种 SQL 语句。Statement 对象可以分为以下 3 种类型。

- Statement：执行静态 SQL 语句的对象。
- PreparedStatement：执行预编译 SQL 语句对象。
- CallableStatement：执行数据库存储过程。

1. 执行静态的 SQL 语句对象

Statement 接口的 executeUpdate(String sql)方法将执行添加（insert）、修改（update）和删除（delete）的 SQL 语句，执行成功后，将返回一个 int 型数值，该数值为影响数据库记录的行数。

Statement 接口的 executeQuery(String sql)方法将执行查询（select）语句，执行成功后，将返回一个 ResultSet 类型的结果集对象，该对象将存储所有满足查询条件的数据库记录。

通过 Statement 对象执行 insert 语句的代码如下：

```java
int num=statement.executeUpdate("insert into myTable values ('sunyang','changchun')");
```

通过 Statement 对象执行 update 语句的代码如下：

```java
int num=statement.executeUpdate("update myTable set name='new sunyang' where id=1");
```

通过 Statement 对象执行 delete 语句的代码如下：

```java
int num=statement.executeUpdate("delete from myTable where id=6");
```

通过 Statement 对象执行 select 语句的代码如下：

```java
ResultSet rs= statement. executeQuery("select * from myTable");
```

注意：执行 executeUpdate()方法或 executeQuery(String sql)时，会抛出 SQLException 类型的异常，所以需要通过 try-catch 进行捕获。

2. 执行预编译 SQL 语句对象

PreparedStatement 接口的 executeUpdate(String sql)方法将执行添加（insert）、修改（update）和删除（delete）的 SQL 语句，执行成功后，将返回一个 int 型数值，该数值为影响数据库记录的行数。

PreparedStatement 接口的 executeQuery(String sql)方法将执行查询（select）语句，执行成功后，将返回一个 ResultSet 类型的结果集对象，该对象将存储所有满足查询条件的数据库记录。

通过 PreparedStatement 对象执行 insert 语句的代码如下：

```
PreparedStatement ps=connection.prepareStatement("insert into myTable values (?,?)");
ps.setString(1,"sunyang");
ps.setString(2,"changchun");
int num=ps.executeUpdate();
```

通过 PreparedStatement 对象执行 update 语句的代码如下：

```
PreparedStatement ps=connection.prepareStatement("update myTable set name=? where id=?");
ps.setString(1,"new sunyang ");
ps.setInt(2,6);
int num=ps.executeUpdate();
```

通过 PreparedStatement 对象执行 delete 语句的代码如下：

```
PreparedStatement ps=connection.prepareStatement("delete from myTable where id=?");
ps.setInt(1,6);
int num=ps.executeUpdate();
```

通过 Statement 对象执行 select 语句的代码如下：

```
PreparedStatement ps=connection.prepareStatement("select * from myTable where id=?");
ps.setInt(1,6);
ResultSet rs=ps.executeQuery();
```

注意：执行 executeUpdate()方法或 executeQuery(String sql)时，会抛出 SQLException 类型的异常，所以需要通过 try-catch 进行捕获。

使用 PreparedStatement 的优点如下。

● 依赖于服务器对预编译查询的支持，以及驱动程序处理原始查询的效率，预备语句在性能上的优势可能有很大的不同。

● 安全是预备语句的另外一个特点，通过 HTML 表单接收用户输入，然后对数据库进行更新时，一定要使用预备语句或存储过程。

● 预备语句能够正确地处理嵌入在字符串中的引号以及处理非字符数据，例如，向数据库发送序列化后的对象。

3. 执行数据库存储过程

CallableStatement 接口的 executeUpdate（String sql）方法可执行添加（insert）、修改（update）和删除（delete）操作的数据库的存储过程，执行成功后，将返回一个 int 型数值，该数值为影响数据库记录的行数。

CallableStatement 接口的 executeQuery（String sql）方法将执行查询操作的数据库的存储过程，执行成功后，将返回一个 ResultSet 类型的结果集对象，该对象将存储所有满足查询条件的数据库记录。

在 SQL Server 2000 数据库中，向数据表添加数据的存储过程的代码如下：

```
CREATE PROCEDURE p_insert (@name varchar(20), @sex char(4), @tel varchar(30), @address
varchar(50), @birthday varchar(50))AS
insert into users(name,sex,tel,address,birthday)values(@name,@sex,@tel,@address,@birthday)
GO
```

通过 CallableStatement 对象执行数据库中添加的存储过程，代码如下：

```
CallableStatement cs=connection.prepareCall();
CallableStatement cs=connection.prepareCall("{call p_insert(?,?,?,?,?)}");
cs.setString(1,"张三");
cs.setString(2,"男");
```

```
cs.setString(3,"11111111111");
cs.setString(4,"长春市 xxx 街");
cs.setString(5,"1990-10-21");
int num=cs.executeUpdate();
```

在 SQL Server 2000 数据库中，查询数据表的存储过程的代码如下：

```
CREATE PROCEDURE p_select AS
select * from users;
GO
```

通过 CallableStatement 对象执行数据库中查询的存储过程，代码如下：

```
CallableStatement cs=connection.prepareCall();
CallableStatement cs=connection.prepareCall("{call p_ select()}");
ResultSet rs=cs.executeQuery();
```

注意：与其他接口一样，CallableStatement 对象执行 executeUpdate()方法或 executeQuery（String sql）方法时，会抛出 SQLException 类型的异常，所以需要通过 try-catch 进行捕获。

使用 CallableStatement 处理存储过程的优缺点如下。

● 优点：语法错误可以在编译时找出来，而非在运行期间；数据库存储过程的运行可能比常规 SQL 查询快得多；程序员只需知道输入和输出参数，不需了解表的结构。另外，由于数据库语言能够访问数据库本地的功能（序列，触发器，多重游标等操作），因此，用它来编写存储过程可能要比使用 Java 编程语言要简易一些。

● 缺点：存储过程的商业逻辑在数据库服务器上运行，而非客户机或 Web 服务器。而行业的发展趋势是尽可能多地将商业逻辑移出数据库，将它们放在 JavaBean 组件（或者在大型的系统中，EnterPrise JavaBean 组件）中，在 Web 构架上采用这种方式的主要动机是：数据库访问和网络 I/O 常常是性能的瓶颈。

（4）获取查询结果

通过各种 Statement 接口的 executeUpdate()或 executeQuery()方法，将执行传入的 SQL 语句，并返回执行结果，如果执行的是 executeUpdate()方法，将返回一个 int 型数值，该数值表示影响数据库记录的行数；如果是执行是 executeQuery()方法，将返回一个 ResultSet 类型的结果集，即所有满足查询条件的数据库记录，但是通过 ResultSet 对象并不只是可以获取满足查询条件的记录，还可以获得数据表的相关信息，如每列的名称、列的数量等。

（5）关闭数据库连接

在操作完成数据库后，都要及时关闭数据库连接，释放连接占用的数据库和 JDBC 资源，以免影响软件的运行速度。

ResultSet、Statement 和 Connection 接口均提供了关闭各自实例的 close()方法，用于释放各自占用的数据库和 JDBC 资源。ResultSet、Statement 和 Connection 接口关闭次序如图 4-3 所示。

图 4-3　ResultSet、Statement 和 Connection 接口关闭次序

注意：虽然 Java 的垃圾回收机制会定时清理缓存，关闭长时间不用的数据库连接，但是如果不及时关闭，数据库连接达到一定数量，将严重影响数据库和计算机运行速度，甚至瘫痪。

4.3　项目实战——存储图书信息

本节将使用 JDBC、Servlet 和 JSP 开发存储图书信息程序，具体步骤如下。

（1）程序功能分析

添加图书信息程序共包括两项功能：显示所有图书信息和添加图书信息。显示所有图书信息页面如图 4-4 所示。

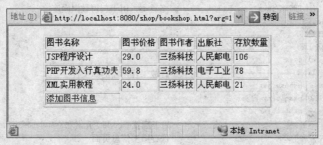

图 4-4　显示所有图书信息页面

在显示所有图书信息页面中，单击"添加图书信息"链接将跳转到添加图书信息页面，如图 4-5 所示，在该页面中填写完图书信息以后，单击"提交"按钮，图书信息将保存到数据库中，同时页面跳转到显示所有图书信息页面。

图 4-5　添加图书信息页面

（2）程序数据库设计

本程序使用的数据库系统为 SQL Server 2000，数据库名称为"book_shop"，数据表名称为"books"，表结构如表 4-6 所示。

表 4-6　　　　　　　　　　　　　　数据表 books

字 段 名 称	数 据 类 型	长　　　度	字 段 描 述
id	bigint	8	主键，自增长
name	varchar	50	图书名称
price	float	8	图书价格
author	varchar	50	图书作者
bookConcern	varchar	50	出版社
counts	int	4	存放数量

（3）工程目录结构

本工程的目录结构及其说明如图 4-6 所示。

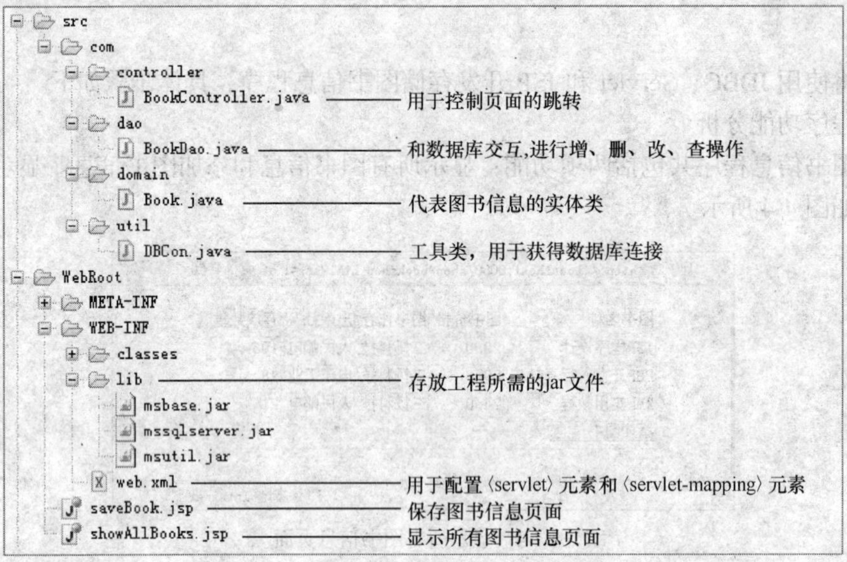

图 4-6　工程目录结构图

（4）工具类的实现

工具类的类名为"DBCon"，该类用于获得数据库的连接，它的实现代码如下：

```java
public class DBCon {
    public static Connection getConnection() {
        String url = "jdbc:microsoft:sqlserver://localhost;databaseName=book_shop";
        String user = "sa";
        String psw = "sa";
        Connection conn = null;
        try {
            Class.forName("com.microsoft.jdbc.sqlserver.SQLServerDriver");
        } catch (ClassNotFoundException e) {
            e.printStackTrace();
        }
        try {
            conn = DriverManager.getConnection(url, user, psw);
            conn.setAutoCommit(false);              //设置为不自动提交
            return conn;
        } catch (SQLException e) {
            e.printStackTrace();
        }
        return null;
    }
}
```

（5）实体类的实现

实体类的类名为"Book"，该类拥有一些代表图书信息的私有属性以及各个属性的 set、get 方法，它的实现代码如下：

```java
public class Book {
```

```java
    private Long id;
    private String name;
    private double price;
    private String author;
    private String bookConcern;
    private int counts;
    public Book() {   }
    public Long getId() {
        return id;
    }
    public void setId(Long id) {
        this.id = id;
    }
    // 省略其他的 get、set 方法
}
```

（6）DAO 类的实现

DAO 类的类名为 "BookDao"，该类使用 JDBC 技术实现，用于和数据库交互，进行相关的增、删、改、查操作，它的实现代码如下：

```java
public class BookDao {
    private Connection conn;
    //查询所有图书信息
    public List findAllBooks() {
        conn = DBCon.getConnection();
        String listSQL = "select * from books";
        List list = new ArrayList();
        try {
            PreparedStatement psmt = conn.prepareStatement(listSQL);
            ResultSet rs = psmt.executeQuery();
            while (rs.next()) {
                Book book = new Book();
                book.setId(rs.getLong(1));
                book.setName(rs.getString(2));
                book.setPrice(rs.getDouble(3));
                book.setAuthor(rs.getString(4));
                book.setBookConcern(rs.getString(5));
                book.setCounts(rs.getInt(6));
                list.add(book);
            }
            conn.commit();
            return list;
        } catch (Exception e) {
            e.printStackTrace();
        } finally {
            if (conn != null) {
                try {
                    conn.close();
                } catch (SQLException e) {
                    e.printStackTrace();
                }
            }
        }
        return list;
    }
```

```
//保存图书信息
public boolean saveUser(Book book) throws Exception {
    conn = DBCon.getConnection();
    String listSQL = "insert into books values(?,?,?,?,?)";
    PreparedStatement pstmt = conn.prepareStatement(listSQL);
    try {
        pstmt.setString(1, book.getName());
        pstmt.setDouble(2, book.getPrice());
        pstmt.setString(3, book.getAuthor());
        pstmt.setString(4, book.getBookConcern());
        pstmt.setInt(5, book.getCounts());
        pstmt.executeUpdate();
        conn.commit();
        return true;
    } catch (SQLException e) {
        conn.rollback();
        e.printStackTrace();
    } finally {
        conn.close();
    }
    return false;
}
```

（7）控制器类的实现

控制器类的类名为"BookController"，该类继承了"HttpServlet"，用于接收页面表单中的数据和将 DAO 类传递的数据发送到页面中以及控制页面的转向，它的实现代码如下：

```
public class BookController extends HttpServlet {
    protected void doGet(HttpServletRequest req, HttpServletResponse resp)
            throws ServletException, IOException {
        doPost(req, resp);
    }
    protected void doPost(HttpServletRequest req, HttpServletResponse resp)
            throws ServletException, IOException {
        int arg = Integer.parseInt(req.getParameter("arg"));
        switch (arg) {                              // 根据页面传递的参数来控制执行的操作
        case 1:
            this.findAllBooks(req, resp);
            break;
        case 2:
            this.saveBooks(req, resp);
            break;
        }
    }
    public void findAllBooks(HttpServletRequest req, HttpServletResponse resp)
            throws ServletException, IOException {
        BookDao bookDao = new BookDao();
        List list = bookDao.findAllBooks();
        req.setAttribute("booklist", list);
        RequestDispatcher rdt = req.getRequestDispatcher("showAllBooks.jsp");
        rdt.forward(req, resp);
    }
    public void saveBooks(HttpServletRequest req, HttpServletResponse resp)
            throws ServletException, IOException {
```

```
req.setCharacterEncoding("gb2312");        // 设置字符的编码格式为 gb2312
String name = (String) req.getParameter("name");
double price = 0.0;
if (!req.getParameter("price").equals("")
        && req.getParameter("price") != null)
price = Double.parseDouble(req.getParameter("price"));
String author = (String) req.getParameter("author");
String bookConcern = (String) req.getParameter("concern");
int counts = 0;
if (!req.getParameter("counts").equals("")
        && req.getParameter("counts") != null)
counts = Integer.parseInt(req.getParameter("counts"));
Book book = new Book();
book.setName(name);
book.setAuthor(author);
book.setBookConcern(bookConcern);
book.setPrice(price);
book.setCounts(counts);
BookDao bookDao = new BookDao();
try {
    bookDao.saveUser(book);
} catch (Exception e) {
    e.printStackTrace();
}
this.findAllBooks(req, resp);
    }
}
```

（8）页面的实现

本程序有两个主要页面："showAllBooks.jsp" 和 "saveBook.jsp"，"showAllBooks.jsp"
用于显示所有的图书信息，它的关键代码如下：

```
<%@ page language="java" import="java.util.*,com.domain.*" pageEncoding="gb2312"%>
<html>
    <head>
        <title>显示所有图书信息</title>
    </head>
<body>
    <table border=1>
        <tr>
            <td>图书名称</td>
            <td>图书价格</td>
            <td>图书作者</td>
            <td>出版社</td>
            <td>存放数量</td>
        </tr>
        <%
        List list = (List) request.getAttribute("booklist");
        Book book = new Book();
        for (int i = 0; i < list.size(); i++) {
            book = (Book) list.get(i);
        %>
        <tr>
```

```
                    <td><%=book.getName()%></td>
                    <td><%=book.getPrice()%></td>
                    <td><%=book.getAuthor()%></td>
                    <td><%=book.getBookConcern()%></td>
                    <td><%=book.getCounts()%></td>
                </tr>
                <%}%>
                <tr><td><a href="saveBook.jsp">添加图书信息</a></td></tr>
            </table>
        </body>
    </html>
```

"saveBook.jsp"用于填写要保存的图书信息，它的关键代码如下：

```
<%@ page language="java" pageEncoding="gb2312"%>
<html>
    <head>
        <title>保存图书信息</title>
    </head>
    <body>
        <form action="bookshop.html?arg=2" method="post">
            <table>
                <tr><td>图书名称: </td><td><input type="text" name="name" /></td></tr>
                <tr><td>图书价格: </td><td><input type="text" name="price" /></td></tr>
                <tr><td>图书作者: </td><td><input type="text" name="author" /></td></tr>
                <tr><td>出版社: </td><td><input type="text" name="concern" /></td></tr>
                <tr><td>存放数量: </td><td><input type="text" name="counts" /></td></tr>
                <tr><td><input type="submit" name="submit" value="提交" /></td></tr>
            </table>
        </form>
    </body>
</html>
```

（9）配置"web.xml"文件

在"web.xml"文件中配置<servlet>元素和<servlet-mapping>元素，配置的关键代码如下：

```
<servlet>
    <servlet-name>bookinfo</servlet-name>
    <servlet-class>com.controller.BookController</servlet-class>
</servlet>
<servlet-mapping>
    <servlet-name>bookinfo</servlet-name>
    <url-pattern>/bookshop.html</url-pattern>
</servlet-mapping>
```

本 章 小 结

本章首先介绍了 SQL 的相关知识，其中重点介绍了 SQL 的使用方法。接着介绍了 JDBC，包括 JDBC 的驱动程序以及使用 JDBC 读取数据等内容。在介绍使用 JDBC 读取数据一节中，讲解了利用 JDBC 技术操作数据库的主要步骤，并分别介绍了如何利用 Statement、PrepareStatement 和 CallableStatement 接口操作各种 SQL 语句的实现过程。在实际的开发过程中，数据库的应用比较频繁，因此，使用 JDBC 技术操作数据库是读者必须掌握的内容。

下面是本章的重点内容回顾：

- SQL(Structured Query Language)是一种结构化查询语言。
- DDL，即数据库模式定义语言，它用于定义和管理数据库中的资料表。
- DML，即数据管理操作语言，它用于在指定的数据表中维护数据。
- SQL 中主要的数据类型有 5 种，分别是字符型、文本型、数值型、逻辑型和日期型。
- JDBC 是一套面向对象的应用程序接口，它制定了统一的访问各类关系数据库的标准接口，为各个数据库厂商提供了标准接口的实现。
- 在连接数据库前，首先要加载连接数据库的驱动到 Java 虚拟机，通过"java.lang.Class"类的静态方法 forName(String className)来实现。
- "java.sql.DriverManager"驱动程序管理器是 JDBC 的管理层，主要是建立和管理数据库连接。通过该管理器的静态方法 getConnection(String url,String user,String password)可以建立数据库连接。
- 当通过 Connection 对象获取到数据库的连接后，还需要通过 Statement 对象执行各种 SQL 语句。
- 在操作完成数据库后，都要及时关闭数据库连接，释放连接占用的数据库和 JDBC 资源，以免影响软件的运行速度。

课 后 练 习

（1）简述 SQL 的组成部分。

（2）简述 JDBC 的执行步骤。

（3）Statement 对象可以处理哪些类型的 SQL 语句？处理这些 SQL 语句的主要方法是什么？

（4）PreparedStatement 对象可以处理哪些类型的 SQL 语句？处理这些 SQL 语句的主要方法是什么？

（5）CallableStatement 对象可以处理哪些类型的 SQL 语句？处理这些 SQL 语句的主要方法是什么？

（6）在 SQL Server 数据库系统中，创建一个数据库，并且在该数据库下创建学生信息表，含有学生的基本信息，并通过 JDBC 实现对该数据表内容实现添加、修改、删除和查询的操作。

第5章
Struts 2 框架基础

MVC 是一种优秀的设计模式，它将应用分成模型层、视图层和控制层 3 个层次，从而使同一个应用程序使用不同的表现形式。自 MVC 提出以后，随之诞生了许多 MVC 框架，如 Struts、WebWork 等，其中 Struts 是第一个使用 MVC 架构的框架，同时它也是当时最流行的 MVC 框架。但是，经过长时间的证明，Struts 存在着一定的缺陷，开发人员决定寻找一种更好的解决方案，于是促使了 Struts 2 框架的诞生。Struts 2 建立在 Struts 和 WebWork 基础之上，集成了 Struts 和 WebWork 两个框架的优点，它拥有更好的可扩展性、更强大的功能，成为了目前最流行的 MVC 框架。

通过本章的学习，读者可了解 MVC 设计模式、Struts 2 的 MVC 架构，掌握 Struts 2 的基础知识并使用 Struts 2 开发 Web 应用程序。

5.1 MVC 框架

MVC 是 Xerox PARC 在 20 世纪 80 年代为编程语言 Smalltalk-80 发明的一种软件设计模式，如图 5-1 所示，其中 M 是指数据模型，V 是指视图界面，C 是指控制器，使用 MVC 的目的是将数据模型和视图界面实现代码分离，从而使同一个应用程序可以使用不同的表现形式。目前 MVC 在 Java EE 里已经被广泛使用，具有代表性的例子有 Struts 框架、WebWork 框架和 Struts 2 框架等。

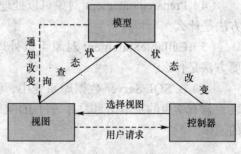

图 5-1 MVC 模式

5.1.1 Model 1 与 Model 2

在 JSP 发展的历程中，JSP 规范曾提出了两种用 JSP 技术建立应用程序的模型，它们分别被称为 Model 1（模型 1）和 Model 2（模型 2）。

Model 1 是在早期广泛使用的一个模型。在 Model 1 体系中，如图 5-2 所示，所有的 HTTP 请求都被直接发送到 JSP 文件中，JSP 文件独自响应请求并将处理结果返回给用户（所有的数据存取是由与 JSP 文件交互的 Bean 来实现的）。对于简单的应用开发而言，使用 Model 1 是一个不错的选择，但是它却不能满足复杂的大型应用程序的实现。这是因为在开发一个大型的应用程序时，使用 Model 1 可能会导致 JSP 页面内被嵌入大量的脚本片段或 Java 代码，特别是当需要处理的请求量很大时，情况更为严重。对于网页设计人员和维护人员来说，这简直就是灾难，因为项目的开发和管理势必会因此而变得越来越困难。

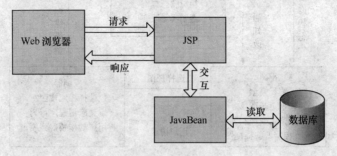

图 5-2　Model 1

Model 2 和 Model 1 有一些不同。在 Model 2 体系中，如图 5-3 所示，采用 JSP 与 Servlet 结合的方式来实现对用户请求的处理，使用 Servlet 充当控制器，使用 JSP 生成视图界面。Servlet 的任务是负责管理对请求进行处理，以及创建 JSP 页面需要使用的 Bean 和对象，同时根据用户的请求将相应的 JSP 页面响应给客户端。JSP 页面则是负责检索原先由 Servlet 创建的对象或 Bean，从 Servlet 中提取动态内容插入静态模板，它不负责处理业务逻辑。Model 2 的优点就是它清晰地分离了表达和内容，明确了角色的定义，以及开发者与网页设计者的分工。

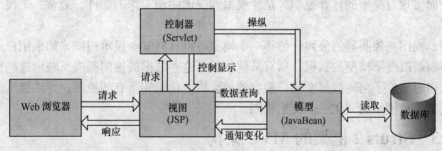

图 5-3　Model 2

5.1.2　MVC 设计模式

在框架的发展过程中，诞生了很多优秀的设计模式，其中 MVC 是非常突出的一个。现在，MVC 已经成为一种广泛流行的软件设计模式。MVC 英文为 Model-View-Controller，即把一个应用的输入、处理、输出流程按照 Model、View、Controller 的方式进行分离，这样一个应用被分成 3 个层：模型层、视图层和控制层，从而可以使同一个应用程序使用不同的表现形式。

MVC 模型是一种交互界面的结构组织模型，它能够使软件的计算模型独立于界面的构成。MVC 模型最早被应用在 SmallTalk-80 环境中，是许多交互和界面系统的构成基础，Microsoft 的 MFC 基础类也遵循了 MVC 的思路。MVC 设计模式更深层次地影响了软件开发人员的任务分工，使其变得更加方便。MVC 模型的原理如图 5-4 所示。

MVC 模型将一个完整的 Web 应用分割为模型（Model）、视图（View）和控制器（Controller）3 个部件，这 3 个部件既相互独立又能够协同工作，它们所能实现的功能如下。

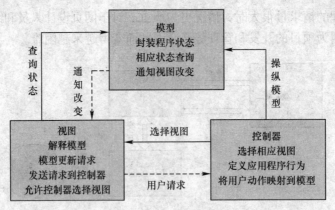

图 5-4 MVC 模型原理图

- 模型部件（Model）：是软件所处理问题逻辑在独立于外在显示内容和形式情况下的内在抽象，它封装了问题的核心数据、逻辑和功能的计算关系，独立于具体的界面表达和 I/O 操作。
- 视图部件（View）：把表示模型数据及逻辑关系和状态的信息，以及特定形式展示给用户。它从模型获得显示信息，对于相同的信息可以有多个不同的显示形式或视图。
- 控制器部件（Controller）：是处理用户与软件的交互操作的，其职责是控制提供模型中任何变化的传播，确保用户界面与模型间的对应联系；它接收用户的输入，将输入反馈给模型，进而实现对模型的计算控制，是使模型和视图协调工作的部件。通常一个视图具有一个控制器。

模型、视图与控制器的分离，使得一个模型可以具有多个显示视图。如果用户通过某个视图的控制器改变了模型的数据，所有其他依赖于这些数据的视图都应反映出这些变化。因此，无论何时发生了何种数据变化，控制器都会将变化通知所有的视图，导致显示的更新。这实际上是一种模型的变化——传播机制。

5.1.3 Struts 2 框架的 MVC 架构

Struts 2 框架是一个基于 MVC 架构的框架，它的 MVC 架构如图 5-5 所示。

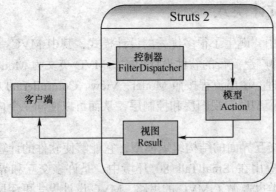

图 5-5 Struts 2 的 MVC 架构图

Struts 2 框架中 MVC 模型各部分构成如下。

- 控制器：Struts 2 框架中作为控制器的是 FilterDispatcher，它是一个 Servlet 过滤器。

当客户端进行请求时，首先要经过 FilterDispatcher 过滤，由 FilterDispatcher 决定该由哪个 Action 来处理当前请求。

● 模型：Action 在 Struts 2 框架中是作为模型而存在的，它主要包括两个功能：调用业务逻辑处理请求和进行数据的传递。当 Action 对请求处理完毕以后，会返回一个逻辑视图。

● 视图：在 Struts 2 框架中，视图可以有多种表现形式。除了传统的 JSP 页面外，还可以使用 Velocity、FreeMarker 模板语言等多种视图资源。当视图组件接收到 Action 返回的逻辑视图后，会查找对应的物理视图资源，并返回给客户端。

说明：Velocity 和 FreeMarker 是两个基于 Java 的模板语言，本书的第 7 章对此做了详细的介绍。

注意：虽然在 Web 应用中，Action 看起来像是控制器，但实际上它只是作为一个模型提供业务逻辑。真正的控制器是 FilterDispatcher，由 FilterDispatcher 调用 Action 中的业务逻辑。

Struts 2 的 MVC 架构包含了前端控制器和页面控制器两种模式。

1. 前端控制器模式

前端控制器模式是 Struts 2 框架中应用最为广泛的一种 MVC 实现模式，在这种模式中，Struts 2 框架接收以 "*.action" 结束的请求，并对该请求进行处理。前端控制器模式实现 MVC 机制的原理如图 5-6 所示。

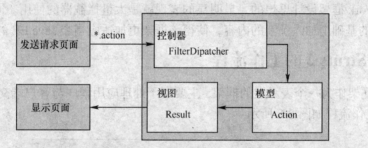

图 5-6　Struts 2 中的前端控制器模式

Struts 2 的前端控制器模式的执行流程如下。

（1）JSP 页面提交以 ".action" 结尾的请求。

（2）FilterDispatcher 接收请求并调用 Action 处理该请求。

（3）Action 处理完毕返回一个逻辑视图。

（4）FilterDispatcher 根据 Action 返回逻辑视图创建物理视图。

（5）将物理视图返回给页面。

2. 页面控制器模式

页面控制器模式是一种比较特殊的 MVC 实现模式，在这种模式下页面将直接请求指定的模型（Action）。在 Struts 2 框架中，主要通过在 JSP 页面中使用<s:action/>标签来实现这一点。页面控制器模式实现 MVC 机制的原理如图 5-7 所示。

Struts 2 的页面控制器模式的执行流程如下。

（1）JSP 页面通过<s:action />标签直接请求某个具体 Action。

（2）Action 处理完毕返回一个逻辑视图。

（3）FilterDispatcher 根据 Action 返回逻辑视图创建物理视图。

（4）将物理视图返回给客户端。

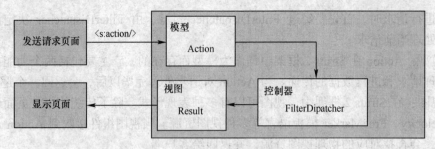

图 5-7　Struts 2 中的页面控制器模式

5.2　Struts 2 概览

当 MVC 在 Java EE 应用中大放异彩以后，各种基于 MVC 架构的框架犹如雨后春笋般涌现出来，Struts 2 就是其中的一个，但是它比以往所有的其他 MVC 框架更加优秀。Struts 2 框架是建立在 Struts 框架与 WebWork 框架基础之上的。虽然被称为 Struts 2 框架，它却与 Struts 框架有着不同的体系结构，反而与 WebWork 有着更多的相似之处。Struts 2 框架的核心部分是基于 WebWork 框架设计思想的，最明显的表现就是大量拦截器的使用。同时，Struts 2 又在 WebWork 的基础上加入了新的内容，使得该框架更加适应当今 Java EE 的开发需求。

5.2.1　Struts 2 的工作流程

Struts 2 框架作为一个表示层的框架，主要用于处理应用程序与客户端交互问题。Struts 2 框架的基本工作流程如图 5-8 所示。

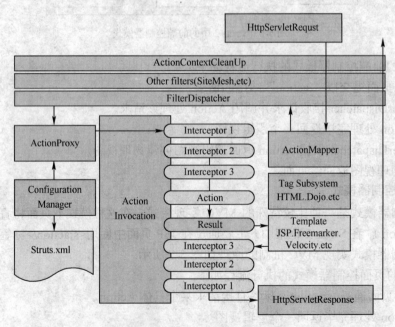

图 5-8　Struts 2 工作流程图

对 Struts 2 工作流程的详细说明如下。

（1）客户端初始化一个指向 Web 容器（如 Tomcat）的请求。

（2）请求经过一系列的过滤器（Filter）的过滤并传递给 FilterDispatcher。

（3）FilterDispatcher 接收到请求信息后，会根据 URL 在 ActionMapper 中搜索指定 Action 的映射信息。

（4）如果找到符合的映射信息，ActionProxy 通过 Configuration Manager 在配置文件 "struts.xml" 中搜索被请求的 Action 类。

（5）ActionProxy 创建一个被请求 Action 的实例，该实例将用来处理请求信息。

（6）如果在 "struts.xml" 文件中存在与被请求 Action 相关的拦截器配置，那么该 Action 的实例被调用的前后，这些拦截器也会先被执行。

（7）Action 对请求处理完毕以后返回一个逻辑视图，由此逻辑视图寻找对应的物理视图（可以是 JSP、Velocity 模板、FreeMarker 模板等），并返回给客户端。

5.2.2　Struts 2 的简单应用

本节将使用 Struts 2 框架开发一个简单的 Web 应用程序，具体步骤如下。

（1）使用 MyEcplise 工具创建一个 Web 应用工程，工程的目录结构如图 5-9 所示。

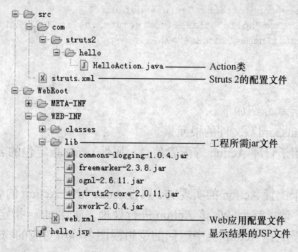

图 5-9　工程目录结构图

（2）实现 Action 类

对 Struts 2 应用程序中的 Action 类有以下几点要求。

● Struts 2 直接使用 Action 来封装 HTTP 请求参数，因此，Action 类里应该包含与请求参数相对应的属性，并且为该属性提供对应的 set 和 get 方法。

● Action 类里要求包含一个 execute()方法，该方法用于处理用户请求。当请求到来时，Struts 2 框架默认会执行该方法。

● Action 类返回一个标准的字符串，该字符串是一个逻辑视图名称。

下面是 Action 类的代码：

```java
public class HelloAction{
    private String message;              //用于封装 HTTP 请求参数的属性
    public String getMessage() {
        return message;
```

```
        }
        public void setMessage(String message) {
            this.message = message;
        }
        public String execute() {                //处理用户请求
            if ((this.message.equals("")) || (this.message == null)) {
                message = "请输入问候语";
            }
            return "success";
        }
    }
```

（3）配置 Action 类

创建完 Action 类以后还需要将其在"struts.xml"文件中进行配置，它用于配置 Action 的实现类、逻辑视图和物理视图之间的映射关系，"struts.xml"文件中的详细代码如下：

```
<?xml version="1.0" encoding="GBK"?>
<!DOCTYPE struts PUBLIC
        "-//Apache Software Foundation//DTD Struts Configuration 2.0//EN"
        "http://struts.apache.org/dtds/struts-2.0.dtd">
<struts>
    <package name="com" extends="struts-default">
        <action name="hello" class="com.struts2.hello.HelloAction">
            <result name="success">/hello.jsp</result>
        </action>
    </package>
</struts>
```

对上述代码中的元素介绍如下。

● <struts>："struts.xml"文件的根元素。

● <package>：用于管理 Action 等配置信息，属性 name 指定包的名称，属性 extends 指定该包继承的包名。

● <action>：用于配置 Action 的实现类，属性 name 指定 Action 的名称，在上述代码中，每一个"hello.action"请求都会转向该 Action 进行处理，属性 class 指定该 Action 的实现类。

● <result>：用于配置 Action 类中返回的逻辑视图名称所对应的物理视图名称，上述代码中为 hello.jsp。

（4）视图页面的实现

视图页面的名称为"hello.jsp"，它的实现代码如下：

```
<%@ page language="java" pageEncoding="gbk"%>
<%@ taglib prefix="s" uri="/struts-tags"%>
<html>
    <head>
        <title>问候程序</title>
    </head>
    <body>
        <s:property value="message"/>
        <s:form action="hello">
            <s:textfield name="message" label="问候语" value=""/>
            <br>
            <s:submit value="提交"/>
        </s:form>
```

```
    </body>
</html>
```

在上述代码中“<%@ taglib prefix="s" uri="/struts-tags"%>”用于指明 Struts 2 标签库的定义并进行加载。像<s:property>这种形式的元素是 Struts 2 的标签，其中<s:property>用于输出一个属性值，<s:form>用于生成一个 form 表单，<s:textfield>用于生成一个文本框，<s:submit>用于生成一个提交按钮。

注意：Struts 2 默认情况下拦截所有以“.action”结尾的请求，如果未使用 Struts 2 的标签，form 表单的 action 属性的值应是“<form action="hello.action ">”这种写法。

（5）配置“web.xml”文件

在“web.xml”文件中配置 Struts 2 的核心拦截器，配置的关键代码如下：

```
<filter>
    <filter-name>Struts2Filter</filter-name>
    <filter-class>
        org.apache.struts2.dispatcher.FilterDispatcher
    </filter-class>
</filter>
<filter-mapping>
    <filter-name>Struts2Filter</filter-name>
    <url-pattern>/*</url-pattern>
</filter-mapping>
```

在上述代码中，Struts 2 的核心拦截器 FilterDispatcher 被设计成了过滤器，通过<filter>元素引入。“<url-pattern>/*</url-pattern>”指定所有的请求都经由 FilterDispatcher 处理，并把过滤后的请求交给 Struts 2 进行处理。

（6）运行程序

程序的运行结果如图 5-10 所示。

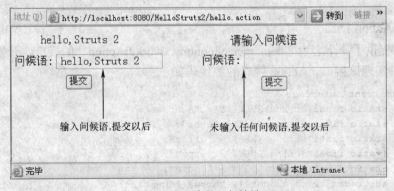

图 5-10　程序的运行结果

5.3　Struts 2 基础

在 Struts 2 应用程序中，Action 负责具体的业务逻辑处理，它是整个应用的核心所在；“struts.xml”文件是 Struts 2 的核心配置文件，它负责管理所有的 Action。本节将对 Struts 2 的这些核心文件做详细的介绍。

5.3.1 Action 详解

在 Struts 2 中，Action 可以以多种形式存在：普通的 Java 类、实现 Action 接口和继承 ActionSupport 类。

1. 普通的 Java 类

Action 类可以是一个普通的 Java 类，在该类中通常包含以下内容。

● 无参数的 execute()方法：用于处理用户请求。

● 私有属性及其属性的 set、get 方法：Action 类中封装 HTTP 请求参数，因此私有属性的名称应和 HTTP 请求参数的名称保持一致；程序通过属性的 set、get 方法来处理请求参数，所以必须提供属性的 set、get 方法。

下面是一个 Action 类的示例代码：

```java
public class HelloAction {
    private String message;                    //用来封装 HTTP 请求参数的属性
    public String getMessage() {               //属性的 get 方法
        return message;
    }
    public void setMessage(String message) {    //属性的 set 方法
        this.message = message;
    }
    public String execute() {
        //省略具体的业务逻辑处理
        return "success";                      //返回结果
    }
}
```

当 Action 作为一个普通的 Java 类时，其优点就是无侵入，代码具有良好的复用性以及方便程序的测试。

2. 实现 Action 接口

Struts 2 提供了一个名为 "com.opensymphony.xwork2.Action" 的接口，开发人员在创建 Action 类时可实现该接口，Action 接口的源代码如下：

```java
public abstract interface Action {
  public static final String SUCCESS = "success";
  public static final String NONE = "none";
  public static final String ERROR = "error";
  public static final String INPUT = "input";
  public static final String LOGIN = "login";
  public abstract String execute() throws Exception;
}
```

下面是一个实现 Action 接口的 Acrion 类的示例代码：

```java
public class HelloAction implements Action{
    private String message;                    //用来封装 HTTP 请求参数的属性
    public String getMessage() {               //属性的 get 方法
        return message;
    }
    public void setMessage(String message) {    //属性的 set 方法
        this.message = message;
```

```
    public String execute() {
        //省略具体的业务逻辑处理
        return SUCCESS;                              //返回结果
    }
}
```

当 Action 类实现 Action 接口时，其优点就是使 Action 类更具有规范性，多个人员开发同一项目时，使用 Action 接口提供的常量，方便项目的统一管理。

3. 继承 ActionSupport 类

Struts 2 除了提供 Action 接口外，还提供了一个名为 "com.opensymphony.xwork2.ActionSupport" 的类，该类实现了 Action 接口、Validateable 接口、ValidationAware 接口、TextProvider 接口和 LocaleProvider 接口并提供了用于处理输入校验、访问国际化资源包等不同的方法。

下面是一个继承 ActionSupport 类的 Acrion 类的示例代码：

```
public class HelloAction extends ActionSupport {
    private String message;                       //用来封装 HTTP 请求参数的属性
    public String getMessage() {                  //属性的 get 方法
        return message;
    }
    public void setMessage(String message) {      //属性的 set 方法
        this.message = message;
    }
    public String execute() {
        //省略具体的业务逻辑处理
        return SUCCESS;                  //返回结果
    }
    public Locale getLocale() {                       //获取语言/地区信息
        return super.getLocale();
    }
    public String getText(String key, String defaultValue, List args,
            ValueStack stack) {              //获取国际化信息
        return super.getText(key, defaultValue, args, stack);
    }
    public ResourceBundle getTexts() {         //访问国际化资源包
        return super.getTexts();
    }
    //省略其他的方法
}
```

当 Action 类继承 ActionSupport 类时，其优点就是可在 Action 类中方便地使用 ActionSupport 类提供的各种方法，很大程度上简化了 Action 类的开发，提高了开发效率。

很多时候在 Action 类中避免不了要使用 Servlet API，如将商品信息放入 HttpServletRequest 对象中，使用 HttpSession 保存用户登录信息等。针对这种情况，Struts 2 为此提供了两种方式来访问 Servlet API：通过 ActionContext 和通过实现*Aware()接口（其中的 "*" 表示所有以 Aware()结尾的方法）。

1. 通过 ActionContext

ActionContext 类提供了一个静态方法 getContext()，该方法返回一个 ActionContext 的实

例，该实例提供了一些访问 Servlet API 的方法。常用的方法及其功能如表 5-1 所示。

表 5-1　　　　　　　　　　访问 Servlet API 常用的方法及其功能

方 法 名	返 回 值	功 能 描 述
getContent()	ActionContext	获取系统的 ActionContext 实例
getSession()	Map	返回一个 Map 对象，该对象存入 HttpSession 实例
setSession(Map session)	void	直接传入一个 Map 实例，将该实例中的 key、value 对应转换成 session 的属性名、属性值
getApplication()	Map	返回一个 Map 对象，该对象存入 ServletContext 实例
setApplication(Map appliaction)	void	直接传入一个 Map 实例，将实例中的 key、value 对应转换成 application 的属性名、属性值
getParameters()	Map	获得所有的请求参数，类似于调用 HttpServletRequest 对象的 getParameterMap 方法

注意：从表 5-1 中可看出，获取上下文和会话实例的方法的返回值都是 Map 类型的，并未得到 ServletContext 和 Session 对象。实际上，Struts 2 是把 Map 对象模拟成了 ServletContext 对象和 HttpSession 对象，从而将 Servlet API 从 Action 中分离出来。

下面是通过 ActionContext 对象获取 Servlet API 的示例代码：

```
ActionContext ctx = ActionContext.getContext();        //获取一个 ActionContext 实例
Map session = ctx.getSession();                        //获取 Session
Map application = ctx.getApplication();                //获取 Application
```

说明：在普通的 Web 开发中 Request 和 Response 对象比较常见，但是在 Struts 2 应用程序中由于 Action 能直接与 JSP 页面进行数据交互，所以通常都不会用到这两个对象。如果想在 Struts 2 应用程序中使用这两个对象，Struts 2 框架同样提供了解决方法：使用 ServletActionContext 类，在该类中包含了能够获得和设置 Request 和 Response 对象的方法，示例代码如下：

```
HttpServletRequest request = ServletActionContext.getRequest();//获得 HttpServletRequest
HttpServletResponse response = ServletActionContext.getResponse();//获得 HttpServletResponse
HttpServletRequest request = ServletActionContext.getRequest();
HttpSession session = request.getSession();                     //获取 HttpSession
ServletContext sc = ServletActionContext.getServletContext();//获取 ServletContext
```

2. 过实现*Aware()接口

另一种访问 Servlet API 的方式就是使 Action 类实现*Aware 接口，例如，要获取 Session 对象，Action 类实现 SessionAware 接口即可。常用的*Aware 接口名称如表 5-2 所示。

表 5-2　　　　　　　　　　常用的*Aware()接口名称

接 口 名 称	获得 Servlet API 的方法
ApplicationAware	void setApplication(Map application)
CookiesAware	void setCookiesMap(Map cookies)
RequestAware	void setRequest(Map request)
ServletRequestAware	void setServletRequest(HttpServletRequest request)
ServletResponseAware	void setServletResponse(HttpServletResponse response)
SessionAware	void setSession(Map session)

下面是使用*Aware()接口的示例代码：

```java
public class Test implements SessionAware {
    private Map session;
    private User user;
    public void setSession(Map session) {          //获取 Session
        this.session = session;
    }
    public String execute() throws Exception {
        if (user != null) {
            session.put("user", user);
            return "success";
        } else{
            return "error";
        }
    }
}
```

5.3.2　结果与视图

在 Struts 2 应用程序中，所有的 Action 类在处理完成之后返回的都是一个字符串类型的结果，这个结果作为一个逻辑视图而存在。Struts 2 框架正是通过这个字符串，在"struts.xml"配置文件中将逻辑视图与物理视图建立起映射关系，而这一实现是由<result>元素来声明的。

在 Struts 2 应用程序中，一个完整的结果视图配置文件应该是这样的：

```xml
<action name="Action名称" class="Action类路径" method="方法名">
    <result name="逻辑视图名称" type="结果类型">
        <param name="参数名称">参数值</param>
    </result>
</action>
```

由上述配置代码可知，<result>元素包含两个属性 name 和 type，其中 name 属性指定了逻辑视图名称，type 属性指定了结果类型；<param>元素的作用是为返回结果设置参数。

下面是一个结果视图配置的示例代码：

```xml
<action name="hello" class="com.struts2.hello.HelloAction">
    <result name="success">/hello.jsp</result>
</action>
```

通过上面的配置，若应用程序执行成功后返回结果"success"，系统就会在"struts.xml"文件中寻找"name="success""的<result>元素。找到后跳转到该元素指定的视图资源"hello.jsp"页面。

注意：在配置<result>元素时，如果未指定"name"与"type"的值，那么系统将使用默认值。"name"属性的默认值为"success"，"type"属性的默认值为"dispatcher"，dispatcher 表示返回结果对应的视图类型为 JSP 文件。

<result>元素的 type 属性用于指定结果的类型，而且默认情况下为 JSP 文件，除此之外，Struts 2 还支持多种结果类型，在其默认提供的"struts-default.xml"文件中就可找到它所支持的所有结果类型，下面是"struts-default.xml"文件中的代码：

```xml
<result-types>
    <result-type name="chain"
```

```
                class="com.opensymphony.xwork2.ActionChainResult"/>
        <result-type name="dispatcher"
            class="org.apache.struts2.dispatcher.ServletDispatcherResult"
            default="true" />
        <result-type name="freemarker"
            class="org.apache.struts2.views.freemarker.FreemarkerResult"/>
        <result-type name="httpheader"
            class="org.apache.struts2.dispatcher.HttpHeaderResult"/>
        <result-type name="redirect"
            class="org.apache.struts2.dispatcher.ServletRedirectResult"/>
        <result-type name="redirectAction"
            class="org.apache.struts2.dispatcher.ServletActionRedirectResult"/>
        <result-type name="stream"
            class="org.apache.struts2.dispatcher.StreamResult"/>
        <result-type name="velocity"
            class="org.apache.struts2.dispatcher.VelocityResult"/>
        <result-type name="xslt"
            class="org.apache.struts2.views.xslt.XSLTResult"/>
        <result-type name="plainText"
            class="org.apache.struts2.dispatcher.PlainTextResult"/>
        <result-type name="redirect-action"
            class="org.apache.struts2.dispatcher.ServletActionRedirectResult"/>
        <result-type name="plaintext"
            class="org.apache.struts2.dispatcher.PlainTextResult"/>
</result-types>
```

类型的名称及其描述如表 5-3 所示。

表 5-3   类型名称及其描述

类 型 名 称	描　　述
chain	将两个连续执行的 Action 串联，通过前一个 Action 的 get×××()方法与后一个 Action 的 set×××()方法完成 Action 值的传递
dispatcher	返回结果对应视图为 JSP。如果没有配置任何结果类型，则此类型被自动使用
freemarker	返回结果对应视图为 FreeMarker 模板
httpheader	返回 HTTP 头信息，控制特殊 HTTP 行为
redirect	重定向到另一个 JSP 页面
redirectAction	重定向到另一个 Action
stream	向浏览器返回一个数据流，一般用于文件下载
velocity	返回结果对应视图 Velocity 模板
xslt	Action 执行完毕后属性信息进行转换
plainText	显示某个页面的原始代码的结果类型
redirect-action	作用同 redirect-action

虽然 Struts 2 支持的结果类型很多，但是最常用的就是请求转发(dispatcher)、重定向(redirect)和 Action 链（chain），下面对这 3 种情况分别介绍。

1. 请求转发(dispatcher)

请求转发是应用程序中非常常见的一种类型，它在"struts-default.xml"文件中的配置代码如下：

```
<result-types>
    <result-type name="dispatcher"
        class="org.apache.struts2.dispatcher.ServletDispatcherResult"
        default="true"/>
</result-types>
```

在上面代码中，<result-type>元素的属性 default 值为 true，这表明请求转发是 Struts 2 提供的默认返回结果类型，即结果类型为 JSP 文件。

在配置结果类型为 dispatcher 的时候，需要注意以下几个方面。

- 请求转发只能将请求转发至同一个 Web 应用。
- 利用请求转发浏览器的地址栏不会发生变化。
- 利用请求转发调用者与被调用者之间共享相同的 Request 对象和 Response 对象，它们属于同一个访问的请求和响应。

2．重定向（redirect）

重定向分为两种情况：一种是生成一个全新的请求，另一种是重定向到另一个 Action。在使用重定向返回类型的时候需要注意下面几个方面。

- 重定向不仅可以指定到一个 Web 应用，还能够指定到任何 JSP 资源。
- 重定向的访问结束后，浏览器的地址栏中显示 URL 的变化。
- 重定向的调用者与被调用者使用各自的 Request 对象和 Response 对象，它们属于两个独立的访问请求和响应过程。

对于重定向结果的类型，可以在<result>元素中设置两个参数："location" 和 "parse"。

- location：指定重定向的地址。
- parse：指定在 location 参数中是否使用 OGNL 表达式，它的默认值是 "true"。通过该参数的使用，系统会对结果配置信息中的 OGNL 表达式进行解析、运算，并用运算结果替换掉原有 OGNL 表达式。

下面是使用重定向的示例代码：

```
<action name="hello" class="com.struts2.hello.HelloAction">
    <result name="success" type="redirect">
        <param name="location">/show.action?arg="${message}"</param>
        <param name="parse">true</param>
    </result>
</action>
```

在上面代码中，在要重定向的地址中使用了 OGNL 表达式 "${message}"，在程序运行时，这个表达式就会被替换为具体的值，该值由 Action 类的属性 message 指定。如果 Action 类中没有 message 属性，那么 "${message}" 的值为 null。

说明：虽然在某些时候重定向和请求转发都能够实现相同的功能，但是它们之间本质上是不同的，重定向需要两次请求能完成的工作，请求转发只要通过一次请求即可完成。请求转发不会造成数据丢失，而重定向则会失去第一次请求中的数据信息。

3．Action 链（chain）

当一个 Action 执行完成后需要直接跳转到另一个 Action，此时就要用到 Action 链。通过 Action 链的使用，可以轻松实现两个 Action 之间的数据共享。在 Struts 2 中，Action 链是通过一个叫做 "chain" 的拦截器实现的。

Action 链的实现原理如图 5-11 所示。

在图 5-11 中，Action 1 和 Action 2（甚至更多的 Action）组成了一条 Action 链，作为这个 Action 链头的 Action 1 执行成功后，由 "chain" 拦截器负责发出 Action 2 请求，Action 2 开始执行。之后的执行过程就与请求转发一样了。

注意：要想 Action 链能够正常工作，必须为第二个 Action 及其后面的所有 Action 都配置 "chain" 拦截器。

那么如何保证 Action 链中的 Action 可以共享数据呢？其原因是处于一个 Action 链中的所

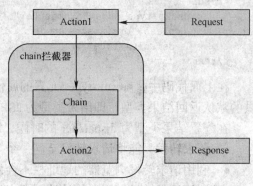

图 5-11　Action 链的实现原理

有 Action 都共享一个值栈。当 Action 1 执行时，会将自身相关信息压入值栈。当 Action 2 执行时也会将自身相关信息压入值栈，如果 Action 2 执行过程中需要 Action 1 中的数据，则到值栈中获取即可，这样就达到了数据共享的目的。

说明：关于值栈的概念，本章的 5.4 节将会做详细的介绍。

5.3.3　struts.xml 的配置

"struts.xml" 文件是 Struts 2 应用中的一个核心配置文件，它是程序整个运行流程的依据，Struts 2 正是根据这个文件所配置的信息才知道处理什么程序、什么时候处理、如何进行处理等。

"struts.xml" 文件中所包含的配置元素及其功能描述如表 5-4 所示。

表 5-4　　　　　　　　　　　　配置元素及其功能描述

配置元素名称	功　能　描　述
include	引入其他 XML 配置文件
constant	配置常量信息
bean	由容器创建并注入的组件
package	包含一系列 Action 及拦截器配置信息，并对其进行统一管理
default-action-ref	配置默认 Action
default-class-ref	配置默认 class
default-interceptor-ref	配置默认拦截器，对包范围内所有 Action 有效
global-results	配置全局结果集，对包范围内所有 Action 有效
global-exception-mappings	配置全局异常映射，对包范围内所有 Action 有效
result-types	配置自定义返回结果类型
interceptors	包含一系列拦截器配置信息
action	包含与 Action 操作相关的一系列配置信息
exception-mapping	配置异常映射，Action 范围内有效
interceptor-ref	配置 Action 应用的拦截器
result	配置 Action 的结果映射

下面对常用的配置元素及其用法做详细介绍。

1. <include>元素

在使用 Struts 2 框架开发应用程序的时候，如果该工程是一个大型项目，这时在"struts.xml"文件可能就会添加非常多的配置信息，当越来越多的配置代码拥挤在"struts.xml"文件时，势必会造成该文件的可读性差和后期的难以维护性，此时就可使用<include>元素。将一个"struts.xml"文件按照配置的功能不同分割成多个配置文件，然后在该文件中使用<include>元素引入其他配置文件。

下面是使用<include>元素的示例代码：

```
<struts>
    <include file="books.xml"/>
    <include file="clothes.xml"/>
    <include file="computers.xml"/>
    <!-- 省略其他配置信息 -->
</struts>
```

2. <constant>元素

<constant>元素用于配置一些常量信息，如开发模式、字符集编码格式等，下面是使用<constant>元素的示例代码：

```
<struts>
    <!-- 设置开发模式 -->
    <constant name="struts.devMode" value="true"/>
    <!-- 设置编码形式为GB2312 -->
    <constant name="struts.i18n.encoding" value="GB2312"/>
    <!-- 省略其他配置信息 -->
</struts>
```

3. <package>元素

在 Struts 2 中通过包（package）来管理 Action、Result、Interceptor、Interceptor-stack 等配置信息。包提供了将多个 Action 组织为一个模块的方式，这样有利于系统的维护，并且一个包可以扩展另外一个包，这样提高代码了重用性。<package>元素具有以下的属性。

- name：包名，作为其他包引用本包的标识符，该属性是必选的。

- extends：用于继承其他包，该属性是可选的。当一个包通过配置 extends 属性继承其他包后，该包将会继承父包中所有的配置，包括 Action、Result、Interceptor 等。但是由于包信息的获取是按照配置文件中的先后顺序进行的，所以父包必须在子包之前被定义。通常在应用程序中都继承一个名为"struts-default"的包。该包是 Struts 2 框架的一个内置包，它配置了 Struts 2 所有的内置结果类型。因此继承 struts-default 包后，就可以不用声明直接使用哪些内置的信息，如内置拦截器、拦截器栈等。

- namespace：用于设置命名空间，该属性是可选的。在 Struts 2 框架中命名空间的使用实际上是在包的基础上对 Action 的更进一步组织和划分。使用命名空间会更加有利于 Action 的管理（对于大型应用效果更加明显），更重要的是可以解决 Action 重名的问题，因为在不同命名空间中是可以使用相同的 Action 名的。

- abstract：设置为抽象包，该属性是可选的。

注意：包名必须是唯一的，在一个"struts.xml"文件中不能出现两个同名的包；如果某包被设置为抽象包，则该包中不可包含 Action 配置信息，但可被其他包继承。

说明：对命名空间有以下几点补充。

● 使用命名空间对 URL 的影响：未使用命名空间时访问应用程序的 URL 为 "http://localhost:8080/news/show.action"，当在程序中有 "namespace="/myspace"" 配置时，访问的 URL 则变为 "http://localhost:8080/news/myspace/show.action"。

● 默认命名空间：在 Struts 2 中如果没有为某个包指定 namespace 属性，该包使用默认的命名空间，默认的命名空间总是 ""。

● 指定根命名空间：当设置 namespace 属性值为 "/" 时，即指定了包的命名空间为根命名空间，此时所有根路径下的 Action 请求都会去这个包中查找对应资源信息。例如未使用命名空间时 Action 请求的 URL 为 "http://localhost:8080/news/show.action"，其中 "/news" 是上下文路径，"http://localhost:8080/news/" 就是根路径。该包范围内所有根路径下的 Action 请求，形如 "http://localhost:8080/package/*.action"，都会到设置为根命名空间的包中寻找相应资源信息。当默认命名空间中存在与根命名空间同名的 Action 时，根命名空间的配置信息优先级要高于默认命名空间中的配置信息。

● 指定命名空间：指定命名空间与指定根命名空间的方法相似，将 namespace 属性值设置为 "/*" 即可，其中 "*" 代表了要设置的命名空间名称。如果为某个包设置 "namespace="/myspace""，则所有形如 "http://localhost:8080/news/myspace/*.action" 的请求，都会在该包下查找相应资源信息。

● 命名空间的查找顺序：当 Struts 2 接收到 URL 请求后，会将请求信息解析为 namespace 名称和 action 名称两部分，然后根据 namespace 名称在 "struts.xml" 文件中查找指定命名空间相同的包，并在该包中搜索与 action 名称相同的配置信息；如果没有找到，则到默认命名空间中继续搜索与 action 名称相同的配置信息；如果都没找到，则抛出错误异常信息。

4. `<action>`元素

`<action>`元素用来配置 Action，它包含的属性如表 5-5 所示。

表 5-5 `<action>`元素的属性

属性名称	是否必须	功能描述
name	是	请求的 Action 名称
class	否	Action 处理类对应具体路径
method	否	指定 Action 中的方法名
converter	否	指定 Action 使用的类型转换器

若未配置 method 属性，所有请求都会被转发到 Action 中的 execute()方法中去做处理。但是一个 Action 也有可能要处理多个业务逻辑，此时需在该 Action 类中定义多个方法，每一个不同的请求需转交给不同的方法去做处理，这时就可使用 method 属性。例如，下面代码中，类 BankAction 中有处理存钱、取钱、转账等业务的多个方法：

```java
public class BankAction {
    public String sayeMoney() {          // 存钱操作
        // 省略代码
        return "saveResult";
    }
    public String getMoney() {           // 取钱操作
```

```
        // 省略代码
        return "getResult";
    }
    public String findMoney() {             // 查询余额
        // 省略代码
        return "findResult";
    }
}
```

注意：当在 Action 中通过自定义方法实现某些功能的时候，虽然这些方法的命名没有严格规定，但是方法返回值类型必须为 "String"。

在配置文件 "struts.xml" 中配置 BankAction 时，<action>元素使用 method 属性，代码如下：

```
<struts>
    <package name="com" extends="struts-default">
        <action name="saveBank" class="com.struts2.bank.BankAction"
            method="saveMoney">
            <result name="saveResult">/saveMoney.jsp</result>
        </action>
        <action name="getBank" class="com.struts2.bank.BankAction"
            method="getMoney">
            <result name="getResult">/getMoney.jsp</result>
        </action>
        <action name="findBank" class="com.struts2.bank.BankAction"
            method="findMoney">
            <result name="findResult">/findBalance.jsp</result>
        </action>
    </package>
</struts>
```

之后发出不同的请求时，就会调用同一个 Action 中不同的方法，例如：

```
<s:a href="saveBank.action">存钱</s:a>

<s:a href="getBank.action">取钱</s:a>

<s:a href="findBank.action">查询余额</s:a>
```

使用 method 属性的优点是可减少 Action 类的数目，缺点是配置文件中产生大量的冗余代码。为了消除这种冗余现象，Struts 2 提供了通配符的方式，下面是改进后的 "struts.xml" 文件中的代码：

```
<struts>
    <package name="com" extends="struts-default">
        <action name="*Bank" class="com.struts2.bank.BankAction"
            method="{1}Money">
            <result name="saveResult">/saveMoney.jsp</result>
            <result name="findResult">/findBalance.jsp</result>
            <result name="getResult">/getMoney.jsp</result>
        </action>
    </package>
</struts>
```

在上述代码中，<action>元素的 name 属性值为 "*Bank"，其中的 "*" 即为通配符，它表示所有以 "Bank.action" 结尾的请求都会交给该 Action 做处理，如 "saveBank.action"、 "getBank.action"。method 属性值为 "{1}Money",其中的 "{1}" 为表达式,表示 name 属性中第一个 "*" 的值,例如,如果请求为 "saveBank.action",那么 "save" 将传递给 method 属性,即 method 属性值为 "saveMoney",此时将会调用 Action 的 saveMoney() 方法。

5. <result>元素

<result>元素用于配置 Action 的结果映射,它除了可配置常规的结果映射外,还可实现动态结果,即根据请求来动态返回视图。下面是实现动态结果的示例代码:

```
<action name="*">
    <result>/{1}.jsp</result>
</action>
```

在上述代码中,在<action>元素中使用了通配符 "*",在物理页面中使用了表达式 "{1}",因此视图的返回结果将根据请求的不同而动态改变,例如,在浏览器的地址栏中输入 "http://localhost:8080/myProject/login.action",则显示 myProject 应用下名为 "login.jsp" 中的内容,若输入 "http://localhost:8080/myProject/regist.action",页面则显示名为 "regist.jsp" 中的内容。

6. <exception-mapping>元素与<global-exception-mappings>元素

这两个元素都是用来配置发生异常时对应的视图信息,其中<exception-mapping>元素是 Action 范围内的,<global-exception-mappings>元素是包范围内的。当同一类型异常在两个范围都被配置的时候,Action 范围的优先级要高于包范围的优先级。这两个元素包含的属性也都是一样的,它们的属性及实现功能如表 5-6 所示。

表 5-6　　　　　　　　　　　　　　属性及描述

属 性 名 称	是 否 必 须	描　　　述
name	否	用来标识该异常配置信息
result	是	指定发生异常时显示的视图信息,这里要配置为逻辑视图
exception	是	指定异常类型

下面是使用<exception-mapping>元素和<global-exception-mappings>元素的示例代码:

```
<package name="default" extends="struts-default">
    <!-- 声明全局异常处理 -->
    <global-exception-mappings>
        <exception-mapping result="逻辑视图" exception="异常类型"/>
    </global-exception-mappings>
    <!-- 声明Action 范围内的异常处理 -->
    <action name="Action 名称">
        <exception-mapping result="逻辑视图" exception="异常类型"/>
    </action>
</package>
```

7. <default-class-ref>元素

当在配置 Action 时,如果没有为某个 Action 指定具体的 "class" 值的时候,系统将自动引用<default-class-ref>元素中所指定的类。在 Struts 2 框架中,系统默认的 "class" 为 "com.opensymphony.xwork2.ActionSupport"。如果需要,可手动指定默认的 "class",例如,假设有一个名为"MyDefaultClass"的 Action 类，现在将该类指定为系统默认的"class"，在"struts.xml"文件中做如下的配置：

```
<package name="com" extends="struts-default">
    <!-- 指定默认 class 为 MyDefaultClass -->
    <default-class-ref class="com.action.MyDefaultClass"/>
    <action name="test1">
        <result>/index.jsp</result>
    </action>
</package>
```

当访问名为"test1"的 Action 时，因为没有为该 Action 指定明确的实现类，因此请求将会找默认类，即 MyDefaultClass。

注意：当手动指定了默认"class"后，Struts 2 原来默认的"class"会被覆盖；指定的默认 Action 类必须包含 execute()方法。

8. <default-action-ref>元素

如果一个 Action 请求在配置文件中找不到对应的配置信息时，就会抛出"404-页面没找到"的错误信息，这是系统给出的默认错误处理页面，显然这种提示方式对用户来说是很不友好的。此时可使用<default-action-ref>元素指定一个默认的 Action，当配置文件中没有与请求 Action 匹配的信息时，系统就会自动调用这个默认的 Action 去处理。示例代码如下：

```
<package name="com" extends="struts-default">
    <!-- 指定默认 Action 为"actionError" -->
    <default-action-ref name="actionError"/>
    <action name="actionError">
        <result>/jsp/actionError</result>
    </action>
</package>
```

9. <default-interceptor-ref>元素

该元素用来设置整个包范围内全部 Action 所要应用的默认拦截器信息。事实上配置文件中继承了"struts-default"包以后，使用的是 Struts 2 的默认设置，可以在"struts-default.xml"文件中找到相关配置，配置代码如下：

```
<default-interceptor-ref name="defaultStack"/>
```

在开发过程中，如果需要可以更改默认拦截器配置。但是一旦更改这个配置以后，"defaultStack"将不再被引用。

10. <interceptors>元素

通过该元素可在 Struts 2 应用程序中注册拦截器或者拦截器栈，一般多用于自定义拦截器或拦截器栈的注册。使用<interceptors>元素的示例代码如下：

```
<interceptors>
    <interceptor name="拦截器名" class="拦截器类"/>
    <interceptor-stack name="拦截器栈名">
        <interceptor-ref name="拦截器名"/>
    </interceptor-stack>
</interceptors>
```

11. <interceptor-ref>元素

通过该元素可以为其所在的 Action 添加拦截器功能。当为某个 Action 单独添加拦截器功能以后，<default-interceptor-ref>元素中所指定的拦截器将不再对这个 Action 起作用。

说明：对<default-interceptor-ref>、<interceptors>和<interceptor-ref>这 3 个元素的使用方式在第 6 章做了详细介绍。

12. <global-results>元素

该元素用于设置包范围内的全局结果集。在多个 Action 返回相同逻辑视图的情况下，可以通过<global-results>元素统一配置逻辑视图所对应的物理视图。例如，有两个 Action 类，每个 Action 类返回的逻辑视图中都包含"error"，那么就可以在"struts.xml"文件中这样配置：

```
<package name="com" extends="struts-default">
    <global-results>
        <result name="error">/error.jsp</result>
    </global-results>
    <action name="login" class="com.action.LoginAction">
        <!—省略其他配置信息 -->
    </action>
    <action name="register" class="com.action.RegistAction">
        <!—省略其他配置信息 -->
    </action>
</package>
```

注意：若全局结果集和 Action 中都为某逻辑视图添加了配置信息，那么 Action 中的优先级将高于全局结果集。例如，上面例子中，在名为"login"的 Action 配置中添加"<result name="error">/loginerror.jsp</result>"后，当请求该 Action 并返回"error"时，视图将跳转到"loginerror.jsp"而非"error.jsp"。

5.4 值栈与 OGNL 表达式

值栈是 Struts 2 中一个重要的概念，几乎所有的 Struts 2 操作都要同值栈打交道。Struts 2 中的值栈其实是一个存放对象的堆栈，对象以 Map 的形式存储在该堆栈中，并且这个堆栈中对象属性的数值可以通过 OGNL 表达式获得。

1. 值栈

值栈中存储的对象主要包括以下 4 种类型。

● 临时对象（Temporary Object）：该对象是在程序执行过程中，由容器自动创建并存储到值栈中的。临时对象的值并不固定，会随着应用不同而发生变化。当应用结束时，该对象会被清空。如当在页面中利用 Struts 2 标签输出迭代的值时，这些值都将以临时对象的形式存放到值栈中。

● 模型对象（Model Object）：该对象仅在 Action 使用模型驱动方式传值的时候被用到。如果某个 Action 中应用了模型驱动（model-driven），当 Action 被请求时，"modeldriven"拦截器会自动从此 Action 中获得模型对象，并将所获得的对象放置在值栈中对应 Action 对象的上面。当 JSP 页面需要用到这些对象所携带数据时，也会到值栈去找对应模型对象，获取数值。

● Action 对象（Action Object）：当每个 Action 请求到来的时候，容器都会先创建一个此 Action 的对象并存入值栈，该对象携带所有与 Action 执行过程有关的信息。

● 命名对象（Named Objects）：主要包括 Servlet 作用范围内相关的对象信息，如 Request、Session、Application 等。

注意：当请求需要模型对象携带数据时，该请求会先到值栈中模型对象中进行搜索，如果没有找到对应 set()方法，则继续查找模型对象对应的 Action 对象。

值栈中对象的存储顺序如图 5-12 所示。

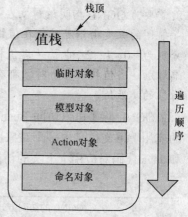

图 5-12　对象在值栈中的顺序

当在值栈中查找某个值时，会按照从上至下的顺序依次遍历每一个对象。如果在前一个对象中没有找到需要信息则继续查找下一个对象，直至找到为止。使用值栈的优点就是只需知道查找信息的"name"标识即可在值栈中进行查找。

2. OGNL 表达式

OGNL 的全称是"Object-Graph Navigation Language"，意思是图对象导航语言，它是表达式语言的一种。OGNL 的功能非常强大，它通过简单一致的语法，可以任意存取对象的属性或者调用对象的方法，并能够遍历整个对象的结构图，实现对象属性字段的类型转化。Struts 2 中的很多地方都要用到 OGNL 表达式，如 Struts 2 的标签、Struts 2 的校验文件等。

在 Struts 2 中 Bean 的使用是非常广泛的，在 Action 中进行传值的时候，很多地方都要使用到 Bean。一个符合规范的 JavaBean 的构成应该是包含了 Bean 属性及对应该属性的 set、get 方法。而在 Java 中对 Bean 属性操作时一般是通过调用该 Bean 属性对应的 set、get 来实现的。如果使用 OGNL 则能够以更加简捷的方式来实现对 Bean 属性的访问。

在 OGNL 中所有被访问信息都被看做是一个对象，该对象及其属性构成了这个对象的一个视图，OGNL 正是基于这个视图来获得所需信息。在下面的代码中，JavaBean 包含了 3 个 Bean：grandfather、father 和 child：

```
public class User {
    private User grandfather;
    private User father;
    private User child;
    // 省略属性的 set、get 方法
    public void test(){
        User grandson = grandfather.getFather().getChild();
        father = grandfather.getChild();
        User son = father.getChild();
    }
}
```

通过上述代码可知，当从 grandfather 出发经由 father 获得 child 时需要先调用 getFather()方法获得 father 对象，然后再调用 getChild()方法获得 child。这种实现是 Java 中最常见的一种方式。那么在 OGNL 中这一过程是如何实现的呢？ OGNL 处理这一过程的时候会首先将 grandfather、father 和 child 这 3 个对象构造成一个视图，如图 5-13 所示。

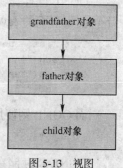

图 5-13　视图

之后依照该视图利用 Bean 属性名逐层遍历。由于在 OGNL 中是使用"."对导航图进行遍历的，所以从 grandfather 出发经由 father 获得 child 的过程在 OGNL 中就可以写为"grandfather.father.child"这种形式。

注意：由于 OGNL 在遍历的时候的唯一依据就是所查找属性的"name"值，那么如果导航图中各个层次对象都包含了相同的"name"，而程序仅需要其中一个指定对象的属性时，就需要为 OGNL 指明该对象在导航图中的深度。具体指定方法为"[导航图的深度].name"。导航图的深度由指定对象在值栈中的位置决定，例如，在图 5-13 中，3 个对象的导航图深度分别为：0、1、2。也就是说值栈中的对象按照从栈顶至栈底的排列，导航图深度从 0 开始逐渐增加。当值栈中每个对象都有了各自的导航图深度以后，就可以利用这个深度来访问指定对象的属性值。

OGNL 除了可以访问 Bean 外，它还提供了对 Struts 2 应用上下文的访问机制。Struts 2 的应用上下文也是由多个对象所组成的，OGNL 通过"#"对应用上下文进行访问。OGNL 和 Java 代码对应用上下文的访问方式比较如表 5-7 所示。

表 5-7　　　　　　　　　　　　　访问方式的比较

OGNL 的访问方式	Java 的访问方式
#parameters	ActionContext().getContext().getParameters()

由于 Struts 2 应用上下文中存储对象的作用域各不相同，而不同作用域的对象可能包含相同的属性，这种情况下可能就需要手动为 OGNL 指定作用域了。假设不同作用域都包含了一个"name"属性，那么通过 OGNL 来获得"name"对应值的表达式如表 5-8 所示。

表 5-8　　　　　　　　　通过 OGNL 来获得"name"对应值的表达式

作　用　域	作　用　范　围	OGNL
Parameters	包含当前请求中所有 HttpServletRequest 参数	#parameters.name
Request	包含当前请求中所有 HttpServletRequest 属性	#request.name
Session	包含当前 Session 中所有 HttpSession 属性	#session.name
Application	包含当前应用程序中所有 ServletConfig 属性	#application.name
Attr	包含前面 4 种作用域的所有属性	#attr.name

在表 5-8 中比较特殊的一个作用域就是 Attr，当通过"#attr.name"这种形式来获取值的时候，系统会按照作用域从小到大的顺序依次进行遍历，如图 5-14 所示

OGNL 同样提供了对集合元素的访问。通常情况下可使用下面的 Java 代码来创建 List 对象：

```java
List list = new ArrayList();
list.add("one");
list.add("two");
list.add("three");
```

而 OGNL 则使用下面的方式创建 List：

```
{"one","two","three"}
```

OGNL 将存储在 List 中的数据封装到大括号中，

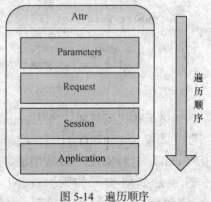

图 5-14　遍历顺序

各数据使用逗号分隔。在访问 List 方面，OGNL 与 Java 代码也存在着一些区别，二则的访问方式比较如表 5-9 所示。

表 5-9　　　　　　　　　　OGNL 与 Java 代码对 List 访问的比较

OGNL 访问的方式	Java 代码访问的方式
list[i]	list.get(i)
list.size	list.size()
list.isEmpty	list.isEmpty()

另一个常用的集合对象是 Map，在 Java 中使用下面的方式创建 Map 对象：

```
Map map = new HashMap();
map.put("one","name");
map.put("two","password");
map.put("three","age");
```

而 OGNL 则使用下面的方式创建 Map：

```
#{"one":"name","two":"password","three":"age"}
```

OGNL 创建 Map 时以 "#" 开头，花括号内使用 "键:值" 的形式。OGNL 和 Java 代码对 Map 访问的比较如表 5-10 所示。

表 5-10　　　　　　　　　　OGNL 与 Java 代码对 Map 访问的比较

OGNL 访问的方式	Java 代码访问的方式
map['one']	map.get("one")
map.size	map.size()
map.isEmpty	map.isEmpty()

5.5　Struts 2 的标签库

使用标签能够避免在 JSP 页面中嵌套 Java 脚本，增强页面的可读性。Struts 2 框架中提供了大量的标签供开发者使用，而且这些标签功能强大、使用简单，因此可一定程度上提高应用程序的开发效率。

5.5.1　控制标签

控制标签主要用于控制输出流程以及访问值栈中的值。常用的有以下两种。

1．if/elseif/else 标签

if/elseif/else 标签用于完成分支控制，其用法如下：

```
<!-- 定义一个名称为 score 的属性并赋值 70 -->
<s:set name="score" value="70"></s:set>
<s:if test="#score>80">成绩优秀</s:if>
<s:elseif test="#score>60">成绩及格</s:elseif>
<s:else>成绩不及格</s:else>
```

在上述代码中，属性 test 的值为 boolean 类型值，通常使用表达式来动态指定，如

"#score>80"。

2. iterator 标签

iterator 标签用于迭代输出集合中的元素，包括 List、Set 和数组，其用法如下：

```
<s:iterator id="season" value="{'春天','夏天','秋天','冬天'}">
    <s:property value="season"/>
</s:iterator>
```

在上述代码中，属性 id 指定集合中元素在值栈中的名称，value 指定迭代的迭代体。

5.5.2　数据标签

数据标签用于对数据进行相关操作，如将数据存入值栈或者从值栈中取出数据。常用的有以下几种：

1. bean 标签

bean 标签用于创建一个 JavaBean 实例，在其标签体中可以用<s:param>标签对 JavaBean 实例的参数赋值。

假设有一个名为"com.domain.Dog"的 JavaBean 类，它有两个私有的属性 name 和 age 及其各自的 set、get 方法，使用 bean 标签的示例如下：

```
<s:bean name="com.domain.Dog" id="dog">
    <s:param name="name" value="'大黄'"/>
    <s:param name="age" value="5"/>
    狗的名字: <s:property value="name"/>
    狗的年龄: <s:property value="age"/>
</s:bean>
在bean标签外部通过id输出:
<s:property value="#dog.name"/>
<s:property value="#dog.age"/>
```

在上述代码中，bean 标签的 name 属性用于指定 JavaBean 的实现类，本例中为"com.domain.Dog"，它是一个必选的属性；id 属性用于设置该 JavaBean 在值栈中的名称，设置以后可在标签体外部访问，否则实例会保存在值栈栈顶，标签结束后移出值栈。

2. param 标签

param 标签用于为其他标签添加参数，其用法如下：

```
<!-- 第一种用法 -->
<s:param name="参数名" value="参数值"/>
<!-- 第二种用法 -->
<s:param name="参数名">参数值</s:parma>
```

在上述代码中，属性 name 用于指定 param 标签定义的参数参数名称；属性 value 用于指定参数的值，该值可以为以下两种。

- 对象名称：若该对象不存在，将 null 值赋给参数。
- 字符串：赋值时加单引号。

3. property 标签

property 标签用于输出一个属性值，它包含的参数如表 5-11 所示。

表 5-11　　　　　　　　　　　　　　　property 标签参数

参　数　名	参数类型	是否必需	参　数　说　明
value	object	否	指定属性名称，默认值是栈顶元素
escape	boolean	否	设定输出的内容是否要经过 HTML 的转义，默认值是 true，如果将其设置为 false，当输出如 "#name" 的表达式时会直接将 #name 输出，而不再使用 OGNL 表达式来解析
default	String	否	用于设置输出的默认值，如果要输出的值为 null，就会输出该默认值

property 标签的用法如下：

```
<s:property value="cat"/>
```

如果在值栈中存在一个名为 "cat" 的对象，那么页面被请求时该对象在值栈中的值将被输出；否则直接输出 cat 字符串。

4．include 标签

include 标签用于在指定页面中引入另一个 JSP 页面，在该标签体内，还可以使用 param 标签向所包含的页面加入参数。示例代码如下：

```
<s:include value="top.jsp" />
<s:include value="main.jsp">
    <s:param name="message" value="'welcome'"></s:param>
</s:include>
```

在上述代码中，include 标签的属性 value 用于指定要包含的页面名称。若在页面中加入参数，可通过 "${param.message}" 这种方式在被包含的页面中将参数值输出。

5．i18n 标签

i18n 标签用于指定国际化资源文件。在该标签作用范围内，指定的国际化资源优先级大于当前 Locale 对应的国际化资源优先级。示例代码如下：

```
<s:i18n name="application_zh_CN">
    输出汉语信息：<s:text name="message"/><br>
</s:i18n>
输出英文信息：<s:text name="message"/>
```

在上述代码中，i18n 标签的 name 属性用于指定国际化资源文件名称。当使用 i18n 标签时，在该标签体内使用 name 属性指定的国际化资源，标签体外则使用系统默认的国际化资源。

5.5.3　表单标签

表单标签主要用于生成表单元素。Struts 2 不仅提供了与 HTML 表单标签作用相同的标签，还提供了可用于完成某些特定功能的表单标签。

1．表单标签中通用的参数

表单标签中通用的参数如表 5-12 所示。

2．用于生成 HTML 表单标签的 Struts 2 标签

Struts 2 中可生成 HTML 表单标签的标签如表 5-13 所示。

表 5-12   表单标签中的参数

参 数 名	描　述
cssClass	指定表单元素的 class 属性
cssStyle	指定表单元素的 css 样式
disabled	指定表单元素是否可用，若设置为"true"则表单元素不可用
label	指定表单元素的标签
labelPosition	指定表单元素标签的位置
name	指定表单元素提交数据的名称
required	指定表单元素为必填元素，并为此元素加"*"标识
requiredposition	定义必填元素的标识"*"的位置
size	指定表单元素的大小
tabIndex	指定表单元素使用 tab 切换时的序号
title	指定表单元素的标题
value	指定表单元素的属性值
theme	指定标签主题样式，可选值包括 xhtml（默认值）、simple、ajax、css_xhtml
template	指定标签模板，默认值为"/"
templateDir	指定模板文件路径，默认值为 template

表 5-13   Struts 2 表单标签

Struts 2 表单标签	可生成的 HTML 标签
<s:form>	<form>
<s:checkbox>	<input type="checkbox">
<s:head>	<head>
<s:file>	<input type="file">
<s:hidden>	<input type="hidden">
<s:password>	<input type="password">
<s:radio>	<input type="radio">
<s:submit>	<input type="submit">
<s:reset>	<input type="reset">
<s:select>	<input type="select">
<s:textfield>	<input type="textfield">
<s:textarea>	<input type="textarea">

3. Struts 2 中用于完成某些特定功能的表单标签

Struts 2 中用于完成某些特定功能的表单标签及其功能如表 5-14 所示。

表 5-14		Struts 2 提供的特定功能标签
标签名称	功能描述	用　法
label	当标签的 theme 参数设置为 simple 时，此时使用 label 标签，作用相当于表单标签的 label 属性	`<s:label value="用户名" />` `<s:textfield label="用户名" theme="simple" />`
token	解决表单多次提交的问题，使用该标签的页面会自动生成一个包含了 token 令牌的隐藏域，该标签需和 token 或 tokensession 拦截器同时使用	`<s:token/>`

checkboxlist	一次生成多个复选框，其属性 list 指定生成复选框的集合，属性 listKey 相当于 Map 中的 key，属性 listValue 相当于 Map 中的 value	`<s:checkboxlist name="map"`
		`label="使用 Map" labelposition="top"`
		`list="#{'1':'AA','2':'BB','3':'CC'}"`
		`listKey="key" listValue="value" />`

combobox	生成一个单选下拉菜单和文本框的组合	`<s:combobox list="{'AA','BB',,'CC'}"` `name="char"></s:combobox>`

optgroup	与 select 标签组合使用，生成一个包含选项组名称以及选项的组合	`<s:select name="o" list="{'AA','BB','CC'}">`
		`    <s:optgroup label="使用 Map 生成选项组"`
		`        list="#{'1':'AA','2':'BB','3':'CC'}"`
		`        listKey="key" listValue="value" />`
		`</s:select>`

doubleselect	生成两个相互关联的下拉列表框，子列表框的内容会根据父列表被选定内容的变化而发生相应的改变。属性 name 为父下拉列表框名称，doubleName 为子下拉列表框名称，doubleSize 为子下拉列表框显示内容最大个数，list 为父列表框的选项内容，doubleList 为子列表框的选项内容	`<s:form action="test" name="form1">`
		`  <s:doubleselect label="选择" labelposition="top"`
		`name="name1" list="{'选项 1','选项 2'}"`
		`  doubleName="name2" doubleSize="3"`
		`  doubleList="top == '选项 1'?{'A','B'}:{'C','D','E'}"`
		`  />`
		`</s:form>`

updownselect	生成一个列表框，列表框中的选项可以手动进行排序。参数 list 用于指定生成复选框的集合，allowMoveUp 用于设置是否显示上移按钮，allowMoveDown 用于设置是否显示下移按钮，selectAllLabel 用于设置是否显示全选按钮	`<s:form>`
		`  <s:updownselect list="{'A','B','C'}"`
		`    allowMoveUp="true" allowMoveDown="true"`
		`    allowSelectAll="true" moveUpLabel="上移"`
		`    moveDownLabel="下移" selectAllLabel="全选" />`
		`</s:form>`

5.5.4　非表单 UI 标签

非表单 UI 标签主要用于生成非表单性质的可视化元素。Struts 2 提供的非表单 UI 标签如表 5-15 所示。

表 5-15   非表单 UI 标签

标 签 名 称	功 能 描 述	用 法
actionerror	输出储存在 ActionError 中的值	`<s:actionerror/>`

fielderror	输出 FieldError 中的值。在进行类型转换和输入校验发生错误时,该标签经常被用到。如果需要单独输出某个字段的错误信息,可在 fielderror 标签内使用 param 标签指定字段名称	`<!-- 输出所有 fielderror 值 -->`
		`<s:fielderror />`
		`<!--只输出 name 对应的 fielderror 值-->`
		`<s:fielderror>`
		`    <s:param>name</s:param>`
		`</s:fielderror>`

actionmessage	输出储存在 ActionMessage 中的值	`<s:actionmessage/>`

component	引用一个自定义的组件,属性 templateDir 设置引用的主题所在位置,theme 设置引用主题的主题名,template 置要使用的组件名	`<s:component templateDir="themes"`
		`    theme="customTheme"`
		`    template="jspTheme.jsp"`
		`/>`

本 章 小 结

目前,MVC 仍然是 Web 领域中最流行的设计模式,使用 MVC 的框架也是层出不穷,如 Struts 2、Struts、WebWork、JSF、Tapestry 等。Struts 2 框架是在 Struts 框架和 WebWork 框架基础上发展而来的,因此它在性能和稳定性方面都有充分的保证,使用 Struts 2 框架能够很大程度上提高应用程序的开发效率。

下面是本章的重点内容回顾:

● Model 2 体系采用 JSP 与 Servlet 结合的方式来实现对用户请求的处理,使用 Servlet 充当控制器,使用 JSP 生成视图界面。

● MVC 把一个应用分成 3 个层:模型层、视图层和控制层,使同一个应用程序使用不同的表现形式。

● Struts 2 框架是一个基于 MVC 架构的框架。

● Action 可以以多种形式存在:普通的 Java 类、实现 Action 接口和继承 ActionSupport 类。

● <result>元素的 type 属性指定结果类型,Struts 2 支持多种结果类型。

● "struts.xml" 文件是 Struts 2 应用中的一个核心配置文件,它是程序整个运行流程的依据。

● Struts 2 中的值栈是一个存放对象的堆栈,对象以 Map 的形式存储在该堆栈中,并且这个堆栈中对象属性的数值可以通过 OGNL 表达式获得。

● OGNL 表达式的功能强大,Struts 2 中的很多地方都要用到它。

● Struts 2 框架中提供了大量的标签供开发者使用。

课 后 练 习

（1）简单介绍 MVC 设计模式。

（2）简单介绍 Struts 2 的工作流程。

（3）在创建 Action 类时，需要注意哪些方面？

（4）使用不同的结果类型时，需要如何配置？

（5）"struts.xml" 文件中，<action>元素都有哪些属性？作用是什么？

第6章
Struts 2 高级应用

Struts 2 具有十分强大的功能，这与它提供的各种技术密切相关。其中，拦截器是 Struts 2 中最重要的一项技术，其他技术的实现都要依赖于拦截器；类型转换器为 Web 应用中各种数据类型之间的转换提供了一个方便的途径；校验器在确保 Web 应用高效、安全方面提供了一个有力的保障；Struts 2 对国际化的支持使 Web 应用在面向多国用户上变得更加容易；Struts 2 通过对 Conmmon-FileUpload 的封装，使得文件的上传可以被更加简单的实现。

通过本章的学习，读者可以掌握拦截器及拦截器栈的使用，Struts 2 应用中各种数据类型之间的转换，实现对用户输入数据的校验，创建国际化 Web 应用程序，文件的上传和下载。

6.1 拦 截 器

拦截器是动态拦截 Action 调用的对象。它提供了一种机制，使开发者可以定义一段代码，在 Action 执行之前或之后被调用执行，也可以在一个 Action 执行前阻止其执行。同时也是提供了一种可以提取 Action 中可重用部分的方式。通俗一点来说，拦截器是一个实现了一定功能的类，它以一种可插拔的方式（所谓可插拔就是指增加或减少某个功能的时候，不会影响到其他功能的实现），被定义在某个 Action 执行的之前或之后，用来完成特定的功能。

6.1.1 拦截器工作机制

下面以日志和安全功能为例介绍拦截器的工作机制。

日志和安全功能是应用程序中的重要组成部分，它们会在许多地方被使用。不用拦截器也能实现添加功能的操作，如可以在每个需要的 Action 中都加入日志和安全的代码；或者编写实现日志、安全功能的类，让 Action 来继承这个类，图 6-1 所示是未加入拦截器时 Action 的执行流程。使用在每个 Action 类中都加入日志和安全的代码这种方式，势必会造成工程的臃肿庞大，使后期维护和修改变得极为困难。继承的方式虽然可以在一定程度上减少代码量，代码的可维护性也相应得到提高，但是灵活性较差。当为 Action 增加或减少某个功能的时候，还是需要改动许多代码，而采用拦截器的方式就不存在以上所提及的弊端，如图 6-2 所示。

拦截器是一个类，它将需要的功能封装到这个类中，当为 Action 添加功能的时候就配置该拦截器；当为 Action 减少功能的时候就取消配置拦截器。通过这种方法，在 Action 所需要功能发生变化的时候，只需修改拦截器的配置即可。

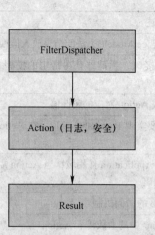

图 6-1　未加入拦截器的 Action 的执行流程　　　　图 6-2　加入拦截器的 Action 的执行流程

6.1.2　拦截器及拦截器栈的应用

1．拦截器

Struts 2 框架本身内置了可实现多种功能的拦截器，在 Struts 2 核心包中的 "struts-default. xml" 文件中可找到它们，表 6-1 列出了 Struts 2 框架内置的拦截器及其可实现的功能。

表 6-1　　　　　　　　　　　　Struts 2 的内置拦截器

拦截器名称	功 能 描 述
alias	对不同请求中的相同参数进行命名转换
autowiring	框架自动寻找相应的 Bean 并完成设置工作
chain	构建 Action 链，当使用<result type="chain">进行配置时，当前 Action 可使用前一个已经执行结束的 Action 属性，实现 Action 链之间的数据传递
checkbox	负责检查 checkbox 表单控件是否被选中，当 checkbox 未被选中时，提交一个默认的值(通常是 false)
cookie	把带有特定名/值映射关系的 Cookie 注射到 Action 中
conversionError	处理类型转换时的错误信息。把 ActionContext 中的错误信息转换为相应的 Action 字段的错误信息并保存，需要时可通过视图显示相关错误信息
createSession	自动创建一个 HttpSession 对象，因为有些拦截器必须通过 HttpSession 对象才能正常工作（如 TokenInterceptor）
debugging	负责调试，当页面中使用<s:debug/>标签时，可获得值栈、上下文等信息
execAndWait	在后台执行 Action 并将等待画面传送给用户
exception	提供处理异常功能，将异常映射为结果
fileUpload	负责文件上传
i18n	把指定 Locale 信息放入 Session
logger	输出 Action 名称
store	存储或者访问实现 ValidationAware 接口的 Action 类出现的消息、错误、字段错误等

拦截器名称	功 能 描 述
model-driven	如果某个 Action 实现了 ModelDriven 接口时，把 getModel()方法的结果放入值栈中
scoped-model-driven	如果某个 Action 实现了 ScopedModelDriven 接口，拦截器获得指定的模型，通过 setModel()方法将其传送到 Action
params	解析 HTTP 请求参数将其传送给 Action，设置成 Action 对应的属性值
prepare	处理 Action 执行之前所要执行操作。Action 需要实现 Preparable 接口，在 Action 执行之前调用 prepare()方法
scope	将一些公有参数信息存储到 Session 作用域或者 Application 作用域，当 Action 需要时，拦截器检查并从 Session 或 Application 中将其取出
servletConfig	提供对 HttpServletRequest 和 HttpServletResponse 的访问机制
staticParams	把定义在 XML 中的<action>元素的子元素<param>中的参数传入 Action
roles	检查用户是否具有 JAAS 授权，只有授权用户才可调用相应 Action
timer	输出 Action 的执行时间
token	检查传入到 Action 中的 Token 信息，防止重复提交
tokenSession	功能和 TokenInterceptor 相似，只不过将无效 Token 信息存放在 Session 中
validation	执行定义在 xxAction-validation.xml 中的校验器，完成数据校验
workflow	调用 Action 中的 validate()方法进行校验，校验失败返回 input 视图
N/A	从参数列表中删除不必要的参数
profiling	通过参数激活 profile

下面以 timer 拦截器为例介绍在应用程序中如何使用拦截器，具体步骤如下。

（1）创建使用拦截器的 Action 类

自定义一个用于测试拦截器的 Action 类 TimerAction，实现代码如下：

```
public class TimerAction extends ActionSupport{
    public String execute() throws Exception {
        System.out.println("使用拦截器的例子");
        return SUCCESS;
    }
}
```

（2）部署拦截器

为了能够正常使用拦截器，必须在"struts.xml"文件中正确部署拦截器。具体做法为使用<interceptors>元素的子元素<interceptor>引入指定的拦截器，在引入时需指定该拦截器的名称及其实现类。下面是部署拦截器的代码：

```
<struts>
    <package name="default" extends="struts-default">
    <interceptors>
        <!-- 部署 timer 拦截器 -->
            <interceptor name="timer"
                class="com.opensymphony.xwork2.interceptor.TimerInterceptor"/>
        </interceptors>
        <!-- 省略配置 Action 的代码 -->
    </package>
```

```
</struts>
```

在上面代码中，<interceptor>元素的 name 属性是拦截器的名称，class 属性是拦截器的实现类。

注意：如果在应用程序中继承了"struts-default"这个包，那么就可省略部署这一步骤，因为"struts-default"包内 Struts 2 已经部署好了默认的拦截器。

（3）为 Action 添加拦截器

要在某个 Action 类中使用拦截器，必须为该 Action 添加指定的拦截器。具体做法为使用<action>元素的子元素<interceptor-ref>中入所需拦截器。下面是为类 TimerAction 添加拦截器的代码：

```
<struts>
    <package name="default" extends="struts-default">
        <!-- 省略部署拦截器的代码-->
        <!-- 添加拦截器 -->
        <action name="timerAction" class="com.interceptor.TimerAction">
            <result>/success.jsp</result>
            <interceptor-ref name="timer"/>
        </action>
    </package>
</struts>
```

说明：某些时候，在部署或者添加拦截器时，需要为其指定参数。具体做法为使用<param>元素引入参数，引入时指定参数名和参数值。例如：

```
<interceptors>
    <interceptor name="拦截器名" class="拦截器类">
        <param name="参数名">参数值</param>
    </interceptor>
</interceptors>
<action name="Action名" class="Action类">
    <interceptor-ref name="拦截器名">
        <param name="参数名">参数值</param>
    </interceptor-ref>
</action>
```

注意：当为某个 Action 单独配置拦截器时，Struts 2 提供的默认拦截器将会失效，因此需引入拦截器栈 defaultStack，示例代码如下：

```
<interceptor-ref name="defaultStack"/>
```

（4）测试拦截器

将应用程序在 Tomcat 服务器中发布，访问 TimerAction，在控制台中将输出如图 6-3 所示的信息。

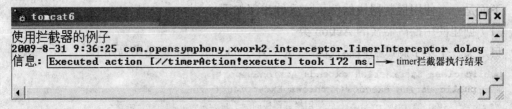

图 6-3　使用 timer 拦截器的执行结果

2. 拦截器栈

在 Struts 2 应用程序中，很多情况下一个 Action 要同时使用多个拦截器，如果单独为每个 Action 配置这些拦截器，无论管理还是维护都会变得非常困难，此时可使用拦截器栈。实际上拦截器栈也可被看做是一个拦截器，只不过它是一群拦截器的集合。

Struts 2 框架本身内置了可实现多种功能的拦截器栈，在 Struts 2 核心包中的"struts-default. xml"文件中可找到它们，表 6-2 列出了 Struts 2 框架内置的拦截器栈、它包含的拦截器及其可实现的功能。

表 6-2　　　　　　　　　　　　　　　　Struts 2 内置拦截器栈

拦截器栈名称	所包含拦截器	功 能 描 述
basicStack	exception、servletConfig、prepare、checkbox、params、conversionError	用于异常处理、HTTP 对象处理、参数传递和转换错误处理等，它是 Struts 2 提供的最常用的拦截器栈
validationWorkflowStack	basicStack、validation、workflow	包含 basicStack 提供的所有功能，此外还添加对验证和工作流的支持
fileUploadStack	fileUpload、basicStack	包含 basicStack 提供的所有功能，此外还添加对文件上传的支持
modelDrivenStack	modelDriven、basicStack	包含 basicStack 提供的所有功能，此外还添加对模型驱动的支持
chainStack	chain、basicStack	包含 basicStack 提供的所有功能，此外还添加对 action 链的支持
I18nStack	i18n、basicStack	包含 basicStack 提供的所有功能，此外还添加国际化的支持
paramsPrepareParamsStack	exception、alias、params、servletConfig、prepare、i18n、chain、modelDriven、fileUpload、checkbox、staticParams、params、conversionError、validation	当 Action 的 prepare()方法被调用时，用于载入请求参数并用请求参数来重写一些其他载入的数据。它的一个典型应用是更新对象
defaultStack	exception、alias、servletConfig、prepare、i18n、chain、debugging、profiling、scopedModelDriven、modelDriven、fileUpload、checkbox、staticparams、params、conversionError、validation、workflow	默认拦截器栈，为 Struts 2 框架中绝大多数的应用提供了所需的功能
completeStack	defaultStack	defaultStack 的别名，用于向后兼容 WebWork 的应用
executeAndWaitStack	execAndWait、defaultStack	包含 defaultStack 提供的所有功能，此外还添加异步支持 Action 的功能

下面是一个使用拦截器栈的例子，具体步骤如下。

（1）创建使用拦截器栈的 Action 类

自定义一个用于测试拦截器栈的 Action 类 StackAction，实现代码如下：

```
public class StackAction extends ActionSupport{
    public String execute() throws Exception {
        System.out.println("使用拦截器栈的例子");
```

```
        return SUCCESS;
    }
}
```

（2）部署拦截器栈

部署拦截器栈使用<interceptor-stack>元素，并使用其子元素<interceptor-ref>引入栈中要使用的拦截器。在一个拦截器栈中可以引入一个或多个拦截器。下面是部署拦截器栈的代码：

```
<interceptors>
    <!-- 部署拦截器栈，命名为 myStack，引入 timer 和 logger 拦截器 -->
    <interceptor-stack name="myStack">
        <interceptor-ref name="timer"/>
        <interceptor-ref name="logger"/>
    </interceptor-stack>
</interceptors>
```

在上面代码中，<interceptor-stack>元素的 name 属性是拦截器栈的名称，<interceptor-ref>元素的 name 属性是要引入的拦截器的名称。

（3）为 Action 添加拦截器栈

为 Action 添加添加拦截器栈与添加拦截器类似，都是通过<interceptor-ref>元素来实现的。下面是为类 StackAction 添加拦截器栈的代码：

```
<action name="stackAction" class="com.interceptor.StackAction">
    <result>/success.jsp</result>
    <interceptor-ref name="myStack"/>
</action>
```

说明：在使用拦截器栈的时候，可以对拦截器栈中所引用拦截器的参数进行覆盖。一旦实现了参数覆盖，拦截器默认参数将不再起作用，而以覆盖后的参数为基准。实现参数覆盖有两个时机，一个是在部署拦截器栈时；另一个是在为 Action 应用添加拦截器栈配置时。在为 Action 配置拦截器栈时进行参数覆盖必须指明覆盖哪个拦截器的哪个参数。

（4）测试拦截器栈

将应用程序在 Tomcat 服务器中发布，访问 StackAction，在控制台中将输出如图 6-4 所示的信息。

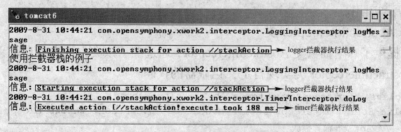

图 6-4　使用拦截器栈的执行结果

6.1.3　自定义拦截器

Struts 2 框架不仅提供了多种内置拦截器，此外，当内置拦截器不能满足需求时，它还允许自定义拦截器。自定义拦截器可通过两种方法来实现：实现"com.opensymphony.xwork2.interceptor.Interceptor"接口和继承"com.opensymphony.xwork2.interceptor.AbstractInterceptor"类。

1. 实现 Interceptor 接口

Interceptor 接口中定义了拦截器所要实现的功能，它的标准代码如下：

```
public abstract interface Interceptor extends Serializable{
    public abstract void destroy();
    public abstract void init();
    public abstract String intercept (ActionInvocation arg0) throws Exception;
}
```

对 Interceptor 接口中各个方法的描述如下。

- init()：拦截器被初始化的时候，系统通过调用该方法，加载所需资源。
- destroy()：拦截器被销毁之前，系统通过调用该方法，销毁 init()方法加载的资源。
- intercept()：在该方法内定义拦截器所要实现的具体功能，其参数为一个 ActionInvocation 对象，它包含了被拦截的 Action 的引用。intercept()方法执行完毕会返回一个对应逻辑视图资源的字符串，系统由此字符串找到对应的物理视图资源进行跳转。

下面自定义一个拦截器，该拦截器用于在 Action 类调用前、后输出提示信息，示例代码如下：

```
public class MyInterceptor1 implements Interceptor {
    public void destroy() {
    }
    public void init() {
    }
    public String intercept(ActionInvocation invocation) throws Exception {
        // Action 前置拦截
        System.out.println("在 Action 执行前的拦截信息");
        String result = invocation.invoke();    //获得对应逻辑视图的字符串
        // Action 后置拦截
        System.out.println("在 Action 执行后的拦截信息");
        return result;
    }
}
```

通过上述代码就完成了一个自定义拦截器的创建，此后就可像使用 Struts 2 内置拦截器一样进行部署和引用。

2. 继承 AbstractInterceptor 类

Struts 2 提供了一个抽象类 AbstractInterceptor，通过继承该类也可实现自定义拦截器。下面是继承 AbstractInterceptor 类实现自定义拦截器的代码：

```
public class MyInterceptor extends AbstractInterceptor {
    public String intercept(ActionInvocation invocation) throws Exception {
        // Action 前置拦截
        System.out.println("在 Action 执行前的拦截信息");
        String result = invocation.invoke();    //获得对应逻辑视图的字符串
        // Action 后置拦截
        System.out.println("在 Action 执行后的拦截信息");
        return result;
    }
}
```

与实现 Interceptor 接口相比，通过继承 AbstractInterceptor 类创建的拦截器无需实现 init() 方法和 destroy()方法，一定程度上简化了自定义拦截器的操作。

6.2　类型转换器

在 Struts 2 应用程序中，所有页面与控制器之间传递的数据的类型均为 String 类型，而实际进行处理时可能会用到各种数据类型，程序无法自动完成数据类型的转换，此时就需要在代码中手动完成，这个过程称为类型转换。

类型转换在表示层数据处理过程中的应用比较广泛，如客户端向服务器端传递数据的类型转换、服务器端对数据的校验、客户端对数据的校验等。

6.2.1　Struts 2 内置类型转换器

在 Struts 2 的核心组件 Xwork 中会自动处理 String 类型与基本数据类型之间的转换。这些基本类型如表 6-3 所示。

表 6-3　　　　　　　　　　　　　　　　基本类型

基 本 类 型	引 入 类 型
boolean	Boolean
char	Character
int	Integer
float	Float
long	Long
double	Double

除了基本数据类型，Struts 2 还可以完成一些更为复杂的类型转换，例如，将 String 类型的数据转换成 Date、Collections 或 Arrays 类型的数据。

● Date：Date 型数据在完成转换时，转换的日期格式为用户请求本地的 SHORT 格式。

● Collections：在使用 Collections 类型时如果集合中的数据类型无法确定，可以先将其封闭到一个 String 类型的集合中，然后在用到某个元素时再进行手动转换。

● Arrays：Arrays 型数据在转换时必须满足需要转换的数据中每一个元素都能转换成数组类型的条件。例如，将["abc","123"]转换成 int 数组类型变量的操作是不允许的。

注意：内置类型转换器只能在页面与 Action 类中相互传递数据时起作用。

6.2.2　引用类型的转换方式

Struts 2 可以自动将页面中的请求参数转换为引用类型的实例。下面是一个引用类型转换的例子，具体步骤如下。

（1）在 Action 类中使用引用类型的实例封装 HTTP 请求参数

在 Action 类中使用一个引用类型的实例来封装 HTTP 请求参数，当用户请求时，Struts 2 的类型转换器可自动将请求参数转换为引用类型的实例，因此在 Action 中可通过该实例获得请求的数据，代码如下：

```
public class LoginAction extends ActionSupport{
```

```
    private User user;                    //将 HTTP 请求参数封装成 User 实例
    public User getUser() {               //User 实例的 get 方法
        return user;
    }
    public void setUser(User user) {     // User 实例的 set 方法
        this.user = user;
    }
    public String execute() {
        if(user.getUsername().equals("sunyang")&&user.getPassword().equals("123456")){
            return SUCCESS;
        }
        return ERROR;
    }
}
```

上述代码中的 User 类是一个普通的 Java 类，它的代码如下：

```
public class User {
    private String username;
    private String password;
    public String getUsername() {
        return username;
    }
    public void setUsername(String username) {
        this.username = username;
    }
    public String getPassword() {
        return password;
    }
    public void setPassword(String password) {
        this.password = password;
    }
}
```

（2）在页面中使用实例的属性

使用引用类型时，页面中<input />标签的 name 属性值应由 Action 类中引用类型的实例和属性共同组成，其方式为"实例.属性"。代码如下：

```
用户名称: <input type="text" name="user.username"/>
用户密码: <input type="password" name="user.password"/>
```

在上述代码中，用户名称文本框<input />标签的属性 name 值为"user.username"，其中 user 是 Action 类中 User 的实例 user，而 username 则是 User 类中的 String 类型的成员变量 username；密码文本框与用户名称文本框的使用方式类似。使用这种方法可以将用户在文本框中输入的内容直接封装并传递给 Action 类中引用类型变量 user，而不需要在 Action 类中将 User 的两个成员变量分别赋值。

6.2.3　特殊对象的类型转换

在应用中经常会遇到一些特殊的情况，例如，用户注册时要求输入联系电话，如图 6-5 所示，而应用程序要求从该电话中分别获得区号和电话号码，那么在 Action 类中应该如何实现呢？一种好的解决方法就是实现自定义类型转换器。实现自定义类型转换器有两种方式：

继承 DefaultTypeConverter 类和继承 StrutsTypeConverter 类。

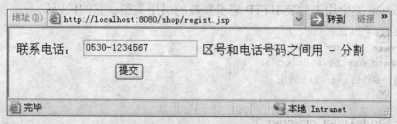

图 6-5　输入联系电话

1. 继承 DefaultTypeConverter 类

Struts 2 的 OGNL 类库中的"ognl.TypeConverter"接口可用来实现自定义类型转换器，但是该接口实现起来复杂，因此 Struts 2 又提供了它的一个实现类"ognl.DefaultType Converter"，继承该类即可实现自定义类型转换器。

下面是自定义类型转换器的代码：

```java
public class TypeConverter extends DefaultTypeConverter {
    // 重写 convertValue()方法
    public Object convertValue(Map context, Object value, Class toType) {

        if (toType == Tel.class) {                // 判断 toType 是否为 Tel 类型
            String[] params = (String[]) value;       //将目标数据转换成数组
            Tel tel = new Tel();
            for (int i = 0; i < params.length; i++) {   //循环数组，根据-分割字符串
                if (params[i].indexOf("-") > 0) {
                    String[] telValues = params[0].split("-");
                    tel.setSectionNo(telValues[0]);
                    tel.setTelNo(telValues[1]);
                } else {
                    return null;
                }
            }
            return tel;
        } else if (toType == String.class) {          // 判断 toType 是否为 String 类型
            Tel tel = (Tel) value;                  // 把 value 强制转换成 Tel 类型
            return "<" + tel.getSectionNo() + "-" + tel.getTelNo() + ">";
        }
        return null;
    }
}
```

在上述代码中，自定义类型转换器 TypeConverter 继承了类 DefaultTypeConverter 并重写了 convertValue()方法，该方法有 3 个参数，分别为：

- toType：该参数为转换的目标类型。例如，当 toType 为 Tel 类型时，typeConverter 方法将把 String 类型的目标数据转化为 Tel 类型；当 toType 为 String 类型时，typeConverter 方法将把 Tel 类型的目标数据转化为 String 类型。
- context：该参数为类型转换的上下文，也就是 Action 的上下文。
- value：该参数为转换的目标数据，这个数据可能是 String 类型，或是需要转换的目

标类型。

Tel 为 Action 类中用于封装 HTTP 请求参数的引用类型，它的代码如下：

```java
public class Tel {
    private String telNo;
    private String sectionNo;
    //省略属性的 set、get 方法
}
```

2. 继承 StrutsTypeConverter 类

在使用 DefaultTypeConverter 类实现类型转换器时，每次都需要手动编写判断语句来进行类型转换，这种方式使得程序可读性较差，为了消除这种弊端，Struts 2 提供了 DefaultType Converter 类的一个子类"org.apache.struts2.util.StrutsTypeConverter"，通过继承 StrutsType Converter 类可以更容易地实现类型转换器。下面是一个改进后的类型转换器：

```java
public class TypeConverter extends StrutsTypeConverter {
    // 重写 convertFromString()方法
    public Object convertFromString(Map context, String[] values, Class toClass) {
        Tel tel = new Tel();
        String[] telValues = values[0].split("-");
        tel.setSectionNo(telValues[0]);
        tel.setTelNo(telValues[1]);
        return tel;
    }
    // 重写 convertToString()方法
    public String convertToString(Map context, Object o) {
        Tel tel = (Tel) o;
        return "<" + tel.getSectionNo() + "-" + tel.getTelNo() + ">";
    }
}
```

在上述代码中，类型转换器 TypeConverter 继承了 StrutsTypeConverter 类并重写了 convert FromString()方法和 convertToString()方法。当目标类型为 Tel 类型时，系统自动调用 convert FromString()方法进行处理；当目标类型为 String 类型时，则调用 convertToString()方法进行处理。

创建完类型转换器以后，要在 Action 中使用自定义类型转换器还需要进行相关的配置，其配置方式分为两种：配置成局部类型转换器和配置成全局类型转换器。

1. 局部类型转换器

局部类型转换器只对单个类中的某个属性起作用。

局部类型转换器的配置文件的名称为"类名-conversion.properties"，其中类名为使用该类型转换器的 Action 类的名称。配置文件所在路径与 Action 类所在路径一致，图 6-6 所示为 ConverterAction 类的类型转换器配置文件。

图 6-6　局部类型转换器配置文件

　　配置文件中的内容由"变量名 = 路径.类名"组成，其中"变量名"是类型转换器所作用 Action 类中变量的名字，"路径"和"类名"分别为类型转换器所在的路径和类名。例如在 ConverterAction 类中使用类型转换器，它的代码如下。

```java
public class ConverterAction extends ActionSupport {
    private Tel tel;
    public Tel getTel() {
        return tel;
    }
    public void setTel(Tel tel) {
        this.tel = tel;
    }
    public String execute(){
        System.out.println("区号: "+tel.getSectionNo());
        System.out.println("电话号码: "+tel.getTelNo());
        return SUCCESS;
    }
}
```

类型转换器的配置文件中的代码为：

```
tel=com.type.TypeConverter
```

说明：访问 ConverterAction 时，页面中<input />标签的 name 属性值为"tel"，代码如下：

```
<input type="text" name="tel" />
```

2. 全局类型转换器

　　局部类型转换器只适合单一的 Action 来进行使用，当有多个 Action 类中同时需要对同一个引用类型的变量进行类型转换时，使用局部类型转换器就需要为每一个 Action 类进行一次配置，因此会增加程序管理和维护的复杂性，Struts 2 提供的全局类型转换器能够解决这一问题。

　　在配置全局类型转换器时需要创建一个名为"xwork-conversion.properties"的配置文件，与局部类型转换器不同的是，此配置文件需要放在根目录下，即与"struts.xml"文件的路径相同，如图 6-7 所示。全局类型转换器配置文件中的内容由"路径.类名 = 路径.类名"的项组成。其中等号左边配置的是需要使用类型转换器转换的类型，等号右边配置的内容则是类型转换器类。

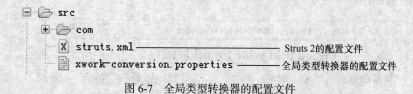

图 6-7　全局类型转换器的配置文件

　　下面是为 ConverterAction 类配置的全局类型转换器的代码：

```
com.type.Tel=com.type.TypeConverter
```

6.2.4　类型转换的错误处理

　　在表示层处理数据过程中，经常会出现没有严格按照页面要求进行的数据录入操作，例如，在 6.2.3 小节中图 6-5 所示的界面输入电话时，没有按照界面提示的要求输入正确的电话，即输入的电话中没有 "-" 符号，那么就会导致系统出现类型转换错误。

为了处理类型转换错误，Struts 2 提供了处理类型转换错误的拦截器，名称为 "conversionError"，在 "struts-default.xml" 文件包含对该拦截器的配置，配置代码如下：

```xml
<interceptors>
    <interceptor name="conversionError"
        class="org.apache.struts2.interceptor.StrutsConversionErrorInterceptor" />
    <interceptor-stack name="basicStack">
        <interceptor-ref name="conversionError" />
    </interceptor-stack>
    <interceptor-stack name="defaultStack">
        <interceptor-ref name="conversionError" />
    </interceptor-stack>
</interceptors>
```

上述代码中包含了对 conversionError 拦截器的引用。当类型转换器出现错误时，此拦截器就会将出现的错误信息封装到表单域，把该信息放在 Action 上下文中，将视图转向名为 "input" 的逻辑视图，最后由标签<s:fielderror />输出。

以 6.2.3 小节中的 ConverterAction 类为例，给该 Action 类配置显示错误信息的逻辑视图，配置代码如下：

```xml
<struts>
    <package name="com" extends="struts-default">
        <action name="tel" class="com.type.ConverterAction">
            <!-- 配置名为 input 的逻辑视图 -->
            <result name="input">/error.jsp</result>
            <result name="success">/success.jsp</result>
        </action>
    </package>
</struts>
```

在上述代码中配置了一个名为 "input" 的逻辑视图及其对应的物理视图，当类型转换器处理失败后，视图将转向名为 "error.jsp" 的物理视图。若要在该视图中显示错误信息，添加如下的代码：

```
<s:fielderror/>
```

其显示结果如图 6-8 所示。

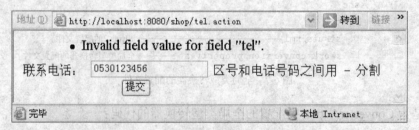

图 6-8　类型转换器提示的错误信息

在错误提示信息页面出现了 "Invalid field value for field "tel"" 这样的提示信息，其中 tel 是 Action 类中的属性名称。

注意：若要实现类型转换器的错误异常处理，Action 类必须要继承 ActionSupport 类。

在图 6-8 所示页面中错误提示信息是英文字符，而在开发过程中经常需要处理的则是中文信息，因此需要将该提示信息转换为中文，Struts 2 提供了解决方法。具体方法为：在"struts.xml"文件中配置一个常量将国际化资源设置为 globalMessage，配置代码如下：

```
<constant name="struts.custom.i18n.resources" value="globalMessages"/>
```

之后在与"struts.xml"文件相同目录下创建一个名为"globalMessages.properties"的国际化资源文件，在其中添加如下的代码：

```
#类型转换器处理错误的中文提示
xwork.default.invalid.fieldvalue=对{0}的类型转换失败了
```

在上述代码中，"xwork.default.invalid.fieldvalue"为<s:filederror />标签所对应的键（key），"对{0}的类型转换失败了"为<s:filederror />标签对应的值（value），其中的{0}表示 Action 类中出现错误的成员变量。

注意：为了防止转换时出现乱码，需要使用 native2ascii 命令来处理国际化资源文件，具体做法请参考本章的 6.4 节。

经过转换以后出现的错误提示信息如图 6-9 所示。

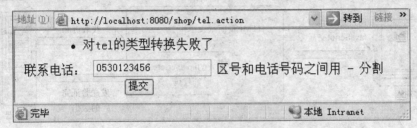

图 6-9　中文错误提示信息

6.3　输 入 校 验

输入校验是指在数据提交给程序处理之前，对数据信息的合法性进行检查，只将合法的数据进行处理，而非法数据则被拒之门外。输入校验是 Web 开发中一项非常重要的组成部分。

6.3.1　输入校验的必要性

目前大多数 Web 应用程序都是基于 B/S(Browser/Server，浏览器/服务器)模式开发的，如图 6-10 所示。

用户在客户端的浏览器中输入信息，通过网络提交到服务器，服务器对接收的信息进行处理并将结果返回给用户（通过浏览器输出结果）。要想保证这一过程能够顺利执行就必须保证用户提交信息的合法性。这是因为一些用户在无意识的情况下填写不合理的信息（如价格选项里填写带字符串的数据）就提交给服务器，从而加重服务器的负担，或者填写一些非法数据蓄意攻击，给服务器带来一定的安全隐患。因此，为了确保数据信息的有效性，为了保证 Web 应用的安全性，需要加入输入校验。

图 6-10　B/S 模式图

输入校验分为两部分：客户端校验和服务端校验。

1. 客户端校验

大多数的 Web 应用通常都包含客户端脚本，如 JavaScript，以便在将信息发送到服务器之前校验输入数据的合法性和合理性，如图 6-11 所示。在客户端能完成许多校验功能，以确保输入信息是否满足一定的要求或满足一定的结构，例如，校验输入的文本是否为空，校验输入的文本是否为数字，校验 E-mail 的格式是否正确等。

图 6-11　客户端校验

客户端校验有许多优点：它可以快速地提示用户输入错误，提高响应速度；防止将一些无效数据发送到服务器，从而减轻服务器的负担。

2. 服务端校验

客户端校验固然重要，但是很多时候仅仅基于客户端的校验往往是不够的，因为有些数据必须通过程序交给服务器去处理，例如，校验注册的用户名是否存在，校验登录的密码是否正确等。另一个原因就是如果用户浏览器禁用了脚本执行，客户端校验就会失效。

服务器校验相比较客户端校验而言，其优点是安全性更高一些，在服务器端做的安全性校验通常包括：

- 限制错误登录的次数：只要账号输入指定次数的错误密码，该账号将被锁定，在一定时间内不能使用。
- 使用访问来源校验：防止非法用户在自已的网站或电脑上生成 Session 骗过安全校验。
- 日志：使用日志记录来更好地发现和修补漏洞。
- 禁用特殊字符：防止 SQL 注入等。
- 其他：字符数限制和一些格式要求等。

服务器校验的缺点是执行效率通常都比较低，这是因为每次校验都会进行一次网络调用，从而加重了服务器的负担；如果响应时间过长，特别是用户向服务器发送了大量校验请求，服务器因此拥塞时，用户等待的时间更长。

6.3.2　编程方式实现输入校验

编程方式实现输入校验其实指的是在 Action 类中手动创建校验数据的代码。

1．在 execute()方法中实现校验

将校验代码放入 execute()方法中，当 Action 执行时相关的校验代码也被执行，如果出现错误将通过 addFieldError()或 addActionError()方法抛出错误信息，同时在 JSP 页面中获取错误信息。

下面通过一个用户注册程序介绍如何实现数据校验，具体步骤如下。

（1）注册页面实现

注册页面如图 6-12 所示，在注册页面中当输入信息不合法时，程序能够检验出错误并给出提示，如图 6-13 所示。

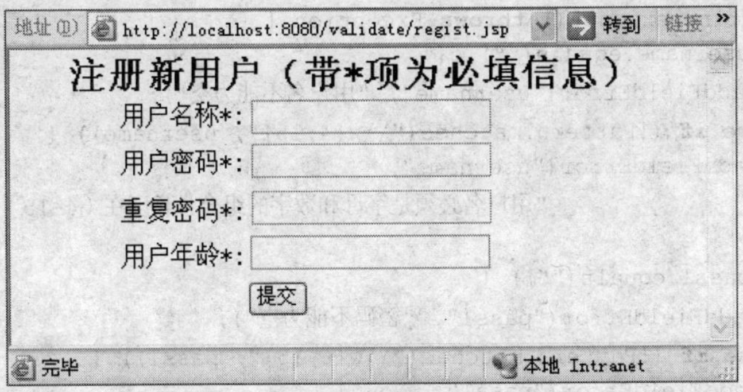

图 6-12　注册页面

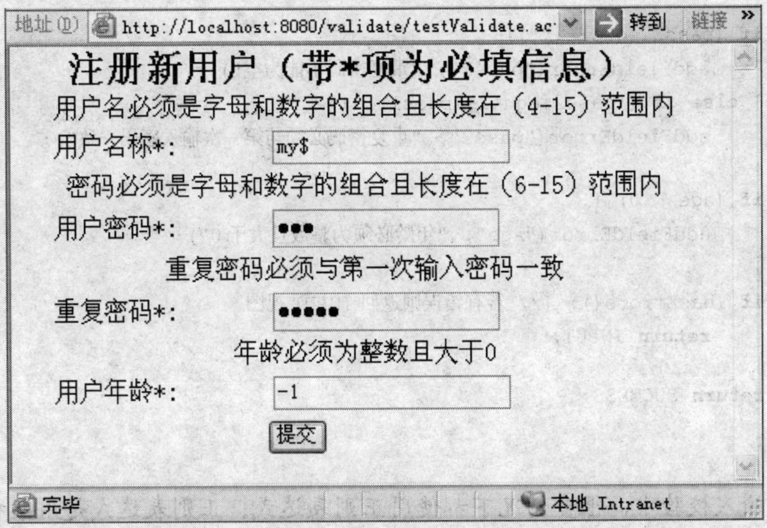

图 6-13　错误提示页面

注册页面的关键代码如下：

```
<h2>注册新用户（带*项为必填信息）</h2>
<s:form action="testValidate">
    <s:textfield name="username" label="用户名称" required="true"/>
    <s:password name="pass1" label="用户密码" required="true"/>
```

```
            <s:password name="pass2" label="重复密码" required="true"/>
            <s:textfield name="age" label="用户年龄" required="true"/>
            <s:submit value="提交"/>
    </s:form>
```

（2）Action 实现

在 Action 类的 execute()方法加入校验代码，并将错误提示信息通过 addFieldError()方法抛出，实现代码如下：

```java
public class ValidateTest extends ActionSupport {
    private String username;
    private String pass1;
    private String pass2;
    private int age;
    //省略属性的 set、get 方法
    public String execute() throws Exception {
        if (username.equals("")) {
            addFieldError("username", "用户名不能为空");
        } else if (!Pattern.matches("\\w{4,15}", username)) {
            addFieldError("username",
                          "用户名必须是字母和数字的组合且长度在（4-15）范围内");
        }
        if (pass1.equals("")) {
            addFieldError("pass1", "密码不能为空");
        } else if (!Pattern.matches("\\w{6,15}", pass1)) {
            addFieldError("pass1",
                          "密码必须是字母和数字的组合且长度在（6-15）范围内");
        }
        if (pass2.equals("")) {
            addFieldError("pass2", "重复密码不能为空");
        } else if (!pass2.equals(pass1)) {
            addFieldError("pass2", "重复密码必须与第一次输入密码一致");
        }
        if (age < 0) {
            addFieldError("age", "年龄必须为整数且大于 0");
        }
        if (hasErrors()) {// 若有错误则返回 INPUT 视图
            return INPUT;
        }
        return SUCCESS;
    }
}
```

说明：在输入校验中，很多情况下都使用正则表达式。正则表达式是用某种模式去匹配一类字符串的公式。它由一些普通字符（包括大小写的字母和数字）和一些元字符（具有特殊含义的字符）构成，如"\\w{4,15}"。

（3）配置 Action

在"struts.xml"文件中配置名为"input"的逻辑视图，配置代码如下：

```xml
<package name="default" extends="struts-default">
        <action name="testValidate" class="com.validate.ValidateTest">
```

```
                <!-- 配置名为 input 的逻辑视图 -->
                <result name="input">/regist.jsp</result>
                <result name="success">/success.jsp</result>
            </action>
        </package>
```

2. 使用 validate()方法实现校验

Action 类的 execute()方法负责具体的业务逻辑，如果将大量的输入校验代码放在 execute()方法中，不仅会降低程序的可读性，还会增加维护的难度。因此需要将输入校验代码从 execute()方法中移植到 validate()方法中，从而实现校验逻辑与业务逻辑的分离。

下面是改进后的 Action 的代码：

```
public class ValidateTest extends ActionSupport {
    //省略属性及其 set、get 方法
    //在 validate()方法中进行验证
    public void validate() {
        if (username.equals("")) {
            addFieldError("username", "必须输入用户名");
        } else if (!Pattern.matches("\\w{4,15}", username)) {
            addFieldError("username",
                            "用户名必须是字母和数字的组合且长度在（4-15）范围内");
        }
        //省略其他的验证

    }
    public String execute() throws Exception {
        return SUCCESS;
    }
}
```

3. validate*()的使用

在 ActionSupport 类的 Action 中，除了 execute()方法外还可能存在其他业务处理方法。若想对各种不同的方法同时指定不同的校验逻辑，仅仅使用 validate()就显得无能为力了，因为它会对所有方法都执行相同的输入校验。Struts 2 提供了一个更灵活的实现校验的方法 validate*()，其中 "*" 代表了与之匹配的方法名称，并且方法名首字母要大写。通过使用 validate*()可以为不同的方法配置其独立的校验代码，只需将相同的校验逻辑放在 validate()方法即可。

下面是使用 validate*()的 Action 的示例代码：

```
public class ValidateTest extends ActionSupport {
//省略属性及其 set、get 方法    //用于登录
    public String login() {
        return "login";
    }
    //用于注册
    public String regist() {
        return "regist";
    }
    //相同的校验
    public void validate() {
    //省略校验代码
```

```
    }
    //只对 login()方法的请求执行校验
    public void validateLogin() {
        //省略校验代码
    }
    //只对 regist()方法的请求执行校验
    public void validateRegist() {
        //省略校验代码
    }
}
```

通过以上代码，当 Action 调用不同的业务方法，就会执行不同的数据校验。

6.3.3 应用 Struts 2 输入校验框架

在 Action 中通过编码方式虽然可以实现校验，但是在大型应用中，可能会需要大量的输入校验，如果将所有校验逻辑都以编程的方式来实现，那么工作量将是巨大的，并且维护起来也是十分困难。

Struts 2 提供了一个校验框架，利用该框架可使数据校验变得简单。校验框架以一种声明的方式来实现输入校验，它允许将校验代码从 Action 代码中转移到 XML 配置文件中，从而实现简化 Action 代码的目的。并且 Struts 2 将一些常用的校验功能进行了封装，以校验器的形式呈现给用户。当需要实现校验功能时，只需在 XML 配置文件中进行少量配置即可。

Struts 2 提供的常用校验器如表 6-4 所示。

表 6-4 校验器

名　称	可选参数	功　能	报错条件	类　型
required	/	检查字段是否为空	字段为空	字段
requiredstring	trim	检查字段是否为字符串且是否为空	字段非字符串或字段为空	字段
int	min，max	检查字段是否为整数且在[min,max]范围内	字段非整数或超出指定范围	字段
double	min，max	检查字段是否为双精度浮点数且在[min,max]范围内	字段非双精度浮点数或超出指定范围	字段
date	min，max	检查字段是否为日期格式且在[min,max]范围内	字段非日期格式或超出指定范围	字段
expression	/	对指定 OGNL 表达式求值	OGNL 表达式为 false（错误信息添加到 actionError）	非字段
fieldexpression	/	对指定 OGNL 表达式求值	OGNL 表达式为 false（错误信息添加到 fieldError)	非字段
email	/	检查字段是否为 E-mail 格式	字段非电子邮件格式	字段
url	/	检查字段是否为 URL 格式	字段非 URL 格式	字段
visitor	context，appendPrefix	引用指定对象各属性对应检验规则	与指定对象各属性校验规则不符	字段

续表

名　称	可选参数	功　能	报错条件	类　型
conversion	/	检查字段是否发生类型转换错误	未设置类型转换错误拦截器,且字段发生类型转换错误	字段
stringlength	trim，minLength，maxLength	检查字符串长度是否在指定范围内	字符串长度超出指定范围	字段
regex	/	检查字段是否匹配指定正则表达式	字段不匹配指定正则表达式	字段

在 Struts 2 应用中，要使用校验器必须得编写检验规则配置文件。该文件名称为"*-validation.xml"，其中"*"为使用校验器的 Action 的类名，例如，Action 类名为 LoginAction，那么对应的配置文件就应该命名为"LoginAction-validation.xml"。配置文件必须与它所对应的 Action 类文件在同一目录下。下面是检验规则配置文件中的基本代码：

```xml
<?xml version="1.0" encoding="GBK"?>
<!DOCTYPE validators PUBLIC "-//OpenSymphony Group//XWork Validator 1.0.2//EN"
    "http://www.opensymphony.com/xwork/xwork-validator-1.0.2.dtd">
<validators>

<!-- 省略配置校验器的代码 -->

</validators>
```

在检验规则配置文件中配置校验器有两种方式：使用<validator>元素或者使用<field>元素。

1. 使用<validator>元素

<validator>元素允许在其内声明一种字段型或非字段型校验器。示例代码如下：

```xml
<validator type="required">
    <param name="fieldName">urlAddress</param>
    <message> URL 地址不能为空</message>
</validator>
<validator type="url">
    <param name="fieldName">urlAddress</param>
    <message>URL 地址的格式不正确</message>
</validator>
```

在上述代码中，<validator>元素用于声明校验器，其属性 type 的值为校验器的名称；<param>元素用于指定要进行校验的字段，其属性 name 指明校验器的类型：字段型（fieldName）还是非字段型（expression）；<message>元素用于指定校验失败时提示的信息。

2. 使用<field>元素

<field>元素允许在其内声明多个字段型或非字段型校验器，它通过<field-validator>元素来引入要使用的校验器。示例代码如下：

```xml
<field name="urlAddress">
        <field-validator type="required">
            <message> URL 地址不能为空</message>
        </field-validator>
        <field-validator type="url">
```

```
            <message>URL 地址的格式不正确</message>
        </field-validator>
    </field>
```

在上述代码中，<field>元素用于声明校验器，其属性 name 为要进行校验的字段名称；<field-validator>元素用于指定具体的校验器，其属性 type 的值为校验器的名称；<message>元素用于指定校验失败时提示的信息。

说明：应用 Struts 2 校验框架分为客户端校验和服务端校验两种方式，程序采用哪种校验方式取决于<s:form />标签的 validate 属性值的设置。当 validate 属性值为 true 时，程序先执行客户端校验然后执行服务端校验；当 validate 属性值成 false 时或者默认情况下，程序只执行服务端校验。

技巧：在<validator>元素和<field>元素的使用上，更推荐使用<field>元素，因为后一种以待校验字段为核心集中配置校验器，更易于后期的维护管理。

6.3.4 自定义校验器

当校验框架提供的校验器不能满足需求时，Struts 2 还允许自定义校验器。自定义校验器分为以下步骤。

（1）创建校验器类

创建的校验器类需继承 FieldValidatorSupport 类并重写 validate()方法，下面的校验器用于校验输入的整数是否大于 1 并且小于 99，代码如下：

```java
public class NumberRange extends FieldValidatorSupport {
    public void validate(Object obj) throws ValidationException {
        String fieldName = getFieldName();                      // 获得校验字段名称
        Integer number = (Integer) getFieldValue(fieldName, obj);
                                                                //获得输入数据的值
        if (number < 1 || number > 99) {    // 如果获得值小于 1 或者大于 99，添加错误信息
            addFieldError(fieldName, obj);
        }
    }
}
```

说明：创建校验器类的另一种方式是实现 Validator 接口，但是继承 FieldValidatorSupport 类能更加容易地实现校验器的创建。

（2）配置自定义校验器

创建完校验器类以后还需要将该校验器进行相关的配置，其方式为在 classpath 根目录下创建一个名为"validators.xml"的配置文件，下面是配置校验器类 NumberRange 的代码：

```xml
<?xml version="1.0" encoding="UTF-8"?>
<!DOCTYPE validators PUBLIC
        "-//OpenSymphony Group//XWork Validator Config 1.0//EN"
        "http://www.opensymphony.com/xwork/xwork-validator-config-1.0.dtd">
<validators>
    <!-- 省略系统默认校验器配置 -->
    <validator name="numberrange"
        class="com.myValidator.NumberRange"/>
</validators>
```

配置完自定义校验器以后就可在应用中像使用 Struts 2 提供的校验器一样使用自定义校验器了。

注意：当创建 "validators.xml" 文件后，系统将不再从 Struts 2 运行库中的 "validatorsdefault.xml" 文件中读取校验器配置信息，而是从 "validators.xml" 文件中读取。因此，若要使用 Struts 2 提供的校验器，需要在配置 "validators.xml" 文件时加入系统默认校验器。

6.4　国　际　化

国际化是商业系统中重要的组成部分，目前很多跨国的商务需求都需要实现多语言，对用户而言他们始终想看用他们熟悉的语言显示的网站，因此这势必要求开发网站所采用的技术具有国际化的特点。若采用普通的编程方式实现国际化可能需要花费大量的时间和精力，而使用 Struts 2 框架则可以极大地简化程序员在做国际化时所需的工作。

6.4.1　国际化实现原理

国际化即通常所说的 i18n（Internationalization），是指程序能够在不修改内部代码的前提下，根据不同的语言以及地区显示相应的界面。

在了解 Struts 2 的国际化实现原理之前首先介绍下面几个概念。

● 国际化资源文件：要实现国际化，首先应该有存放各种版本语言编写的消息的地方。实际上，这些信息就被存储在多个文本文件中，每个文件对应着一种不同语言的版本。这些文件被称作国际化资源文件。事实上给程序添加国际化，并不是程序就拥有了自动翻译的功能，而是拥有了自动选择国际化资源文件的功能。

● Locale：Java 提供的一个类，对应区域/语言等信息。

● ResourceBundle：Java 提供的一个类，用来加载国际化资源。

● I18nInterceptor：Struts 2 提供的国际化拦截器，负责处理 Locale 相关信息。

Struts 2 的国际化实现原理如下。

（1）在程序运行时会得到当前运行环境的区域/语言信息并将其存放到 Locale 中。

（2）ResourceBundle 根据 Locale 中保存的信息自动搜索对应的国际化资源文件并显示。

（3）当某个 Action 被触发时，i18n 拦截器会先于该 Action 执行。I18n 拦截器会自动检测 Locale 信息，如果 Session 中存在 Locale 信息则将其设置为 Action 的 Locale；如果不存在则把本机默认 Locale 信息设置为 Action 的 Locale，然后会根据设置的 Locale 来寻找对应的国际化资源。

Struts 2 的国际化实现原理图如图 6-14 所示（假设 Locale 中存放的信息为中文）。

初始页面显示的内容取决于用户浏览器默认的语言选项。当没有为程序指定区域/语言信息时，程序会将浏览器默认语言信息存入 Locale 并搜索对应的国际化资源；而当用户选择了语言以后，所选择的信息就会将 Locale 中原有信息覆盖，那么对应选择的国际化资源信息也会改变。

6.4.2　准备国际化资源文件

1. 国际化资源文件的命名

Struts 2 的国际化资源文件以 .properties 结尾，文件名前缀可以任意命名。习惯上命名方式有以下 3 种。

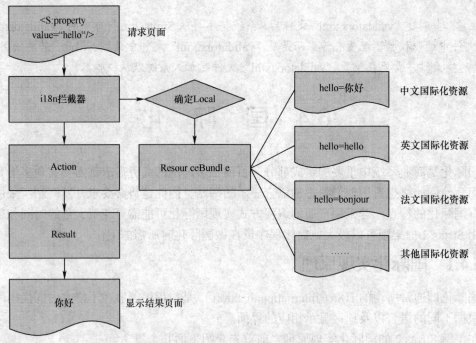

图 6-14　Struts 2 的国际化实现原理图

- 文件名前缀.properties。
- 文件名前缀_语言种类.properties。
- 文件名前缀_语言种类_国家代码.properties。

其中，语言种类字段必须是有效的 ISO（International Standardization Organization，国际标准化组织）语言代码，ISO-639 标准定义的这些代码格式为英文小写、双字符，如表 6-5 所示。

表 6-5　　　　　　　　　　　　　ISO-639 标准常用语言代码

语　言	语言代码	国家代码
汉语（Chinese）	zh	CN
英语（English）	en	US
法语（French）	fr	FR
德语（German）	de	DE
日语（Japanese）	ja	JP
意大利语（Italian）	it	IT

说明：表 6-5 中的语言和代码都是 Java 程序所支持的，若想获得更多 Java 所支持的语言和编码，可以通过 "Locale.getAvailableLocales()" 来实现。

2. 国际化资源文件的内容结构

下面有 3 个国际化资源文件。

汉语的配置文件内容为：

```
hello=你好
```

英语的配置文件内容为：

```
hello=hello
```

法语的配置文件内容为：

```
hello=bonjour
```

从上面 3 段代码中可看出，国际化资源文件的内容结构为 "key=value" 这种形式，"key" 可以任意命名，"value" 则应该是同一信息不同的语言表示，即对于不同语言的配置文件，"key" 都是一致的而 "value" 的内容不同。

注意：在进行国际化处理时，资源文件中包含非西欧字符（如中文），若不进行编码转换页面将会出现乱码。在 JDK 中提供了一个 native2ascii 程序，它可将字符转换为 Unicode 编码形式，实现字符的编码转换。例如，要转换 "sunyang.properties" 文件中的字符，其中的内容为：

```
hello=你好
```

在命令提示符中执行以下命令：

```
native2ascii -encoding GB2312 sunyang.properties sunyang_zh.properties
```

经过 native2asci 命令转换后，就得到一个新的文件 "sunyang_zh.properties"，它的内容如下：

```
hello=\u4f60\u597d
```

3．国际化资源文件的配置

当需要国际化信息较少时，可以将所有的国际化信息都放在一组拥有同样基本名称的配置文件中。但随着模块的增多，信息量也越来越大，如果还将所有信息都放在一组配置文件中，那么管理和维护将变得非常困难。做法是将不同的信息分组管理，这样不仅利于维护也能够提高程序的响应速度。

根据国际化信息的作用范围可以将其分为以下 3 种。

- 全局范围：该资源文件被放置在 WEB-INF/classes 路径下，文件信息可以在整个工程范围内被使用。它在 "struts.xml" 中的配置方式为：

```
<constant name="struts.custom.i18n.resources" value=""/>
```

属性 value 的值为全局范围资源文件的文件名前缀。

- 包范围：该资源文件被放置在对应包的根路径下，且文件名前缀必须为 package，如 "package_zh_CN.properties"、"package_en_US.properties"。该文件内信息可以被该包下的所有 Action 使用。

- Action 范围：该资源文件被放置在对应 Action 类文件的同级目录下，且文件名前缀必须与 Action 类名一致，如 Action 类为 "StudentAction"，那么对应的国际化文件为 "StudentAction_zh_CN.properties"。该文件内信息只能被对应 Action 所使用。

4．国际化资源文件的优先级

在 Struts 2 应用中，对不同范围的资源文件的访问顺序有所不同。优先级越高则越先被访问。各个范围资源文件的优先级如下所示。

● 当 JSP 页面中使用<s:i18n />标签为某个页面单独指定国际化资源文件时，程序会首先在指定文件中搜索匹配资源，若没找到则会去全局范围资源中搜索，若仍未找到，则直接显示要搜索的值。例如，在页面中单独指定了国际化资源文件，引用该资源代码<s:text name="test"/>，当在指定文件中没有找到"key"为"test"的资源时，则去全局资源中搜索，若仍未找到则在页面中直接显示为"test"。

● 初始资源来自于全局范围资源文件。当第一次访问某个页面时，该页面所有国际化信息都来源于全局范围的资源文件。若在全局范围资源中无法找到匹配资源，通过"key"方式获得的国际化资源信息将无法正常显示。

● Action 生命周期中各范围资源文件的优先级如图 6-15 所示。

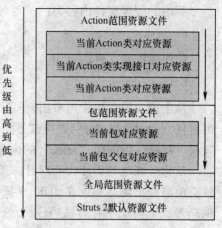

优先级由高到低

图 6-15　Action 生命周期中各范围资源文件的优先级

6.4.3　调用国际化资源文件

Struts 2 提供了不同的方式来获得国际化资源信息。

1. 使用<s:text />标签

<s:text />标签只适用于在 JSP 页面中调用国际化资源。它的使用方式为：

```
<s:text name="welcome"/>
```

在上述代码中，属性 name 的值为国际化资源文件中"key"的值，当 JSP 页面被请求时，<s:text />标签就会输出国际化资源文件中该"key"对应的"value"值。如果没有找到该"key"，页面将会直接显示 name 的值，即 welcome。

2. 使用标签的 key 属性

Struts 2 中的多数标签都提供了一个属性"key"，例如：

```
<s:textfield key="name"/>
<s:password key="password"/>
```

在上述代码中，标签的 key 属性的值为国际化资源文件中"key"的值。当在标签中使用 key 属性时，即可实现国际化。

注意：在使用标签的 key 属性来实现国际化时，需注意以下两点。

● 保证该标签支持 key 属性。

● 标签或者标签所在 form 的 theme 属性不能设置为"simple"，否则 key 属性对国际化信息的引用将会失效。

3. 使用 getText()方法

标签只能在 JSP 页面中使用，而 getText()方法在 JSP 页面和程序中都可实现国际化。例如，在 JSP 页面中使用标签实现国际化的方式为：

```
<s:text name="welcome"/>
<s:textfield key="name"/>
```

使用 getText()方法则是下面的方式：

```
<s:property value="%{getText('welcome')}"/>
<s:textfield label="%{getText('name')}"/>
```

在上面代码中使用 "%{getText('key')}" 这种形式实现国际化，其中 getText()方法的参数为国际化资源文件中 "key" 的值。

很多情况下要通过 Action 类来输出错误提示信息，此时就可使用 getText()方法来实现国际化，示例代码如下：

```
addActionError(getText("error"));
```

不仅仅在 Action 类中，校验文件 "*-validation.xml" 中同样也可使用 getText()来实现校验信息的国际化。示例代码如下：

```
<field name="name">
    <field-validator type="requiredstring">
        <param name="trim">true</param>
        <message>${getText("error.name.null")}</message>
    </field-validator>
</field>
```

在上述代码中使用 "${getText("error.name.null")}" 来实现校验信息的国际化，其中 "error.name.null" 为国际化资源文件中 "key" 的值。

6.5　上传和下载

文件上传和下载是 Web 应用的重要组成部分。文件上传其实就是将文件从本地计算机传递到远程计算机，从而达到在网络中共享的目的。下载则是上传的逆向过程，它将远程计算机中的文件下载到本地磁盘中。

6.5.1　文件上传的实现原理

在一个 Web 工程中，要实现文件的上传，首先要把表单上传数据的编码方式设置为二进制数据方式，这就要用到表单的 enctype 属性，该属性接受 3 个值。

● application/x-www-form-urlencoded：这是默认值，它代表的方式适用范围比较广泛，只要是能输出网页的服务器端环境都可以。但是，在向服务器发送大量的文本、包含非 ASCII 字符的文本或二进制数据时这种编码方式效率很低。

● multipart/form-data：上传二进制数据，使用该值即可完整的传递文件数据，进行上传的操作。

● text/plain：主要适用于发送电子邮件的应用。

要进行上传操作，需要将 enctype 属性值设置为 "multipart/form-data"，这样在服务器中得到的上传数据才能用二进制传递。之后在类中设置一个输入流来获取页面传过来的文件信息，再用一个输出流将这个文件写入服务器的内存中，这样就完成了文件的上传。

6.5.2 Struts 2 文件上传实现方式

对于文件上传，Struts 2 并没有一个单独的请求解析器来处理 "multipart/form-data" 类型的请求，而是对原有的请求解析器进行了一些封装，来处理页面的表单域，从而使得文件上传可以被更加简单的实现。

在 Struts 2 的运行库 "struts2-core-xxx.jar"（xxx 为版本号）中包含一个名为 "struts.properties" 的文件，Struts 2 通过该文件来配置上传解析器，"struts.properties" 文件中的代码如下：

```
# struts.multipart.parser=cos
# struts.multipart.parser=pell
struts.multipart.parser=Jakarta
```

由上述代码中可知，Struts 2 默认使用的上传解析器是 Jakarta 提供的 Conmmon-FileUpload 框架，因此 Struts 2 实现上传时所用的运行库就是 Conmmon-FileUpload 框架所必需的 "Common-FileUpload-xxx.ja" 和 "commons-io-xxx.jar" 这两个文件。如果想使用其他上传解析器，只需修改常量 "struts.multipart.parser" 的值即可。

说明：Common-FileUpload 是 apache 的一个开源项目，是由 jakarta 项目组开发的一个功能强大的上传文件框架，可到官方网站 http://jakarta.apache.org/ 获取最新版本。

Struts 2 文件上传的实现方式分为两种：单文件上传和多文件上传。

1. 单文件上传

下面将通过一个上传图片的例子介绍如何实现单文件上传，具体步骤如下。

（1）实现文件上传界面

文件上传界面中主要用于上传图片文件，如图 6-16 所示。在该界面中包含一个标识图片的图片名称和上传文件的完整路径。

图 6-16　文件上传界面

文件上传界面的关键代码如下：

```
<s:form action="upload" enctype="multipart/form-data" method="post">
    <h3>上传图片</h3>
    <s:textfield name="title" label="图片名称" value=""/>
    <s:file name="pic" label="上传路径"></s:file>
    <s:submit value="开始上传"/>
</s:form>
```

注意：在进行文件上传操作时，需保证 form 表单的 enctype 属性值为 "multipart/form-data"。

（2）实现文件上传的 Action 类

用于文件上传的 Action 类中封装了与上传文件相关的属性，它的实现代码如下：

```java
public class UploadAction extends ActionSupport {
    private String title;           // 上传文件标题
    private File pic;               // 上传文件
    private String picContentType;  // 上传文件类型
    private String picFileName;     // 上传文件名
    private String savePath;        // 上传文件保存路径
    public void setSavePath(String savePath) {
        this.savePath = savePath;
    }
    // 返回文件上传路径
    private String getSavePath() {
        HttpServletRequest request = ServletActionContext.getRequest();
        return request.getRealPath(savePath);
    }
    //省略其他属性的 set、get 方法
    public String execute() throws Exception {
        setSavePath("");                // 将上传文件存储路径设为空
        FileOutputStream fos = new FileOutputStream(getSavePath() + "\\"
                + getPicFileName());    // 以上传文件存放路径和原文件名建立一个输出流
        FileInputStream fis = new FileInputStream(getPic());
                                        // 以上传文件建立一个输入流
        byte[] buffer = new byte[1024];
        int len = 0;
        while ((len = fis.read(buffer)) > 0) {
            fos.write(buffer, 0, len);  // 将上传文件写入到输出流所对应的文件中
        }
        return SUCCESS;
    }
}
```

对上述代码中各个属性的介绍如下。

● title：用于封装用户在名为 "title" 的文本框中输入的数据。

● pic：用于封装用户在名为 "pic" 的文件输入框中输入的数据，它是 File 类型的。

● picContentType：用于封装文件类型，它是 Struts 2 提供的一个属性，命名方式为 "*ContentType"，其 "*" 为 File 类型的成员变量名，上述例子中 "*" 为 pic。

● picFileName：用于封装文件名称，和 picContentType 类似，它也是 Struts 2 提供的一个属性，命名方式为 "*FileName"，其 "*" 为 File 类型的成员变量名，上述例子中 "*" 为 pic。

● savePath：用于设置上传文件在服务器中存放的路径。在上述代码中，先将该属性的值设置成空，即把上传的文件保存在 Web 应用的根路径下。然后在这个路径上，用上传文件的原文件名建立一个输出流。再将上传文件内容放入一个输入流中。最后，将这个输入流的内容逐一取出写入输出流中。

（3）配置 Action 类和 "web.xml" 文件

配置文件上传的 Action 类与配置普通的 Action 相似，配置的关键代码如下：

```xml
<package name="com" extends="struts-default">
    <action name="upload" class="com.upload.UploadAction">
        <result name="success">/success.jsp</result>
    </action>
</package>
```

在"web.xml"文件中配置 Struts 2 的核心拦截器，配置的关键代码如下：

```xml
<filter>
    <filter-name>Struts2Filter</filter-name>
    <filter-class>org.apache.struts2.dispatcher.FilterDispatcher</filter-class>
</filter>
<filter-mapping>
    <filter-name>Struts2Filter</filter-name>
    <url-pattern>/*</url-pattern>
</filter-mapping>
```

（4）显示上传文件信息

上传文件成功以后，视图将转向显示上传文件信息的页面，如图 6-17 所示。

图 6-17　显示文件上传信息

显示上传文件信息使用的是<s:property />标签，显示文件上传信息页面的关键代码如下：

```html
<h3> 已完成图片上传 </h3>
图片名称: <s:property value="title"/>
图片: <img src="<s:property value="picFileName"/>">
```

2. 多文件上传

Web 应用中经常会遇到需要同时上传多个文件的情况，如图 6-18 所示。对于这种情况，可以对每个文件上传文本框设置不同的 name 属性值，然后使用单文件上传的方式逐一处理，但是，当需要同时上传的文件数量非常大时，这种做法是十分繁琐的。合理的做法是给每个文件域提供相同的 name 属性值，然后在 Action 类中使用数组或者 List 类型将上传的文件封装，再进行处理。

图 6-18　多文件上传

在 Action 类中使用数组的方式进行多文件上传，示例代码如下：

```java
public class UploadAction extends ActionSupport {
    private File[] pic;                    // 上传文件
    private String[] picContentType;       // 上传文件类型
    private String[] picFileName;          // 上传文件名
```

```
private String savePath;                    // 上传文件保存路径
public void setSavePath(String savePath) {
    this.savePath = savePath;
}
// 返回文件上传路径
private String getSavePath() {
    HttpServletRequest request = ServletActionContext.getRequest();
    return request.getRealPath(savePath);
}
//省略其他属性的 set、get 方法
public String execute() throws Exception {
    File[] files = getPic();                        // 将页面上传的文件封装成一个数组
    setSavePath("");                                // 设置上传文件存放的相对路径
    for (int i = 0; i < files.length; i++) {// 用 for 循环将数组中所有文件取出来逐一上传
        FileOutputStream fos = new FileOutputStream(getSavePath() + "\\"
                + getPicFileName()[i]);
        FileInputStream fis = new FileInputStream(files[i]);
        byte[] buffer = new byte[1024];
        int len = 0;
        while ((len = fis.read(buffer)) > 0) {
            fos.write(buffer, 0, len);
        }
    }
    return SUCCESS;
}
}
```

另一种实现多文件上传的方式就是使用在 Action 中使用 List 对象，示例代码如下：

```
public class UploadAction extends ActionSupport {
    private List<File> pic;                      // 上传文件
    private List<String> picContentType;         // 上传文件类型
    private List<String> picFileName;            // 上传文件名
    private String savePath;                     // 上传文件保存路径
    public void setSavePath(String savePath) {
        this.savePath = savePath;
    }
    // 返回文件上传路径
    private String getSavePath() {
        HttpServletRequest request = ServletActionContext.getRequest();
        return request.getRealPath(savePath);
    }
    //省略其他属性的 set、get 方法
    public String execute() throws Exception {
        File[] files = getPic();                        // 将页面上传的文件封装成一个数组
        setSavePath("");                                // 设置上传文件存放的相对路径
        for (int i = 0; i < files.size(); i++) {// 用 for 循环将数组中所有文件取出来逐一上传
            FileOutputStream fos = new FileOutputStream(getSavePath() + "\\"
                    + getPicFileName().get(i));
            FileInputStream fis = new FileInputStream((File)files.get(i));
            byte[] buffer = new byte[1024];
            int len = 0;
```

```
        while ((len = fis.read(buffer)) > 0) {
            fos.write(buffer, 0, len);
        }
    }
    return SUCCESS;
    }
}
```

3. 拦截上传文件

为了保证系统的安全性，应禁止用户上传携带病毒的文件；为了节省服务器空间，应禁止用户上传大容量的文件。基于这两点原因，当用户上传文件时应对其进行控制。

Struts 2 控制文件上传提供的拦截器名称为"fileUpload"，因此要限制用户上传文件，只需为 Action 配置该拦截器即可。示例代码如下：

```
<action name="upload" class="com.upload.UploadAction">
    <!--声明 Action 使用的拦截器 fileUpload-->
    <interceptor-ref name="fileUpload">
        <!-- 设置允许上传的文件类型为 gif 和 jpg -->
        <param name="allowedTypes">image/gif,image/jpeg</param>
        <!-- 设置允许上传文件大小，最大为 20k -->
        <param name="maximumSize">20480</param>
    </interceptor-ref>
    <!-- 配置 Struts 2 的默认拦截器栈 -->
    <interceptor-ref name="defaultStack" />
    <!-- 上传失败时返回的视图页面 -->
    <result name="input">/upload.jsp</result>
    <result name="success">/success.jsp</result>
</action>
```

在上述代码中，属性 name 值为"allowedTypes"的<param>元素用于指定允许上传的文件类型，该元素允许有多个参数值，多个值之间分别用","分割。属性 name 值为"maximumSize"的<param>元素用于指定允许上传文件的大小，文件大小以字节为单位。

当上传失败后，视图将转向逻辑名称为"input"的视图界面，在该逻辑视图对应的物理视图中使用<s:fielderror />标签即可输出上传失败的原因，如图 6-19 所示。

图 6-19　上传失败页面

在图 6-19 中，错误提示信息是 Struts 2 默认提供的英文字符，如果需要将其转换为中文字符，可在国际化资源文件中配置以下代码：

```
#上传文件类型错误的提示
struts.messages.error.content.type.not.allowed=上传的文件类型错误
#上传文件太大的错误提示
```

```
struts.messages.error.file.too.large=上传文件太大
#上传文件的未知错误提示
struts.messages.error.uploading=上传时出现未知错误
```

在上述代码中，若前两种类型的错误未被定义，无论出现何种异常，都将出现第三种类型的错误提示，即"上传时出现未知错误"。

6.5.3　Struts 2 文件下载实现方式

对命名为西欧字符的文件进行下载是一件非常容易的事情，只需给出一个链接，指向要下载的文件即可。

对于名称中包含像中文这样非西欧字符的文件，在页面上使用超链接直接进行下载会导致下载失败。Struts 2 针对这个问题提供了它自己的解决方式。图 6-20 演示了 Struts 2 中文件下载的流程。

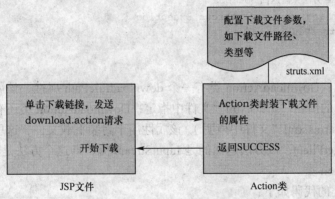

图 6-20　Struts 2 中文件下载的流程

从图 6-20 中可看出，当用户单击下载链接时，下载链接就会指向一个 Action 请求，Struts 2 在配置文件中给该请求设置一些参数，指明所要下载的文件路径和文件名，并在 Action 类中设置这些参数直接返回 SUCCESS，这样即可完成下载过程。

下面将通过一个示例介绍 Struts 2 中如何实现文件的下载，具体步骤如下。

（1）下载页面

下载页面非常简单，只需一个指向下载文件的超链接即可，如图 6-21 所示。

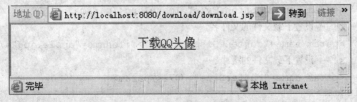

图 6-21　下载页面

在页面中将下载链接设置为指向 Action 的请求，下载页面的关键代码如下：

```
<body>
    <a href="download.action">下载 QQ 头像</a>
</body>
```

（2）实现用于下载的 Action 类

在用于下载的 Action 类中设置被下载文件的路径并提供一个返回输入流的方法，Action 类的代码如下：

```java
public class DownloadAction extends ActionSupport{
    private String downloadFilePath;        // 被下载文件的路径
    // 因为不需要得到文件的路径所以只需要给出它的 set 方法
    public void setDownloadFilePath(String downloadFilePath) {
        this.downloadFilePath = downloadFilePath;
    }
    // 对于上边的文件路径，给出它的输入流，对应在配置文件中的 InputName 属性名
    public InputStream getTargetFile() {
        return ServletActionContext.getServletContext().getResourceAsStream(
                downloadFilePath);
    }
    // execute 方法只需返回 SUCCESS
    public String execute() throws Exception {
        return SUCCESS;
    }
}
```

在上述代码中，DownloadAction 类有一个 downloadFilePath 属性，该属性用于封装被下载文件的路径，它的值在 "struts.xml" 文件中指定；DownloadAction 类还有一个隐含的属性 targetFile（它在 "struts.xml" 文件中声明），该属性用于封装下载文件，这里仅提供了它的一个 get 方法 getTargetFile()，该方法返回的是 InputStream 流，即这个方法是下载文件的入口。

（3）配置 Action 类

配置 Action 类的代码如下：

```xml
<package name="com" extends="struts-default">
    <action name="download" class="com.download.DownloadAction">
        <!-- 对 Action 类中的文件路径参数设定其初始值 -->
        <param name="downloadFilePath">/QQ头像.jpg</param>
        <!-- 设置一个 stream 类型的 result -->
        <result name="success" type="stream">
            <!-- 设置下载文件的输入流属性名 -->
            <param name="inputName">targetFile</param>
            <!-- 设置下载文件的文件类型 -->
            <param name="contentType">image/jpg</param>
            <!-- 设置下载文件的文件名 -->
            <param name="contentDisposition">filename="apple.jpg"</param>
            <!-- 设置下载文件的缓冲 -->
            <param name="bufferSize">3072</param>
        </result>
    </action>
</package>
```

在上述代码中，<action>元素的子元素<param>用于给 Action 类的属性赋值，其 name 属性的值为 "downloadFilePath"，和 DownloadAction 类的属性 downloadFilePath 相对应。<result>元素的 type 属性的值为 "stream"，说明返回的结果类型为一个流。<result>元素的各个参数说明如下。

● contentType：用于指定下载文件的类型，它与下载无太大关联，只是在浏览器识别对于某些特定类型文件的打开方式上起作用。如果不配置该参数，用户下载一个图片类型文件时，浏览器就会先将其下载到硬盘，然后由用户手动打开。如果将这个参数设置为图片类型，用户下载这个图片文件后就会直接在浏览器中将其打开。

● inputName：用于指定在 Action 类中作为输入流的属性名。

● contentDisposition：用于设置下载文件在客户端的一些属性，例如，设置下载文件的默认保存名 fileName，设置时需要携带后缀名，否则将会无法下载。如果将其设置成汉字文件名时，下载后的文件名将为空。

● bufferSize：用于设置下载文件时缓冲区的大小，它是一个可选的参数。

（4）下载结果演示

单击下载链接后将直接在页面中显示下载的文件，如图 6-22 所示。

图 6-22　下载结果

说明：如果在"struts.xml"文件中省略 contentType 参数的配置，单击下载链接后将会出现提示是保存文件还是打开文件信息的对话框。

本 章 小 结

本章主要介绍了如何使用拦截器、拦截器栈，如何自定义拦截器，如何实现各种数据类型之间的转换及类型转换的错误处理，如何使用 Struts 2 的输入校验框架，如何自定义校验框架，如何在 Web 应用中实现国际化，如何实现文件的上传和下载。

下面是本章的重点内容回顾：

● 拦截器是一个实现了一定功能的类，它以一种可插拔的方式，被定义在某个 Action 执行的之前或之后，用来完成特定的功能。

● 自定义拦截器可通过两种方法来实现：实现 interceptor.Interceptor 接口和继承 AbstractInterceptor 类。

● 实现自定义类型转换器有两种方式：继承 DefaultTypeConverter 类和继承 StrutsType Converter 类。

● Struts 2 提供了对类型转换的错误处理。

● 检验规则配置文件名称为"*-validation.xml"，在该文件中配置校验器使用<validator>元素或者<field>元素。

● Struts 2 的国际化资源文件以.properties 结尾，命名方式为"文件名前缀.properties"、"文件名前缀_语言种类.properties"或"文件名前缀_语言种类_国家代码.properties"。

● 在 Struts 2 应用中可使用<s:text />标签、标签的 key 属性、getText()方法这 3 种不同的方式来获得国际化资源信息。

● 要实现文件的上传，需要将表单上传数据的编码方式设置为二进制数据方式，即将表单属性 enctype 的值设置为"multipart/form-data"。

● Struts 2 通过对请求解析器进行封装来实现文件上传。

课 后 练 习

（1）如何部署和添加拦截器？

（2）继承类_____和类_____可实现自定义类型转换器。

（3）在使用<field>元素时，通过_____元素来引入要使用的校验器。

（4）在 Struts 2 应用中如何实现国际化？

（5）在 Struts 2 应用中如何实现文件上传？

第7章
Struts 2 中应用模板语言

近年来，模板技术逐渐成为 Web 开发中的一个热点，模板语言凭借其简单性和强大的功能受到越来越多软件开发人员的重视。在众多模板语言中，Velocity 和 FreeMarker 是其中的佼佼者，二者凭借自身的优势成为目前非常流行的两种模板语言。

Struts 2 采用 FreeMarker 作为其默认的模板技术，对 Velocity 也提供了非常好的支持。通过本章的学习，读者可以对模板语言有一定的了解，并掌握 Struts 2 是如何与二者进行整合的。

7.1　模板语言简介

很多情况下，大量的开发成本都花费在后期维护上，因此开发人员希望应用程序能够实现易维护性。模板技术提供了一种简洁的方式来生成动态的页面，并将业务逻辑和视图进行分离，从而使程序开发人员只专注于编写底层代码，页面设计人员只专注于视图方面的设计。这种方式不仅提高了开发效率，还使得应用程序在长时间运行后依然具有很好的维护性。

那么，模板引擎是如何工作的呢？它的工作原理如图 7-1 所示。

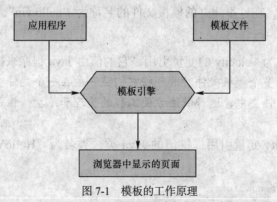

图 7-1　模板的工作原理

在图 7-1 中，应用程序用于提供在视图界面中显示的数据，模板文件用于程序的表现方面，而模板引擎为了让应用程序与模板文件相结合，会提供一系列预先定义好的语法和命令，将应用程序提供的数据和表现逻辑嵌入到模板中指定的位置，输出显示用户在浏览器中看到的页面。

模板的功能是强大的，使用它可生成动态的页面，简化 Web 开发。它所具有的优点包括以下几个方面。

- 分离业务逻辑和视图界面，利于程序员和视图设计者的分工合作，提高开发效率。
- 有利于程序的维护和修改。
- 学习起来简单，不熟悉编程的人也能很快地掌握它。
- 支持缓存技术，实现页面内容静态化。
- 有的模板甚至支持国际化和本地化的编码转换。

7.2 应用 Velocity

Velocity 模板语言简称 VTL，是一个基于 Java 的模板引擎。在一个应用程序中，可以预先使用 Velocity 模板语言设计好模板，开发人员将页面显示的数据放入上下文中，Velocity 引擎将模板和上下文结合起来，然后就可生成动态的网页。使用 Velocity 具有以下几个优点。

- Velocity 是 Apache 软件组织提供的一项开源项目，可以免费下载。
- Velocity 简单，掌握 Velocity 是一件容易的事情。
- Velocity 模板中不包含任何 Java 代码，它将 HTML 技术和复杂的业务逻辑划分出来，能简化 Web 开发。
- Velocity 不仅可以生成 Web 页面，还可以从模板中生成 SQL、PostScript 和 XML，功能强大。
- Velocity 支持模板的国际化编码转换。

7.2.1 Velocity 基础

在学习 Velocity 的基础语法之前，本小节将通过一个简单示例来初步认识 Velocity。具体步骤如下。

（1）在 Ecplise 中新建一个 Java 工程，在工程的根目录下建立 Velocity 模板文件，Velocity 的模板文件以.vm 结尾，在这里建立的模板文件的名称为 "hello.vm"，详细代码如下：

```
hello,$name
```

其中，$name 被称为 Velocity 的变量引用，它的值由 Java 程序来提供。

技巧：当需要建立多个模板文件时，可将它们统一放在一个文件夹中或者按模板功能的不同分别放在不同的文件夹中，这种做法方便工程的管理和维护。但是在调用模板时候需注意路径是否正确。

（2）建立给 Velocity 变量引用提供值的 Java 类，类名为 "HelloVelocity.java"，详细代码如下：

```java
import java.io.StringWriter;
import org.apache.velocity.VelocityContext;
import org.apache.velocity.app.Velocity;
public class HelloVelocity {
    public static void main(String[] args) {
        try {
            Velocity.init();                        //初始化 Velocity 引擎
```

```
    } catch (Exception e) {
        e.printStackTrace();
    }
    VelocityContext context = new VelocityContext();        //初始化 Velocity 上下文
    context.put("name", "Velocity");                        //把数据填入上下文
    StringWriter writer = new StringWriter();
    try {
        //把模板和上下文结合起来
        Velocity.mergeTemplate("hello.vm", "ISO-8859-1", context, writer);
    } catch (Exception e) {
        e.printStackTrace();
    }
    System.out.println(writer.toString());                  //控制台上输出
    }
}
```

在上述代码中，通过 context.put("name", "Velocity")将数据放入上下文中，其中“name”是 Velocity 模板中变量引用的名称，“Velocity”是变量引用的值。

Velocity.mergeTemplate("hello.vm", "ISO-8859-1",context,writer)则是将模板和上下文结合起来，其中“hello.vm”是第一步中建立的模板文件的名称，“ISO-8859-1”是模板文件使用的字符集编码格式，若需要支持汉语，可将其设置为“gb2312”。

说明：本工程需引入的 jar 文件是 velocity-dep-1.5.jar。

（3）运行类 HelloVelocity，程序的运行结果如图 7-2 所示。

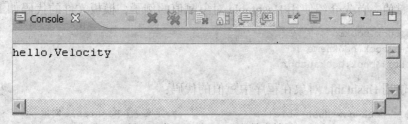

图 7-2　类 HelloVelocity 的输出结果

简单了解完 Velocity 模板以后，接下来将介绍 Velocity 的基础语法。

1．Velocity 的注释

在 Velocity 模板中包括以下两种注释。

（1）单行注释：以##开头。

（2）多行注释：以#*开始，以*#结束。

下面是使用注释的例子：

```
##这是单行注释
#*
这是多行注释
这是多行注释
*#
```

2．Velocity 的引用

Velocity 引用的作用是为了在模板中显示动态的内容。在 Velocity 中，引用分为变量引用、

属性引用和方法引用，下面将分别介绍这 3 种引用。

（1）变量引用

变量引用由$和 VTL 标识符组成，VTL 标识符必须以字母开头，其余字符可以是字母（a...z 、A...Z）、数字（0...9）、连字符（-）或下划线（_）。

下面是变量引用中的几种命名方式：

```
$username
$user-name
$user_name
$number1
```

变量引用有两种赋值方式：一种是在 Java 程序中赋值，该赋值方式在前面的例子所使用；另一种是使用 set 指令赋值，该赋值方式其实是在模板中直接给变量引用赋值，下面是使用 set 指令赋值的例子：

```
#set($username="sunyang")
hello,$username
```

（2）属性引用

属性引用是由$、点号（.）和 VTL 标识符组成的，下面是使用属性引用的例子：

```
$country.china
$user.age
```

和变量引用一样，属性引用也有两种赋值方式：一种是使用 Hashtable 对象赋值；另一种是使用方法赋值。首先介绍使用 Hashtable 对象赋值的例子，模板文件的代码如下：

```
bookid:$book.bookid
bookname:$book.bookname
bookauthor:$book.bookauthor
```

下面是使用 Hashtable 对象在程序中赋值的代码：

```
Hashtable book=new Hashtable();           //定义一个 Hashtable 对象
                                          //将数据放入 Hashtable 中
book.put("bookid",21);
book.put("bookname","Struts 2 框架");
book.put("bookauthor", "xwei");
context.put("book", book);                //将 Hashtable 对象放入 Velocity 上下文中
```

属性引用的另一种赋值方式是方法赋值，下面是使用方法赋值的例子，模板文件的代码如下：

```
bookid:$book.bookid
bookname:$book.bookname
bookauthor:$book.bookauthor
```

创建名称为"Book.java"类文件,它有 3 个私有属性,分别为 bookid,bookname,bookautor,该类的具体代码如下：

```
public class Book {
    private int bookid;
    private String bookname;
    private String bookauthor;
    public int getBookid() {
```

```
        return bookid;
    }
    public void setBookid(int bookid) {
        this.bookid = bookid;
    }
    public String getBookname() {
        return bookname;
    }
    public void setBookname(String bookname) {
        this.bookname = bookname;
    }
    public String getBookauthor() {
        return bookauthor;
    }
    public void setBookauthor(String bookauthor) {
        this.bookauthor = bookauthor;
    }
}
```

使用方法赋值的代码如下：

```
Book book=new Book();
book.setBookid(21);
book.setBookname("Struts 2 框架");
book.setBookauthor("xwei");
context.put("book", book);                        //将 Book 对象放入上下文中
```

（3）方法引用

方法引用由$、VTL 标识符和方法体组成，下面是使用方法引用的例子：

```
$book.getBookid()
$book.setBookname("学习教材")
```

在上述代码中，$book.getBookid()这种形式和属性引用中的方法赋值是一样的，而
"$book.setBookname("学习教材")"这种形式则是给属性 bookname 赋值。

3．Velocity 的指令

在 Velocity 中，引用用来输出动态内容，而指令则是用来控制页面的外观和内容的，下
面将分别介绍 Velocity 的各个指令。

（1）给引用赋值的 set 指令

set 指令用于给变量引用或属性引用赋值，它的语法格式如下：

```
#set(name=value)
```

参数说明：

● name 参数：该参数必须是变量引用或属性引用。

● value 参数：该参数可以是变量可以是变量引用、属性引用、方法引用、字符串、数
字、ArrayList 或算术表达式。

使用 set 指令的示例如下：

```
#set($monkey = $bill)                             ##变量引用
#set($monkey.Blame = $whitehouse.Leak )           ##属性引用
#set($monkey.Plan = $spindoctor.weave($web))      ##方法引用
#set($monkey.Friend = "monica" )                  ##字符串
#set($monkey.Number = 123 )                       ##数字
```

```
#set($monkey.Say = ["Not", $my, "fault"] )                    ##ArrayList
#set($number = $foo + 1 )                                     ##算术表达式加法
#set($number = $bar - 1 )                                     ##算术表达式减法
#set($number = $foo * $bar )                                  ##算术表达式乘法
#set($number = $foo / $bar )                                  ##算术表达式除法
```

当 value 值为字符串时，需用单引号或双引号包围起来。用单引号和双引号之间有所不同，用双引号的引用会替换成相应的值，而用单引号的引用则输出源代码。代码如下：

```
#set($directoryRoot = "www" )
#set($domain= "sunyang.net.cn" )
#set($mydomain1 = "$directoryRoot.$domain")
#set($mydomain2 = '$directoryRoot.$domain')
$mydomain1
$mydomain2
```

程序的输出结果如图 7-3 所示。

图 7-3　两种引号的不同输出结果

当 value 值为 ArrayList 时，要访问其中的元素可通过以下的形式：

```
#set($monkey.Say = ["Not",$my,"fault"])
$monkey.Say.get(0)
$monkey.Say.get(1)
```

（2）进行条件控制的 if/elseif/else 指令

if/elseif/else 指令类似于 Java 语言中的 if…elseif…else 指令，可进行条件控制，它的语法格式如下：

```
#if(condition)
 ...
#elseif(condition2)
 ...
#else
 ...
#end
```

使用 if/elseif/else 指令的例子如下。

```
#set($type="sunyang")
#if($type=="sunyang")
金牌会员
#elseif($type=="common")
普通会员
#else
游客
```

```
#end
```

（3）进行遍历循环的 foreach 指令

foreach 指令可用于进行遍历循环，它的语法格式如下：

```
#foreach(Loop)
...
#end
```

foreach 指令可进行循环的对象有 Vector、Hashtale 和 Array，下面是使用 foreach 指令的例子，具体代码如下：

```
#foreach($book in $booklist)
$book
#end
```

（4）可包含文件的 include 指令

使用 include 指令可将一个本地文件导入到模板中指定的位置，可一次导入一个本地文件，也可一次导入多个本地文件，导入多个文件时，文件名之间用逗号分开。使用 include 指令包含文件时，文件名还可用引用变量代替。include 指令的语法格式如下：

```
#include("file")                                    ##包含一个文件
#include("file1", "file2", …, "fileN")              ##包含多个文件
```

使用 include 指令的的例子如下：

```
#include("main.html")
#include("top.html", $main, $footer)
```

说明：使用 include 包含的文件不会被 Velocity 解析。

（5）可包含文件的 parse 指令

使用 parse 指令可导入一个包含 VTL 的本地文件，和使用 include 不同，使用 parse 指令导入的文件会被 Velocity 解析，而且它只能一次导入一个文件，该指令的语法格式如下：

```
#parse ("file")
```

使用 parse 指令的例子如下：

```
#parse ("index.vm")
#parse ($main)
```

说明：使用 parse 指令包含的文件必须放在 TEMPLATE_ROOT 目录下。

（6）停止执行的 stop 指令

stop 指令经常被使用在调试过程中，它可停止模板引擎的执行并返回，语法格式如下：

```
#stop
```

（7）定义宏的 macro 指令

宏是一段可重复使用的 VTL 片段，它使用 macro 指令定义，语法格式如下：

```
#macro (macroname param1 param2 …paramN)
...
#end
```

macroname 是定义的宏的名字，param1 到 paramN 是宏的参数。定义完宏就可在模板中使用 macroname 宏了，使用 macroname 宏的语法格式如下：

```
# macroname(param1, param1 param2 …paramN)
```

下面举一个宏的例子，首先是定义宏，定义宏的代码如下：

```
#macro(tablerows $color $somelist )
#foreach($something in $somelist )
<tr>
  <td bgcolor=$color>$something</td>
</tr>
#end
#end
```

在上面代码中，定义了一个名为 tablerows 的宏，它有两个参数：$color 和$somelist。定义完宏之后在模板中使用该宏。使用 tablerows 宏的代码如下：

```
#set($greatlakes=["Superior","Michigan","Huron","Erie","Ontario"]
#set($color = "blue")
<table>
#tablerows($color $greatlakes)
</table>
```

4．Velocity 的其他特性

Velocity 的其他特性包括以下几种。

（1）数学运算

Velocity 提供了数学运算功能，这是通过 set 指令来实现的。下面是 Velocity 模板中数学运算的例子：

```
#set($number = $sum + 6.8)
#set($number = $sum - 10)
#set($number = $sum * 9)
#set($number = $sum/13)
#set($number = $sum%2)
```

（2）范围操作

范围操作的格式如下：

```
[n..m]
```

其中，n 和 m 必须是整数。范围操作通常与 set 指令和 foreach 指令一起使用，否则会被解析成普通的字符串，下面是范围操作的例子：

```
#set($sum=[0..2])
#foreach($number in $sum)
$number
#end
$sum
[0..2]
```

程序运行结果如图 7-4 所示。

（3）字符串连接

Velocity 的字符串连接非常简单，只需将需要连接的字符串放在一起就可以了，下面是字符串连接的例子：

```
#set($firstname="George")
#set($lastname="Bush")
```

```
#set($name="$firstname$lastname")          ##连接后赋给一个引用变量
he name is $firstname$lastname
he name is $name
```

图 7-4　范围操作的运行结果

要将字符串与引用连接需要使用一种引用符：${ }。该引用符在 Velocity 中称为正式引用符，下面是字符串与引用连接的例子：

```
#set($firstname="George")
he name is ${firstname}Bush
```

7.2.2　Struts 2 对 Velocity 的支持

Struts 2 本身对 Velocity 提供了很好的支持，只需要经过简单的配置，就可以在程序中使用 Velocity 了，根本无需与 Velocity 的 API 打交道。下面将通过一个问候程序来演示如何使用 Velocity 作为 Struts 2 的视图。具体步骤如下。

（1）创建一个 Web 工程，并将 Velocity 模板中所涉及的类导入到该工程下，其中本工程所需的 jar 文件如图 7-5 所示。

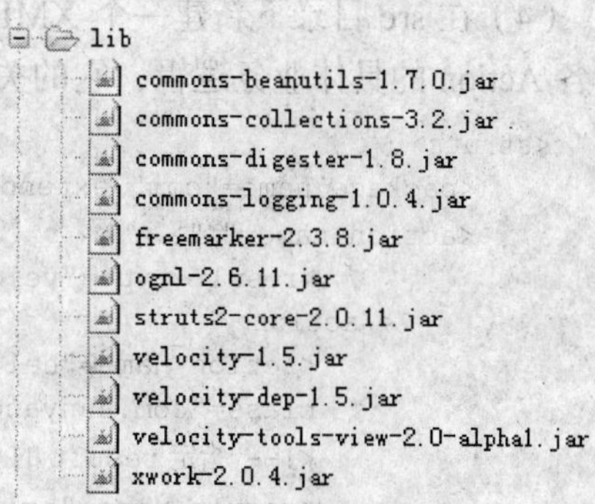

说明：velocity-tools-view-2.0-alpha1.jar 中包含程序所需要的工具类，但是这个 jar 文件并未包含在 Velocity 的源代码中，需重新下载。

```
lib
    commons-beanutils-1.7.0.jar
    commons-collections-3.2.jar
    commons-digester-1.8.jar
    commons-logging-1.0.4.jar
    freemarker-2.3.8.jar
    ognl-2.6.11.jar
    struts2-core-2.0.11.jar
    velocity-1.5.jar
    velocity-dep-1.5.jar
    velocity-tools-view-2.0-alpha1.jar
    xwork-2.0.4.jar
```

图 7-5　工程所需的 jar 文件

（2）创建名称为 "hello.vm" 的模板文件，在该模板文件生成的页面文件中，允许用户在文本框中输入用户名，单击按钮后在该页面显示一句问候语，它的详细代码如下：

```
<html>
    <head>
        <title>问候程序</title>
    </head>
    <body>
        #if($name)
            你好，$name
        #end
        <form action="helloVelocity.action" method="post">
            输入问候人的名字：
```

```
        <input type="text" name="username">
        <br>
        <input type="submit" name="submit" value="提交" />
    </form>
</body>
</html>
```

（3）创建名称为"HelloAction.java"类文件，类 HelloAction 用于接收用户请求并将响应结果返回给客户端，它的详细代码如下：

```java
public class HelloAction implements Action {
    private String username;
    public String getUsername() {
        return username;
    }
    public void setUsername(String username) {
        this.username = username;
    }
    public String execute() throws Exception {
        ActionContext ctx = ActionContext.getContext();
        if (this.getUsername().equals("")) {
            ctx.put("name", "请输入问候人的名字");
        } else {
            ctx.put("name", this.getUsername());
        }
        return "hello";
    }
}
```

（4）在 src 目录下新建一个 XML 文件，名称为"struts.xml"，该文件用于实现应用程序中各 Action 的具体业务逻辑，它的关键代码如下：

```xml
<struts>
    <package name="com" extends="struts-default">
    <action name="*">
            <result type="velocity">/{1}.vm</result>
        </action>
            <action name="helloVelocity"
            class="com.sunyang.webtier.HelloAction">
            <!-- 指定result的type为velocity -->
            <result name="hello" type="velocity">
                /hello.vm
            </result>
        </action>
    </package>
    <constant name="struts.i18n.encoding" value="gb2312"></constant>
</struts>
```

在上述的配置文件中，只有将 result 元素的 type 属性的值设定为 velocity 类型，Struts 2 才能解析 Velocity 模板。

（5）配置 web.xml 文件，在该文件中配置 Struts 2 的核心拦截器，它的关键代码如下：

```xml
<filter>
    <filter-name>struts2</filter-name>
    <filter-class>
        org.apache.struts2.dispatcher.FilterDispatcher
```

```
        </filter-class>
</filter>
<!-- FilterDispatcher 用来初始化 struts 2 并且处理所有的 Web 请求。 -->
<filter-mapping>
        <filter-name>struts2</filter-name>
        <url-pattern>/*</url-pattern>
</filter-mapping>
```

（6）程序运行后的结果如图 7-6 所示。

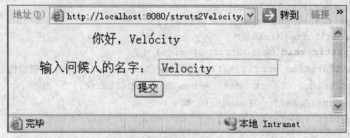

图 7-6　问候程序的演示结果

7.3　应用 FreeMarker

FreeMarker 是一个基于 Java 的模板引擎，它被用来设计生成 Web HTML 页面，对采用 MVC 模式设计的应用程序尤为适用。FreeMarker 简化了 Web 应用的开发，使 Java 代码从 Web 页面中分离出来，增强了系统的可维护性。FreeMarker 同时是一个轻量级的组件，与容器无关，它能够生成各种文本，如 HTML、XML、RTF，甚至于 Java 源代码。此外，FreeMarker 还具有以下的几个优点。

- 强大的模板语言：囊括所有常有的指令，使用复杂的表达式以及宏等。
- 通用的数据模型：使用抽象（接口）方式表示对象。
- 智能的国际化和本地化：多种不同语言的相同模板。
- 强大的 XML 处理能力：可访问 XML 对象模型。
- 友好的报错信息：报错信息准确、详细。

7.3.1　FreeMarker 基础

FreeMarker 本身是使用纯 Java 语言编写的一个模板引擎，它采用 MVC 模式设计，允许 Java Servlet 保持图形设计同应用程序逻辑的分离。FreeMarker 的工作原理是模板+数据模型=输出，以此将数据模型中的数据合并到模板并将其输出。下面通过一个示例来演示 FreeMarker 是如何在程序中工作的。具体步骤如下。

（1）在 Ecplise 中新建一个 Java 工程，在工程的根目录下新建一个文件夹 freemarker，在 freemarker 文件夹中创建 FreeMarker 的模板文件，FreeMarker 的模板文件以.ftl 结尾，名称为 hello.ftl，详细代码如下：

```
hello, ${user}
```

在上述代码中，${name}在 FreeMarker 中被称为 Interpolation（插值），实际的值由数据模型提供。

（2）建立完模板文件后，创建给模板提供值的数据模型，创建数据模型的 Java 程序代码如下：

```java
import java.io.IOException;
import java.io.OutputStreamWriter;
import java.util.HashMap;
import java.util.Map;
import freemarker.template.Configuration;
import freemarker.template.Template;
import freemarker.template.TemplateException;
public class HelloFreeMarker {
    public static void main(String[] args) {
        Configuration configuration = new Configuration();//初始化 Configuration
        Map<String, Object> data = new HashMap<String, Object>();
        data.put("user", "FreeMarker");                      //将数据放入 Map 中
        Template template = null;
        try {
            template = configuration.getTemplate("freemarker/hello.ftl");//加载模板
        } catch (IOException e) {
            e.printStackTrace();
        }
        try {
            template.process(data, new OutputStreamWriter(System.out));//输出数据
        } catch (TemplateException e) {
            e.printStackTrace();
        } catch (IOException e) {
            e.printStackTrace();
        }
    }
}
```

在上述代码中，Map 对象 data 就是所建立的数据模型。

（3）运行类 HelloFreeMarker，程序的输出结果如图 7-7 所示。

图 7-7　类 HelloFreeMarker 的输出结果

简单了解了 FreeMarker，接下来介绍 FreeMarker 的基础语法。

（1）FreeMarker 的注释

FreeMarker 的注释以<#--开始，以-->结束。下面是使用注释的例子：

```
<#-- 这是注释部分 -->
```

FreeMarker 的注释还可用在 FreeMarker 的指令和 Interpolation 内部，例如：

```
<h1>欢迎你：${username <#-- 用户名 -->}!
<#list <#-- some comment... --> sequence as <#-- again... --> item >
```

```
</#list>
```

（2）FreeMarker 的指令

FreeMarker 的指令具有对数据的分支控制、循环输出等功能，下面分别介绍 FreeMarker 的各种指令。

① 进行条件判断的 if/elseif/else 指令

FreeMarker 的 if/elseif/else 指令功能上和 Velocity 的 if/elseif/else 指令相同，都是用来对数据的分支进行控制的，而且 if 指令可单独使用。if/elseif/else 指令的语法格式如下：

```
<#if condition>
  ...
<#elseif condition2>
  ...
<#elseif condition3>
  ...
<#else>
  ...
</#if>
```

下面是使用 if/elseif/else 指令的例子：

```
<#assign age=80>
<#if (age>60)>
  老年
<#elseif (age>40)>
  中年
<#elseif (age>20)>
  青年
<#else>
  少年或儿童
</#if>
```

说明：在上面代码中用到了 assign 指令，该指令用于定义变量。

② 进行迭代的 list、break 指令

list 指令用于迭代输出集合元素中的值，break 指令则用于终止循环。list、break 指令的语法格式如下：

```
<#list hash_or_seq as item>
...
<#if item = "itemName">
<#break>
</#if>
...
</#list>
```

在上述代码中，hash_or_seq 可以是集合对象或者 hash 表，甚至还可以是一个返回值为集合对象的表达式，item 是被迭代输出的集合元素。

在 list 指令中有两个隐含的特殊变量。

● item_index：该变量将返回元素在 hash_or_seq 里的索引值。

● item_has_next：该变量类型为 boolean 型，当值为 false 时表明该元素是 hash_or_seq 里的最后一个元素。

使用 list、break 指令的例子如下：

```
<#list ["用户名1","用户名2","用户名3"] as user>
${user_index}:${user}
<#if user = "用户名2">
<#break>
</#if>
<#if user_has_next>
******
</#if>
</#list>
```

③ 进行分支控制的 switch、case、default、break 指令

switch、case、default、break 指令类似于 Java 中的 switch 结构，可用来进行分支控制，它的语法格式如下：

```
<#switch value>
<#case refValue1>
...
<#break>
<#case refValue2>
...
<#break>
...
<#case refValueN>
...
<#break>
<#default>
...
</#switch>
```

switch 指令中至少需要包含一个 case 指令，下面是 switch、case、default、break 指令的例子：

```
<#assign flag=1>
<#switch flag >
    <#case 0>
    春天
<#break>
<#case 1>
    夏天
<#break>
<#case 2>
    秋天
<#break>
<#default>
    冬天
</#switch>
```

④ 可包含文件的 include 指令

include 指令用于包含指定的文件，它的语法格式如下：

```
<#include filename options>
```

filename 指被包含的文件名，options 可省略或者是下面两个值。

- encoding：包含页面时所用的编码格式。
- parse：指定包含文件是否用 FTL 语法解析，默认值是 true。

使用 include 指令的例子如下：

```
<#include "/main.ftl" encoding="GBK" parse=true>
```

⑤ 导入文件的 import 指令

import 指令用于导入指定的模板文件，类似于 Java 中的 import，它的语法格式如下：

```
<#import path as hash>
```

使用 import 指令的例子如下：

```
<#import "/tree.ftl" as tree>
```

⑥ 不处理内容的 noparse 指令

noparse 指令可指定 FreeMarker 不处理被指令包含的内容，它的语法格式如下：

```
<#noparse>
...
<#noparse>
```

使用 noparse 指令的例子如下：

```
<#noparse>
    <#assign number=123>
    <#if (number>60)>
${number}
</#if>
</#noparse>
```

⑦ 可压缩空白空间和空白的行 compress 指令

compress 指令用于压缩空白空间和空白的行。它的语法格式如下：

```
<#compress>
...
</#compress>
```

⑧ 添加与去除表达式的 escape、noescape 指令

escape 指令用于使被 escape 指令包围的 Interpolatioin 自动加上 escape 表达式，而 noescape 指令则用于取消这些表达式。escape、noescape 指令的语法格式如下：

```
<#escape identifier as expression>
    ...
    <#noescape>
    ...
    </#noescape>
    ...
</#escape>
```

使用 escape、noescape 指令的例子如下：

```
<#escape el as el?html>
书名：${bookname}
<#noescape>作者：${bookautor}</#noescape>
价格：${bookprice}
```

```
</#escape>
```

上面代码等同于下面的代码：

```
书名:${bookname?html}
作者:${bookautor}
价格:${bookprice?html}
```

⑨ 定义或隐藏变量的 assign 指令

assign 指令的作用是定义或隐藏变量，所谓隐藏变量是指 assign 定义的变量之前已经存在，使用 assign 定义后，之前变量的值会被当前变量覆盖。assign 指令的语法格式如下：

```
<#assign name=value>
```

assign 指令还可一次定义多个变量，定义多个变量的语法格式如下：

```
<#assign name1=value1 name2=value2 ... nameN=valueN>
```

FreeMarker 允许 assign 指令用 in 子句将定义的变量放入 namespace（命名空间）中，语法如下：

```
<#assign name in namespace>
```

说明：namespace 是对一个 ftl 文件的引用，利用这个名字可以访问到该 ftl 文件的资源。
assign 指令允许将一段输出的文本赋值给定义的变量，语法格式如下：

```
<#assign name>
循环部分输出部分
</#assign>
```

使用 assign 指令将一段输出的文本赋值给定义的变量的例子如下：

```
<#assign u>
<#list ["男","女"] as sex>
${sex_index}:${sex}
</#list>
</#assign>
${u}
```

assign 指令还允许将变量的名称定义为中文，例如下面的代码：

```
<#assign "用户"="欢迎你：访客"/>
${用户}
```

⑩ 定义全局变量的 global 指令

与 assign 指令不同，使用 global 指令定义的变量为全局变量，global 指令的语法格式如下：

```
<#global name>
```

若 global 指令和 assign 指令一起使用，global 指令定义的变量会被 assign 指令所隐藏。

⑪ 设置运行环境的 setting 指令

setting 指令可用来设置系统的运行环境，它的语法格式如下：

```
<#setting name=value>
```

在上述语法格式中，name 可以是以下几个值。

- locale：设置模板所用的国家/语言选项。
- number_format：设置格式化输出数字的格式。
- boolean_format：设置两个 boolean 值的语法格式，默认值是"true，false"。
- date_format, time_format, datetime_format：设置格式化输出日期的格式。
- url_escaping_charset：设置 URL 传递参数的字符集编码格式。
- time_zone：设置格式化输出日期所使用的时区。

下面是使用 setting 指令格式数字的例子：

```
<#assign number=33/>
<#setting number_format="percent"/>
${number}
<#setting number_format="currency"/>
${number}
```

⑫ 可自定义指令的宏指令

宏是一个用户自定义指令，定义完宏后就可以在模板中用"@"来使用宏。在 FreeMarker 中，宏是使用 macro 指令来定义的，定义宏的语法格式如下：

```
<#macro name param1 param2 ... paramN>
    ...
    <#nested loopvar1, loopvar2, ..., loopvarN>
    ...
    <#return>
    ...
</#macro>
```

在上述语法格式中，name 是定义的宏的名称，paramN 是宏的参数，该参数可包含多个。nested 指令用于输出宏的开始和结束标签之间的部分，loopvarN 是 nested 指令中的循环变量，这些变量由 macro 定义部分指定后传给使用的模板。return 指令用于结束宏。

下面举一个宏的简单例子，首先是定义宏，定义宏的代码如下：

```
<#macro book bookname>
    书的名字：${bookname}
</#macro>
```

然后在模板中使用宏，使用宏的代码如下：

```
<@book bookname="西游记"/>
```

宏还可以包含多个参数，下面是一个定义多个参数的宏的例子：

```
<#macro book bookid bookname bookauthor>
    书id: ${bookid}
    书名: ${bookname}
    作者: ${bookauthor}
</#macro>
```

使用包含多个参数的宏时，必须指定全部的参数，使用多个参数的宏的代码如下：

```
<@book bookid=15 bookname="西游记" bookauthor="吴承恩"/>
```

注意：宏的参数是局部变量，只能在宏定义中有效。当使用宏时，参数必须赋值或有默认值，有多个参数时，参数的次序可任意调整。

nested 指令可输出宏开始和结束标签之间的部分，下面是一个使用 nested 指令的例子：

```
<#macro student studentname>
    欢迎你: ${studentname},
    <#nested>
    XXX 学校是一所著名的高校...
</#macro>

<@student studentname="sunyang">
前来参观 XXX 学校,
</@student>
```

上述程序的输出结果如图 7-8 所示。

图 7-8 使用 nested 指令的输出结果

nested 指令还可多次调用,以重复输出宏开始和结束标签之间的部分,例如:

```
<#macro book>
    <#nested>
    <#nested>
    <#nested>
</#macro>

<@book>
    西游记
</@book>
```

nested 指令还可以使用多个循环变量,下面是一个循环变量的例子:

```
<#macro number num>
<#list 1..num as x >
<#nested x, x-1, x==num>
</#list>
</#macro>

<@number num=4;firstNum,secondNum,lastNum>
${firstNum}: ${secondNum}:
<#if lastNum>循环结束!
</#if>
</@number>
```

上述代码中,在使用宏时使用了 3 个占位符(firstNum,secondNum,lastNum),占位符之间用 "," 分割开,程序的输出结果如图 7-9 所示。

return 指令用于在指定的位置结束宏的执行,下面是一个使用 return 指令的例子:

```
<#macro username>
```

　　这里会被执行
　　`<#return>`
　　这里不会被执行到
`</#macro>`
`<@username/>`

图 7-9　使用多个循环变量的输出结果

（3）FreeMarker 的 Interpolation

在 FreeMarker 中，Interpolation 包括两种：通用 Interpolation 和数字专用 Interpolation，下面分别介绍这两种 Interpolation。

① 通用 Interpolation

通用 Interpolation 的语法如下：

`${expre}`

在上述语法格式中，当 expre 的值是字符串时，会直接在模板中输出表达式结果。当 expre 的值是数字时，其输出格式由 setting 指令指定或通过内建的字符串函数指定，例如下面的代码：

```
<#assign num=25/>
<#--由 setting 指令确定-->
<#setting number_format="percent"/>
${num}
<#--由内建函数格式化确定-->
${num?string.number}
${num?string.percent}
${num?string.currency}
```

当 expre 的值是日期时，其输出格式由 setting 指令指定或通过内建的字符串函数指定，例如下面的代码：

```
<#--由 setting 指令确定-->
<#setting date_format=" yyyy-MM-dd HH:mm:ss zzzz ">
现在的时间：${nowDate?date?string}
<#--由内置的转换格式确定-->现在的时间：${nowDate?datetime?string.short}
现在的时间：${nowDate?datetime?string.long}
<#--自定义日期格式-->
现在的时间：${nowDate?string("EEEE, MMM d,yy")}
```

当 expre 值为 boolean 时，不能直接输出，可以使用内建的字符串函数格式化后再输出，例如：

```
<#assign flag=true>
${flag?string("true","false")}
```

② 数字专用 Interpolation

数字专用 Interpolation 的语法格式如下：

```
#{expre}
```

或者

```
#{expre; format}
```

第二种语法格式可用来格式数字，其中的 format 使用 mN 或 MN 表示，mN 代表小数部分最小 N 位，MN 代表小数部分最大 N 位，下面是格式数字的例子：

```
<#assign x=6.2673>
<#assign y=3>
#{x;m2}
#{x;M2}
#{y;m1}
#{y;M1}
#{x;m1M3}
#{y;m1M2}
```

（4）FreeMarker 的表达式

表达式是 FreeMarker 模板中非常重要的组成部分，几乎在任何地方都可以使用复杂表达式来指定值。FreeMarker 的表达式有以下的几个部分。

① 直接指定值

直接指定值包括：

● 字符串：字符串用单引号或双引号限定，包含特殊字符的字符串需要转义。转义序列如表 7-1 所示。

表 7-1 转义序列

转 义 序 列	含 义
\"	双引号(u0022)
\'	单引号(u0027)
\\	反斜杠(u005C)
\n	换行(u000A)
\r	Return (u000D)
\t	Tab (u0009)
\b	Backspace (u0008)
\f	Form feed (u000C)
\l	<
\g	>
\a	&
\{	{
\xCode	4 位 16 进制 Unicode 代码

- 数字：数字可直接输入，不需要引号。精度数字使用 "**.**" 分割。
- 集合：集合包括由逗号分割的子变量列表（如["男"，"女"]）和数字序列（如 0..3，相当于[0,1,2,3]）。
- 布尔值：布尔值包括 true 和 false，不需要引号。
- 散列（hash）：散列是由逗号分隔的键/值列表，由大括号限定，键和值之间用冒号分隔，如{"name":"xwei","age":25}。

② 获取变量

获取变量的途径包括：

- 从顶层变量中获取：顶层变量其实就是存放在数据模型中的值，在模板中使用${var}直接输出，变量名由字母、数字、下划线、$、@和#的组合而成，且不能以数字开头。
- 从散列（hash）中获取：从散列（hash）中获取的变量，使用点号（"**.**"）或方括号（"[]"）来输出。
- 从集合中获取：获取方式和散列中用方括号获取相同，但是要求方括号中的表达式值必须是数字。
- 特殊变量的获取：对于一些特殊的变量，如 FreeMarker 的提供的内建变量等，使用.variableName 访问。

③ 字符串操作

字符串操作包括：

- 连接字符串：使用${var}（或#{num}）在文本部分插入表达式的值或者直接用加号来连接。
- 截取子串：截取子串是根据字符串的索引来完成的，如${username[3]}表示将索引值位置为 3 的字串截取掉。

④ 集合操作

集合的连接使用加号（+）连接。

⑤ 散列（hash）操作

散列（hash）的连接和集合一样，也是使用加号（+）来连接的。

⑥ 算术运算操作

算术运算操作有+、−、×、/、%。当进行加法运算时，如果一边是数字，另一边是字符串，FreeMarker 会自动将数字转换为字符串。

⑦ 比较运算操作

比较运算操作的规则如下。

- 使用=（或==）测试两个值是否相等，使用!= 测试两个值是否不相等，=和!=两边要求相同类型的值。
- FreeMarker 是精确比较，所以"x"、"x　"和"X"是不相等的。
- 对数字和日期比较可以使用<、<=、>和>=，但字符串不能。
- 由于 FreeMarker 会将>解释成 FTL 标签的结束字符，所以对于>和>=可以使用括号来避免这种情况，如<#if (x > y)>。
- 可以使用 lt、lte、gt 和 gte 来替代<、<=、>和>=。

⑧ 逻辑运算操作

逻辑运算操作的运算符有逻辑与（&&）、逻辑或（||）和逻辑非（!），逻辑运算符只能作

用于布尔值。

⑨ 内建函数

内建函数的用法类似访问散列的子变量，只是使用"**?**"替代"**.**"，FreeMarker 提供的内建函数包括：

- 字符串函数：字符串函数的名称及其描述如表 7-2 所示。
- 集合函数：集合函数只有一个 size，用于获取集合中元素中的数目。
- 数字函数：数字函数只有一个 int，用于获取数字的整数部分。

表 7-2 字符串函数

函 数 名 称	描 述
html	对字符串进行 HTML 编码
cap_first	使字符串第一个字母大写
lower_case	将字符串转换成小写
upper_case	将字符串转换成大写
trim	去掉字符串前后的空白字符

⑩ 空值处理

在 FreeMarker 模板中，若变量未被赋值或者未定义，程序将会抛出异常，为了避免这种情况，FreeMarker 提供了两个运算符。

- **!**：指定变量的默认值，如 var!或 var!defaultValue，当使用 var!这种形式时表明默认值是空字符串、size 为 0 的集合或 size 为 0 的散列（hash），当使用 var!defaultValue 这种形式时，不要求 defaultValue（默认值）和变量类型相同。
- **??**：使用??时返回值是布尔值，如 var??，若 var 存在，返回值为 true，否则为 false。

⑪ 运算符优先级

FreeMarker 中运算符优先级（从高到低）的顺序如表 7-3 所示。

表 7-3 运算符优先级

名 称	运 算 符
后缀	[subvarName] [subStringRange] . (methodParams)
一元	+expr、-expr、!
内建函数	?
乘、除、取余	*、/、%
加、减	+、-
比较	<、>、<=、>=（lt、lte、gt、gte）
相等、不等	==（=）、!=
逻辑与	&&
逻辑或	||
数字范围	..

7.3.2 Struts 2 整合 FreeMarker

Struts 2 提供了对 FreeMarker 模板引擎的支持，这在一定程度上方便了 FreeMarker 的开发者，从而也更有效地推动了模板技术的发展。本节将通过一个登录程序来详细说明在 Struts 2 中是如何使用 FreeMarker 模板的。具体步骤如下。

（1）创建一个 Web 工程，该工程的目录结构如图 7-10 所示。

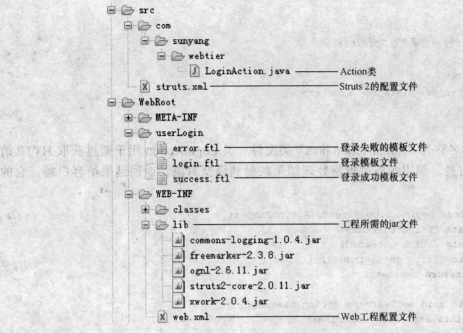

图 7-10　工程的目录结构图

（2）建立 FreeMarker 的模板文件 "login.ftl"、"success.ftl" 和 "error.ftl"，其中 login.ftl 用于生成用户的登录页面，它的代码如下：

```
<html>
    <head>
        <title>登录页面</title>
    </head>
    <body>
        <form action="login.action" method="post">
        <center>请登录</center>
        <table align="center">
            <tr><td>用户名:</td><td><input type="text" name="username" /></td></tr>
            <tr><td>密码:</td><td><input type="password" name="password"></td></tr>
            <tr><td>input type="submit" name="submit" value="登录" /></td></tr>
        </table>
        </form>
    </body>
</html>
```

success.ftl 用于生成用户登录成功后的页面，它的代码如下：

```
<html>
    <head>
        <title>登录成功页面</title>
    </head>
    <body>
```

```
        <center> ${user},${state}</center>
    </body>
</html>
```

error.ftl 用于生成用户登录失败后的页面，它的代码如下：

```
<html>
    <head>
        <title>登录失败页面</title>
    </head>
    <body>
        <center> ${state} </center>
    </body>
</html>
```

（3）创建名称为"LoginAction.java"类文件，类 LoginAction 用于通过获取 HTTP 请求、参数等信息，调用业务逻辑将处理结果映射到模型对象，返回结果给客户端。它的代码如下：

```java
public class LoginAction extends ActionSupport {
    private String username;
    private String password;
    public String getUsername() {
        return username;
    }
    public void setUsername(String username) {
        this.username = username;
    }
    public String getPassword() {
        return password;
    }
    public void setPassword(String password) {
        this.password = password;
    }
    public String execute() throws Exception {
        ActionContext ctx = ActionContext.getContext();
        //只有用户名为 sunyang，密码为 123456 方可成功登录
        if (this.getUsername().equals("sunyang")&& this.getPassword().equals("123456")) {
            ctx.getSession().put("user", this.getUsername());
            ctx.put("state", "登录成功");
            return SUCCESS;
        } else {
            ctx.put("state", "登录失败");
            return ERROR;
        }
    }
}
```

（4）在"truts.xml"件中配置类 LoginAction，关键代码如下：

```xml
<struts>
    <package name="com" extends="struts-default">
        <action name="login" class="com.sunyang.webtier.LoginAction">
            <!-- 指定 result 的 type 为 freemarker -->
            <result name="success" type="freemarker">
                /userLogin/success.ftl
```

```
            </result>
            <result name="error" type="freemarker">
                /userLogin/error.ftl
            </result>
        </action>
    </package>
    <constant name="struts.i18n.encoding" value="gb2312"></constant>
</struts>
```

（5）在 "web.xml" 文件中配置 Struts 2 的核心拦截器，代码如下：

```
<filter>
    <filter-name>struts2</filter-name>
    <filter-class>
        org.apache.struts2.dispatcher.FilterDispatcher
    </filter-class>
</filter>
<filter-mapping>
    <filter-name>struts2</filter-name>
    <url-pattern>/*</url-pattern>
</filter-mapping>
```

（6）首次访问登录页面时，界面如图 7-11 所示。

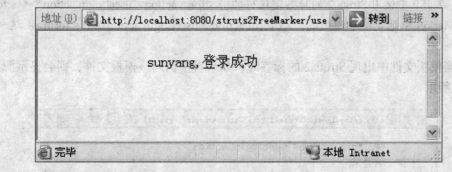

图 7-11　登录页面

输入正确的用户名和密码，登录成功后的界面如图 7-12 所示。

图 7-12　登录成功后的页面

输入错误的用户名和密码，则登录失败，界面如图 7-13 所示。

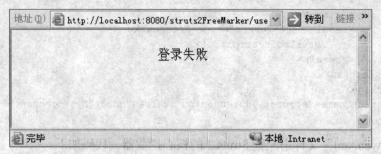

图 7-13　登录失败后的页面

7.3.3　使用 Struts 2 标签设计模板

Struts 2 为了更好地支持 FreeMarker，提供了它自己的标签库。本小节以 7.3.2 小节中的登录程序为例，来介绍在 FreeMarker 模版中如何使用 Struts 2 的标签。具体步骤如下。

（1）将模板文件 login.ftl 中的代码使用标签替换，详细代码如下：

```
<html>
    <head>
        <title>用户登录</title>
    </head>
    <body>
        <@s.form action="userlogin.action" >
        <table align="center">
            <tr><td>请登录</td><td></td></tr>
            <tr><td><@s.textfield label="用户名" name="username" /></td></tr>
            <tr><td><@s.textfield label="密码" name="password" /></td></tr>
            <tr><td><@s.submit type="submit" value="登录" /></td></tr>
        </table>
        </@s.form>
    </body>
</html>
```

注意：在 JSP 中使用 Struts 2 的标签是这样的：<s:form action="userLogin.action"></ s:form>，而在 FreeMarker 中则是这样使用的：<s.form action="userLogin.action"></ s.form>，这一点是不同的。

（2）当模板文件中出现 Struts 2 的标签时，如果直接访问该模板文件，则会显示源文件，如图 7-14 所示。

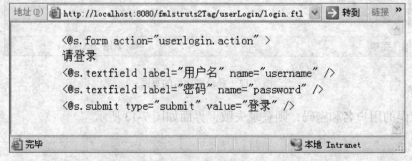

图 7-14　显示源文件

模板文件的源代码出现在页面上，是因为 Web 容器默认不会处理 FreeMarker 模板文件。若想解决上面这个问题，就需要让 Struts 2 框架来处理它，Struts 2 框架会自动加载 FreeMarker 模板文件。

要想让请求经过 Struts 2 框架处理，可以在 struts.xml 文件中添加动态 result，代码如下：

```
<action name="*">
    <result type="freemarker">/userLogin/{1}.ftl</result>
</action>
```

在上面代码中配置了一个能匹配所有请求的 Action，当请求 login.action 时，动态 result 就会找到/userlogin 下的模板文件 login.ftl。

至此登录程序就修改完成了，其余代码可参考本节内容。

7.4 FreeMarker 与 Velocity 的比较

FreeMarker 和 Velocity 都是目前非常流行的模板语言，两者的语言风格很类似，适用对象也基本相同，它们最大的共同点都是通过分离页面视图和程序逻辑，从而实现 MVC 架构。

FreeMarker 和 Velocity 在处理未定义变量上是不同的，FreeMarker 会抛出异常，而 Velocity 会输出源代码。

FreeMarker 比 Velocity 多了一个格式化的功能，而且 FreeMarker 还支持 JSP 标签，内嵌 XML DOM 解析，功能上要比 Velocity 强大一些。

Velocity 语法上相对 FreeMarker 要简单一些，它使用简单的$varName 来输出变量，不需要什么特定的标签，灵活度要较 FreeMarker 高一些。

Struts 2 框架采用 FreeMarker 作为其默认的模板技术，同时对 Velocity 的支持性也是非常良好，是选择 FreeMarker 还是选择 Velocity，在实际项目中，就要根据需求而定了。

本 章 小 结

本章首先简要地介绍了 Web 模板方面的知识，其次介绍了本章的第一个模板语言 Velocity，在讲解 Velocity 过程中详细介绍了 Velocity 的引用、指令和 Velocity 其他的特性，并通过一个简单的例子介绍 Struts 2 对 Velocity 的支持。接着介绍了第二个模板语言 FreeMarker，包括 FreeMarker 的注释、指令、Interpolation 和表达式，并通过一个示例讲解了 Struts 2 是如何与 FreeMarker 进行整合的。

在本章的最后通过对 FreeMarker 和 Velocity 进行比较发现两者各有自己的优点，在实际项目中请根据具体的技术要求来决定使用哪一种模板语言。

下面是本章的重点内容回顾：

● Velocity 是一个基于 Java 的模板引擎，用于生成动态的网页。

● Velocity 的单行注释以##开头，多行注释以#*开始，以*#结束。

● Velocity 引用的作用是为了在模板中显示动态的内容。

● Velocity 的指令用来控制页面的外观和内容。

● 在 "struts.xml" 文件中，将 result 元素的 type 属性的值设定为 velocity 类型，Struts 2

就能解析 Velocity 模板。

- FreeMarker 简化了 Web 应用的开发，使 Java 代码从 Web 页面中分离出来，增强了系统的可维护性。

- FreeMarker 的注释以<#--开始，以-->结束。

- FreeMarker 的指令具有对数据的分支控制、循环输出等功能。

- 在 FreeMarker 中，通用 Interpolation 使用"${expre}"形式表示，数字专用 Interpolation 使用"#{expre}"或"#{expre；format}"形式表示。

- 表达式是 FreeMarker 模板中非常重要的组成部分。

- Struts 2 提供了对 FreeMarker 模板引擎的支持，这在一定程度上方便了 FreeMarker 的开发者，从而也更有效地推动了模板技术的发展。

课 后 练 习

（1）Velocity 中属性引用的赋值方式都有哪些？

（2）简述几种 Velocity 的指令及其用法。

（3）简述 FreeMarker 的宏指令及其用法。

（4）在 FreeMarker 中如何格式化数字？

（5）使用 Velocity 模板在控制台输出一本图书的相关信息，包括图书的 id、图书的作者、图书的价格、图书的出版社、图书的出版日期，要求使用方法赋值的方式给各个属性赋值。

（6）使用 FreeMarker 编写一个用户登录实例，当用户在登录页面中没有输入任何信息就登录时，提示用户需要输入用户名和密码方可登录，若用户输入错误的用户名或密码，提示用户输入的用户名或密码错误，若用户输入正确的用户名和密码，登录成功，页面跳转到欢迎用户登录页面。

第8章
Hibernate 框架基础

Hibernate 是一个 ORM（对象关系映射）框架，它对 JDBC 进行了轻量级的封装。通过使用 Hibernate 框架，开发人员能够以面向对象的思维方式来操作数据库。

通过本章的学习，读者可初步了解 Hibernate 的组成部分以及它的工作原理，并可使用 Hibernate 做一些简单的应用。

8.1 ORM 简介

ORM（Object-Ralation Map，对象关系映射）是一种为了解决面向对象编程过程中，程序与关系型数据库交互而提出来的技术。它在单个组件中负责所有实体对象的持久化，封装数据访问细节。

说明：持久化的概念：持久化指的是将数据存储到可掉电存储设备中，这里通常指的是将内存中的数据存储到关系型数据库系统中。

8.1.1 应用 ORM 的意义

使用 Java 或者其他面向对象语言进行编程时，大多数情况下，都会遇到对象和关系型数据库进行数据交互的问题。在 Java 中，可使用 JDBC 来进行持久化的工作，但是要实现一个健壮的持久化层不但需要高超的开发技巧，编码的工作量通常也是巨大的。为了解决这些不足，提出了 ORM，即对象关系映射的概念。其中，ORM 中的 "O" 代表的是对象（Object），"R" 代表的是关系 "Relation"，M 代表的是映射 "Mapping"。其原理就是将对象与表、对象的属性与表的字段分别建立映射关系。例如，在 Java 程序中有一个 User 对象，它包含了 username 和 password 两个属性；数据库中有一个 users 表，该表包含了 username 和 password 两个字段。对 User 对象和 users 表的 "O-R" 映射过程如图 8-1 所示。

通过这种 "O-R 映射"，可以自由地通过操作对象来操作数据，而不用考虑数据在数据库中的存取问题。ORM 这一概念很好地将程序员从数据库中解放出来，做到了真正的面向对象编程。ORM 提出以后，受到了各种编程语言使用者的推崇，同时也获得了很多应用程序开发团队的认可，并因此出现了众多 "O-R 映射" 的框架，在这之中，Hibernate 可以称之为非常优秀的一个。

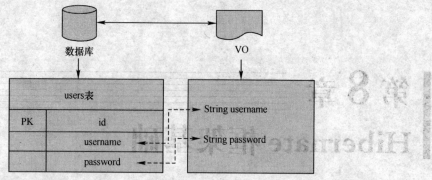

图 8-1 "O-R" 映射示意图

8.1.2 流行的 ORM 框架

自从 ORM 概念提出之后，涌现出很多基于 ORM 的应用框架。其中，具有代表性的有 Hibenate、Ibatis、JPOX、Apache Torque 等。本节将简单介绍这几个框架。

1. Hibernate

Hibernate 是一个开放源码的轻量级框架，该框架的第一个正式版本在 2001 年末对外发布。到了 2003 年 6 月 8 日，Hibernate 2 问世，它是 Hibernate 历史上的一个里程碑，为 Hibernate 的成功奠定了基础。2005 年 3 月，Hibernate 3 正式发布，该版本更加成熟和稳定，将 Hibernate 推向了一个新的高度。

Hibernate 对 JDBC 进行了轻量级的封装，将 Java 对象与对象关系映射至关系型数据库中的数据表与数据表之间的关系，是 Java 应用与关系型数据库之间的桥梁。

2. Ibatis

相对 Hibernate 而言，Ibatis 是一个开放源码的半自动 ORM 框架，该框架同 Hibernate 一样面对的都是纯粹的 Java 代码。在对数据库的操作过程中，Hibernate 使用的是 HQL——自动化的生成 SQL 语句，而 Ibatis 使用的则是半自动的即开发人员以手工的方式编写的 SQL 语句，在系统的数据库优化方面 Ibatis 提供了较多的空间。

3. JPOX

JPOX 是一个由 Java Data Objects（JDO）实现的框架。JPOX 支持多维数据库（OLAP）和关系型（RDBMS）数据库，是一个多元化的框架。

4. Apache Torque

Apache Torque 是 Apache 的开源项目，来源于 Web 应用程序框架 Jakarta Apache Turbine，目前已经完全独立于 Turbine。它主要包含两方面功能。

- Generator：产生应用程序需要的所有数据库资源，包括 sql 和 java 文件；
- Runtime：提供使用 Generator 生成代码访问数据库的运行环境。

8.2 准备 Hibernate 运行环境

本节将介绍 Hibernate 运行环境的搭建。

8.2.1　下载与安装 Hibernate

Hibernate 的官方网站为 http://www.hibernate.org，在该网站上可以下载 Hibernate 的最新版本。打开 HIbernate 的官方网站，显示的首页如图 8-2 所示。

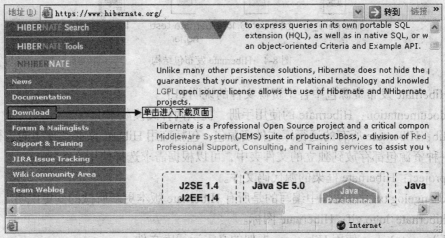

图 8-2　Hibernate 官方网站

在官方网站的主界面中单击 "Download" 链接进入下载页面，并在该页面的 "Binary Releases" 栏中找到 Hibernate 核心包的下载链接，如图 8-3 所示。

Package	Version	Release date	Category	
Hibernate Core	3.3.2.GA	24.06.2009	Production	Download (zip, tar.gz)
	3.5.0.Beta-1	21.08.2009	Development	Download
Hibernate Annotations	3.4.0 GA	20.08.2008	Production	Download (zip, tar.gz)
	Bundled with Hibernate Core as of 3.5.x			
Hibernate EntityManager	3.4.0 GA	20.08.2008	Production	Download (zip, tar.gz)
	Bundled with Hibernate Core as of 3.5.x			
Hibernate Validator	3.1.0 GA	10.09.2008	Production	Download (zip, tar.gz)
	4.0.0 Beta 2	20.07.2009	Development	Download (zip, tar.gz)
Hibernate Search	3.1.1 GA	29.05.2009	Production	Download (zip, tar.gz)
Hibernate Shards	3.0.0 Beta2	02.08.2007	Development	Download (zip, tar.gz)
Hibernate Tools	3.2.4 GA	07.05.2009	Production	/ Downloads (zip)
NHibernate	2.0.0.Beta1	29.06.2008	Development	Download
NHibernate Burrow	1.0.0.Aplha4	17.05.2008	Development	Download
NHibernate Validator	1.0.0.Alpha1	07.05.2008	Development	Download

单击下载

图 8-3　下载页面

选择要下载的文件类型（zip 或 tar.gz）并单击超链接就可以下载资源包了。下载完成后解压缩文件，即可得到发布包中的所有资源。整个资源包中不仅包括了 Hibernate 的应用开发包 "hibernate3.jar"，还包括了它的源码及示例工程文件夹等。

8.2.2　Hibernate 发布包介绍

将下载后的压缩文件解压缩，获得的 Hibernate 框架的发布包结构如图 8-4 所示。

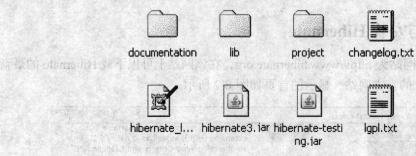

图 8-4　Hibernate 发布包结构

对 Hibernate 发布资源包中各个资源文件的说明如下。

- documentation：Hibernate 的使用手册，提供两种阅读版本。
- lib：Hibernate 所有的运行库文件资源包，包括应用 Hibernate 必须使用的运行库文件等。每一种资源包都存放到独立的文件夹中，可以根据需求选择使用。
- project：Hibernate 框架的源代码文件。
- changelog.txt：该文件中编写的是所有 Hibernate 版本更新所做的变更说明。
- hibernate_logo.gif：Hibernate 图标。
- hibernate3.jar：使用 Hibernate 框架的必需运行库文件。
- hibernate-testing.jar：使用 Hibernate 编写的测试类包。Hibernate 的测试使用的是 JUnit 测试框架。
- lgpl.txt：使用 Hibernate 的授权说明。

8.3　认识 Hibernate

Hibernate 下载安装完成以后，本节将介绍 Hibernate 的框架结构、配置文件以及如何使用。

8.3.1　Hibernate 框架结构

Hibernate 是一个将持久化类与数据库表进行映射的工具，它本身对 JDBC 进行了封装，而且拥有多种事务处理方式，完整的 Hibernate 框架结构如图 8-5 所示。

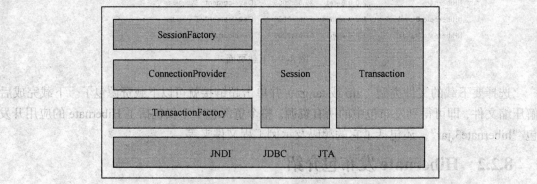

图 8-5　Hibernate 框架的结构

对 Hibernate 的各个组成部分的说明如下。

● SessionFactory：该类的完整包名为"org.hibernate.SessionFactory"，它用来创建 Session 类的实例。SessionFactory 是线程安全的，可以被多个线程并发调用，因此在实际应用中针对一个数据库只创建一个该类的实例即可。

● Session：该类的完整包名为"org.hibernate.Session"，它提供了操作数据库的各种方法，如 save、delete、update、createQuery 等。Session 是非线程安全的，每执行一个数据库事务，应创建一个 Session 实例。

● Transaction：该类的完整包名为"org.hibernate.Transaction"，用来管理与数据库交互过程中的事务。

● ConnectionProvider：该类的完整包名为"org.hibernate.connection.ConnectionProvider"，用于连接 JDBC。

● TransactionFactory：该类的完整包名为 org.hibernate.TransactionFactory，用来创建 Transaction 实例的工厂。它可以用来选择事务类型，其中包括 Hibernate 可以处理的 3 种事务类型：JDBC、JTA 和 JNDI。

8.3.2 Hibernate 配置文件

Hibernate 的配置文件用于配置数据库连接和 Hibernate 运行时所需的各种属性。Hibernate 提供了两种配置文件：XML 格式的配置文件和 properties 文件，分别介绍如下。

1. XML 格式的配置文件

XML 格式的配置文件的名称为"hibernate.cfg.xml"，开发应用程序时将该文件放在 src 目录下，应用程序发布后该文件位于 WEB-INF/classes 目录下。该配置文件中的主要内容包括：

● show_sql：是否在控制台输出 SQL 语句。

● connection.username：用于连接数据库的用户名。

● connection.password：用于连接数据库的密码。

● connection.url：用于连接数据库的 URL，如连接 SQL Server 数据库的 URL 为"jdbc:microsoft:sqlserver://localhost:1433;DatabaseName=mydatabase"，其中的"mydatabase"为要连接的数据库名。

● dialect：使用的数据库的方言，默认为"org.hibernate.dialect.SQLServerDialect"，即 SQL Server 数据库方言。Hibernate 支持多种数据库方言包括 MySQL、Oracle 等。

● connection.driver_class：用于驱动数据库的工具类。例如，Java 中驱动 SQLServer 数据库的是工具类为"com.microsoft.jdbc.sqlserver.SQLServerDriver"。

下面是一个"hibernate.cfg.xml"文件的配置，详细代码如下：

```
<?xml version='1.0' encoding='UTF-8'?>
<!DOCTYPE hibernate-configuration PUBLIC
"-//Hibernate/Hibernate Configuration DTD 3.0//EN"
"http://hibernate.sourceforge.net/hibernate-configuration-3.0.dtd">
<hibernate-configuration>
    <session-factory>
        <property name="show_sql">true</property>
        <property name="connection.username">sa</property>
        <property name="connection.password">sa</property>
        <property name="connection.url">
            jdbc:microsoft:sqlserver://localhost:1433;DatabaseName=mydatabase
```

```
            </property>
            <property name="dialect">org.hibernate.dialect.SQLServerDialect</property>
            <property name="hbm2ddl.auto">update</property>
            <property name="connection.driver_class">
                  com.microsoft.jdbc.sqlserver.SQLServerDriver
            </property>
        </session-factory>
</hibernate-configuration>
```

"hibernate.cfg.xml" 文件除了配置 Hibernate 的各种属性，还要配置程序中用到的映射文件，例如，下面的代码指定了要用到的映射文件为 "Book.hbm.xml"：

```
<mapping resource="Book.hbm.xml" />
```

其中<mapping>元素是<session-factory>元素的子元素。

技巧：在程序中建议使用 xml 格式的配置文件，因为它提供了更易读的结构和更强大的配置能力。

2．properties 文件

使用 Hibernate 框架时，还可以使用 Java 属性文件来配置数据库连接等信息，属性文件的名称是 "hibernate.properties"，它采用 "键=值" 的形式。下面是 "hibernate.properties" 文件中的配置代码：

```
hibernate.dialect=org.hibernate.dialect.SQLServerDialect
hibernate.connection.driver_class=com.microsoft.jdbc.sqlserver.SQLServerDriver
hibernate.connection.url=jdbc:microsoft:sqlserver://localhost:1433;DatabaseName=
libSystem
hibernate.connection.username=sa
hibernate.connection.password=sa
hibernate.show_sql=true
```

技巧：对于是否在控制台输出 SQL 语句的选择应该根据情况来定，在开发阶段建议设置为 true，方便调试程序；在项目的运行期间建议设置为 false，提高程序的运行效率。

8.3.3　Configuration 与 SessionFactory

Configuration 与 SessionFactory 是 Hibernate 中重要的两个初始化类，本小节将介绍这个两个类。

1．Configuration

Configuration 用于初始化 Hibernate，创建 SessionFactory 实例。在程序中，通过如下代码创建 Configuraction 类对象：

```
Configuration config=new Configuration();
```

在实例化过程中，config 对象会首先读取 "hibernate.properties" 文件，如果没有该属性文件，那么会加载 "hibernate.cfg.xml" 配置文件，并通过 configur()方法来读取配置文件。

Configuration 类中还提供了多个方法用于添加 Hibernate 的配置信息，这些方法列表如下：

- addProperties(Element)。
- addProperties(Properties)。
- AddResource(String)。
- SetProperty(Properties)。
- SetProperty(String,String)。

在使用属性文件配置 Hibernate 应用时，还需要使用 Configuraction 类的其他方法来引入映射文件。这些方法包括：

- addClass(Class)。
- addFile(File)。
- addFile(String)。
- addURL(URL)。

2. SessionFactory

SessionFactory 通过 Configuraction 类中方法创建，它用来初始化 Session 类（Hibernate 交互数据库的工具类）。当创建了 Configuraction 类的对象后，就可以通过调用该类中的方法来创建 SessionFactory 类了。应用 Hibernate 必须创建 SessionFactory 类。创建 SessionFactory 对象的代码如下。

```
SessionFactory sessions = cfg.buildSessionFactory();
```

8.3.4　Session 类

Hibernate 的运作核心就是 Session 类，它负责管理对象的生命周期、事务处理、数据交互等。Session 类的创建代码如下：

```
Session session=sessionFactory.openSession();
```

Session 类用来与数据库交互的常用方法包括：

- save()：保存数据。该方法可以将数据存储到指定数据表当中。
- createQuery()：通过传递查询语句字符串来完成数据的查询操作，可以全部查询也可以有条件的查询。
- load()：根据 OID（对象标识）来加载数据库中指定的数据。
- update()：根据 load()方法加载的数据与当前的数据比较，来更新数据表中的数据。
- delete()：根据 OID 删除数据表中一条数据。
- beginTransaction()：获得事务管理对象。

8.3.5　Hibernate 中的关联关系

实体之间通过关系来相互关联，关系之间有一对一（1∶1）、一对多（1∶n）和多对多（n∶m）的关系。

1. 一对一关联关系

一对一的关联关系如图 8-6 所示，其中库管员和仓库之间属于一对一的关联关系。一个库管员只能管理一个仓库，一个仓库只能被一个管理员管理。

图 8-6　一对一的关联关系

Hibernate 针对一对一的关联关系提供了两种映射方法。

- 按照主键映射：这种映射方式要求两个数据表以主键相关联，即其中一个表的 ID 字段既是主键又是外键，两个表共享主键。

● 按照外键映射：这种映射方式要求以一个表中主键关联另一个表中外键，即一个表中的外键参照另一个表的主键。

2. 一对多关联关系

一对多的关联关系如图 8-7 所示，客户和订单之间属于一对多的关联关系。一个客户可以发送多个订单，但是一个订单只能属于一个客户。

图 8-7　一对多的关联关系

Hibernate 针对一对多的关联关系提供了以下映射方法。

● 单向关联：在实体类中，将一的一方（如客户）定义为多的一方（如订单）的一个属性，在多的一方的映射文件中使用<many-to-one>元素。

● 双向关联：在实体类中，将一的一方（如客户）定义为多的一方（如订单）的一个属性，同时在一的一方定义一个集合类型（Set 类型）的属性。在多的一方的映射文件中使用<many-to-one>元素，在一的一方的映射文件中使用<set>元素及其子元素<one-to-many>。

3. 多对多关联关系

多对多的关联关系如图 8-8 所示，供应商和产品之间属于多对多的关联关系。一个供应商可以供应多个产品，一个产品也可以被多个供应商供应。

图 8-8　多对多的关联关系

Hibernate 针对多对多的关联关系提供了以下映射方法。

● 单向关联：在实体类中，其中任意一方定义一个集合类型（Set 类型）的属性，并在其映射文件中使用<set>元素及其子元素<many-to-many>。

● 双向关联：在实体类中，双方均定义一个集合类型（Set 类型）的属性，并在各自的映射文件中使用<set>元素及其子元素<many-to-many>。

说明：关联关系的具体使用在第 9 章将会有详细的介绍。

8.3.6　Hibernate 映射文件

Hibenate 中使用 XML 形式的映射文件将对象的属性关联到数据表中的字段，这种使用方式称为数据映射。Hibenate 中映射文件以 ".hbm.xml" 结尾。下面介绍对象与字段间的映射关系。

1. 数据类型映射

在 Hibernate 应用中，数据表字段和对象属性进行映射时必须遵循一定的规则，否则程序将会出现异常，表 8-1 列举出了数据表字段类型和 Java 数据类型之间的映射关系。

使用时，根据数据表字段的类型和 Java 对象属性的类型将映射文件字段元素中的 type 值根据表 8-1 所示进行正确的设置即可。

表 8-1 类 型 映 射

数据表字段类型	Java 数据类型	Hibernate 映射类型
INT	int、java.lang.Integer	integer
TINYINT	byte、java.lang.Byte	byte
SMALLINT	short、java.lang.Short	short
BIGINT	long、java.lang.Long	long
TINYINT	byte、java.lang.Byte	byte
BIGINT	long、java.lang.Long	long
FLOAT	float、java.lang.Float	float
DOUBLE	double、java.lang.Double	double
NUMERIC	java.math.BigDecimal	big_decimal
CHAR	char、java.lang.Character	character
CLOB	java.lang.String	text
VARCHAR	java.lang.String	string
	java.lang.Class	class
	java.util.Locale	locale
	java.util.TimeZone	timezone
	java.util.Currency	currency
BIT	boolean、java.lang.Boolean	boolean
DATE	java.util.Date、java.sql.Date	date
	java.util.Calendar	calendar_date
TIME	java.util.Date、java.sql.Time	time
TIMESTAMP	java.util.Date、java.sql.Timestamp	timestamp
	java.util.Calendar	calendar
VARBINARY、BLOB	byte[]	binary
	java.io.Serializable	serializable
CLOB	java.sql.Clob	clob
	java.sql.Blob	blob

2. 持久化类和数据表映射

Hibernate 的映射文件中，所有的映射关系都配置在<hibernate-mapping>中。类的配置通过<class>元素来完成。表 8-2 列举了<class>元素中可以配置的信息，实际应用中可以根据需求进行配置。

表 8-2 选项信息列表

配置选项名称	配置选项描述	使 用 级 别
name	持久化类（或者持久化接口）的 Java 文件的全限定名称，如果该属性不存在，Hibernate 将假定这是一个非 POJO 的实体映射	可选

续表

配置选项名称	配置选项描述	使用级别
table	持久化类对应的数据库表名	可选
discriminator-value	在多态行为时使用的一个用于区分不同子类的值，可以设置为 null 或 not null	可选
mutable	表明该类的实例是可变的	可选
schema	覆盖在<hibernate-mapping>元素中指定的 schema 名字	可选
catalog	覆盖在<hibernate-mapping>元素中指定的 catalog 名字	可选
proxy	指定一个在延迟加载时作为代理使用的接口，可以使用该类自己的名称	可选
dynamic-update	指定用于 UPDATE（更新）操作的 SQL 语句将会在运行时动态生成，并且只更新那些改变过的字段	可选，默认为 false
dynamic-insert	指定进行 INSERT（插入）操作的 SQL 语句会在运行时动态生成，并且只包含非空值字段	可选，默认为 false
select-before-update	指定 Hibernate 只可以使用 SQL UPDATE 语句作用在与数据库中不一致的数据	可选，默认为 false
polymorphism	界定是隐式还是显式地使用多态查询	可选，默认值为 implicit（隐式）
where	在抓取这个类的对象时会一直增加的指定的 SQL WHERE 条件	可选
persister	指定一个定制的 ClassPersister	可选
batch-size	指定一个用于根据标识符（identifier）抓取实例时使用的 "batch size"（批次抓取数量）	可选，默认是 1
optimistic-lock	决定乐观锁定策略	可选，默认是 version
Lazy(optional)	通过设置 lazy="false"来完成所有的延迟加载（Lazy fetching）	可选，默认是 disabled
entity-name	Hibernate 3 中允许一个类进行多次映射（默认情况映射到不同的表），并且允许使用 Maps 或 XML 代替实体映射	可选
check	用于为自动生成的 schema 添加多行（multi-row）约束检查，实际上它是一个 SQL 表达式	可选
abstract	用于在<union-subclass>的继承结构（hierarchies）中标识抽象超类	可选
entity-name	显式指定实体名	可选默认为类名

8.3.7　Hibernate 工作原理

实际上 Hibenate 的工作原理很简单，如图 8-9 所示。

Hibernate 的工作过程按照如下步骤依次进行。

（1）读取并解析配置文件：这是使用 Hibenate 框架的入口，由 Configure 类来创建。

（2）读取并解析映射信息：调用 Configure 中的 buildSessionFactory()方法来实现，同时创建 SessionFactory。

（3）开启 Sesssion：调用 sessionFactory 的 openSession()方法来实现。

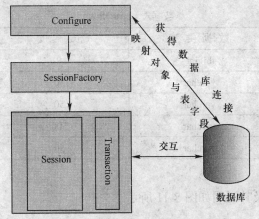

图 8-9　Hibernate 工作原理图

（4）创建事务管理对象 Transaction：调用 Sesssion 对象的 beginTransaction() 来实现。

（5）数据交互操作：调用 Session 对象的各种操纵数据库的方法来处理数据，如增、删、改、查操作。

（6）提交事务：完成了对数据库的操作后应该提交事务，完成一次事务处理。

（7）关闭 Session：结束了对数据库的访问以后，应该立即关闭 Session 对象，释放其占用的内存。

（8）关闭 SesstionFactory：完成了全部的数据库操作后关闭 SessionFacory 对象。

8.4　项目实战——新闻内容显示

本节将使用 Hibernate 框架开发新闻内容显示程序，具体步骤如下。

（1）程序功能分析

本程序可将数据库中的新闻信息在控制台上输出，包括 ID、新闻标题、新闻类别、新闻内容和发布时间，如图 8-10 所示。

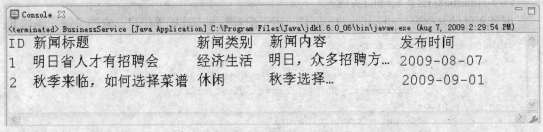

图 8-10　显示新闻信息

（2）程序数据库设计

本程序使用的数据库系统为 SQL Server 2000，数据库名称为"news_wire"，数据表名称为"homeNews"，表结构如表 8-3 所示。

表 8-3 数据表 homeNews

字 段 名 称	数 据 类 型	长 度	字 段 描 述
id	bigint	8	主键，自增长
title	varchar	50	新闻标题
type	varchar	50	新闻类别
content	varchar	500	新闻内容
theTime	varchar	50	发布时间

（3）工程目录结构

本工程的目录结构及其说明如图 8-11 所示。

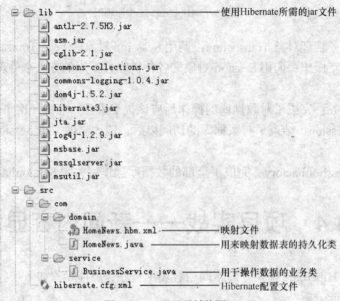

图 8-11 工程目录结构图

说明：本工程为一个 Java 工程，使用 main 方法在控制台输出数据。

（4）Hibernate 配置文件的实现

配置文件的名称为"hibernate.cfg.xml"，用于配置数据库连接等信息，它的关键代码如下：

```
<hibernate-configuration>
    <session-factory>
        <property name="connection.driver_class">
            com.microsoft.jdbc.sqlserver.SQLServerDriver
        </property>
        <property name="connection.url">
            jdbc:microsoft:sqlserver://localhost:1433;DatabaseName=news_wire
        </property>
        <property name="dialect">
            org.hibernate.dialect.SQLServerDialect
        </property>
        <property name="connection.username">sa</property>
        <property name="connection.password">sa</property>
        <property name="show_sql">false</property>
    </session-factory>
```

```
</hibernate-configuration>
```

（5）持久化类的实现

持久化类的类名为"HomeNews"，该类包含和数据表"homeNews"中字段一一对应的私有属性、无参数的构造函数和每个属性的 set、get 方法，它的实现代码如下：

```java
public class HomeNews {
    private Long id;
    private String title;
    private String type;
    private String content;
    private String theTime;
    public HomeNews() {
    }
    public Long getId() {
        return id;
    }
    public void setId(Long id) {
        this.id = id;
    }
    //省略其他属性的 get、set 方法
}
```

（6）映射文件的实现

映射文件的名称为"HomeNews.hbm.xml"，该文件把一个实体类和一个数据表映射起来，它的关键代码如下：

```xml
<hibernate-mapping>
    <class name="com.domain.HomeNews" table="homeNews">
        <id name="id" type="java.lang.Long">
            <column name="id" />
            <generator class="native" />
        </id>
        <property name="title" column="title" type="string" />
        <property name="type" column="type" type="string" />
        <property name="content" column="content" type="string" />
        <property name="theTime" column="theTime" type="string" />
    </class>
</hibernate-mapping>
```

（7）业务类的实现

业务类的类名为"BusinessService"，该类包含一个 findAllNews()方法，一个 main 方法，其中 findAllNews()方法用于查询所有的新闻信息，在 main 方法中通过 BusinessService 对象调用 findAllNews()方法，可将查询的结果在控制台上输出。它的实现代码如下：

```java
public class BusinessService {
    public static SessionFactory sessionFactory;
    static {
        try {
// 根据默认位置的 Hibernate 配置文件的配置信息，创建 Configuration 实例
            Configuration config = new Configuration();
            config.configure();
            config.addClass(HomeNews.class);
            sessionFactory = config.buildSessionFactory();
        } catch (Exception e) {
```

```
                    e.printStackTrace();
                }
        }
        // 检索所有新闻信息
    public void findAllNews() {
        Session session = sessionFactory.openSession();
        Transaction tx = null;
        try {
            tx = session.beginTransaction();
            Query query = session.createQuery("from HomeNews as h");
            List list = query.list();
            System.out.println("ID"+" 新闻标题"+" 新闻类别"+" 新闻内容"+" 发布时间");
            for (int I = 0; i < list.size(); i++) {
                HomeNews h = (HomeNews) list.get(i);
                System.out.print(h.getId());
                System.out.print(h.getTitle());
                System.out.print(h.getType());
                System.out.print(h.getContent());
                System.out.print(h.getTheTime());
                System.out.println();
            }
            tx.commit();
        } catch (Exception e) {
            e.printStackTrace();
        } finally {
            session.close();
        }
    }
    public static void main(String[] args) {
        BusinessService b = new BusinessService();
        b.findAllNews();
    }
}
```

本 章 小 结

　　本章首先介绍了对象关系映射 ORM。然后讲解了轻量级的 ORM 框架 Hibernate 的基础知识，包括如何下载与安装 Hibernate，如何进行配置与使用 Hibernate 以及 Hibernate 的工作原理等。最后介绍了如何通过 Hibernate 完成一个简单的应用程序，并给出了详细的代码。通过本章的学习，读者可以自己独立创建 Hibernate 应用。

　　下面是本章的重点内容回顾：

- Hibernate 是一款成熟的 ORM 框架。
- 使用 Hibernate 需要引入它的资源库文件包。
- 使用 Hibernate 的前提条件是配置 Hibernate 的配置文件，该文件用来配置数据库连接和 Hibernate 运行时所需的各种属性。
- 使用 Hibernate 必须配置其映射文件。
- 使用 Hibernate 过程中应该正确地实例化 Configuraction 类。
- 通过 Configuration 对象来获得 SessionFactory 对象。

● 通过 SessionFactory 类的对象来获得 Session 对象。

课 后 练 习

（1）什么是 ORM?

（2）Hibernate 有哪些配置文件？这些配置文件都使用什么语法配置？

（3）简述在 Hibernate 中使用的映射关系类型。

（4）Hibernate 中用于开始使用 Hibernate 的入口配置类是什么？

（5）Hibernate 中的关联关系都有哪些?

第9章
Hibernate 查询

在检索数据时，为了最大程度地提高性能，Hibernate 提供了各种检索策略：立即检索、延迟检索、预先检索和批量检索。为了在实际应用中更灵活地处理数据，Hibernate 提供了各种检索方式：HQL 方式、QBC 方式和原生 SQL 方式。实体之间存在着 3 种关联关系：一对一关联、一对多关联和多对多关联，为了处理这些关联关系，Hibernate 提供了不同的配置方式。

通过本章的学习，读者可掌握 Hibernate 提供的各种检索策略、检索方式以及各种关联关系的使用。

9.1　Hibernate 的数据检索策略

JDBC 进行数据检索采用的是面向数据表字段，而 Hibernate 框架则使用的是面向对象，通过 ORM 将数据表的字段映射到持久化类的属性，然后进行检索。因此，为了优化检索性能，针对不同的检索情况，应使用不同的检索策略，Hibernate 框架提供的检索策略有立即检索、延迟检索、预先检索和批量检索。

9.1.1　立即检索

立即检索指的是在加载一个对象时不仅立即加载该对象，并且还会立即加载与该对象相关联的其他对象。例如，在查询一个客户的信息时，会将该客户所关联的所有订单查询出来。

要使用立即检索策略需要将<class>元素和<set>元素内的 lazy 属性值设为 false。下面以客户和订单为例，介绍如何使用立即检索策略。具体步骤如下。

（1）客户（Customer）和订单（Order）之间是一对多的关联关系，因此在 Customer 的映射文件中使用<set>元素来映射这种关系，配置代码如下：

```
<class name="com.oneToManyBoth.Customer" table="customers" lazy="false">
    <id name="id" type="java.lang.Long">
        <column name="id" />
        <generator class="native" />
    </id>
    <property name="name" type="string" >
        <column name="name" length="25" not-null="true" />
    </property>
    <set name="orders" lazy="false">
```

```
            <key column="customerId"></key>
            <one-to-many class="com.oneToManyBoth.Order"/>
        </set>
</class>
```

在上述代码中，<class>元素和<set>元素的 lazy 属性值都被设置为 false，因此在检索 Customer 时采用立即检索策略，会同时将所关联的 Order 对象立即检索出来。

（2）执行立即检索，其执行的示例代码如下：

```
Session session = sessionFactory.openSession();
Transaction tx = null;
try {
        tx = session.beginTransaction();
        Customer c = (Customer) session.load(Customer.class,new Long(12));
        tx.commit();
} catch (Exception e) {
        e.printStackTrace();
} finally {
        session.close();
}
```

在上述代码中使用 load()方法查询 ID 值为 12 的顾客信息，因为使用了立即检索策略，所以会将该顾客所有的订单信息查询出来。

（3）运行上述程序，控制台中输出的 SQL 语句如图 9-1 所示。

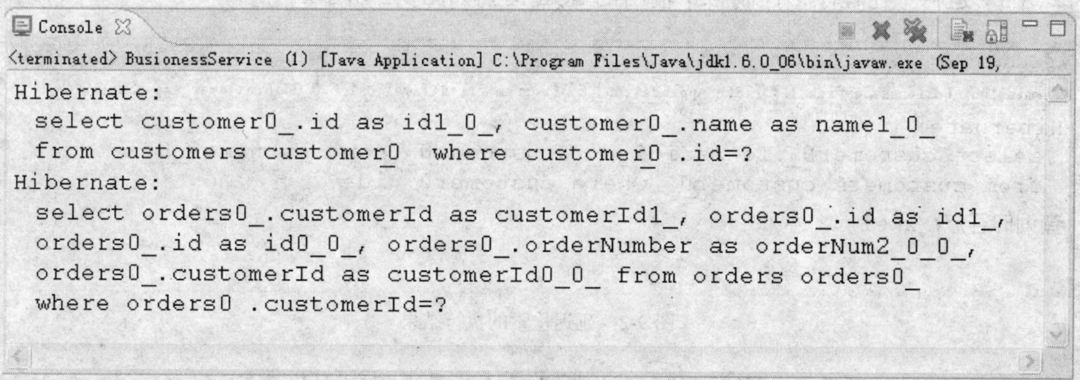

```
□ Console ❌                                        ▣ ✖ ✖  🗎 🔊  ▔ ▢
<terminated> BusionessService (1) [Java Application] C:\Program Files\Java\jdk1.6.0_06\bin\javaw.exe (Sep 19,
Hibernate:
  select customer0_.id as id1_0_, customer0_.name as name1_0_
  from customers customer0_ where customer0_.id=?
Hibernate:
  select orders0_.customerId as customerId1_, orders0_.id as id1_,
  orders0_.id as id0_0_, orders0_.orderNumber as orderNum2_0_0_,
  orders0_.customerId as customerId0_0_ from orders orders0_
  where orders0_.customerId=?
```

图 9-1　立即检索的执行结果

从图 9-1 中的 SQL 语句可看出，Hibernate 首先执行查询 customers 表的操作，接着又立即执行查询 orders 表的操作。

技巧：使用立即检索策略，方便关联对象的检索，它适用于应用程序需要立即访问的对象。

9.1.2　延迟检索

延迟检索与立即检索有很大的不同。延迟检索指的是对象在使用到时才会进行加载，如果不需要则不会被加载。

要使用延迟检索策略需要将<class>元素和<set>元素内的 lazy 属性值设为 true。仍以客户和订单为例，具体步骤如下。

（1）在 Customer 的映射文件中将<class>元素和<set>元素内的 lazy 属性值设为 true，配置代码如下：

```
<class name="com.oneToManyBoth.Customer" table="customers" lazy="true">
    <!-- 省略字段与属性的映射代码 -->
    <set name="orders" lazy="true">
    <!-- 省略一对多的映射代码 -->
    </set>
</class>
```

在上述代码中，<class>元素和<set>元素的 lazy 属性值都被设置为 true，因此在检索 Customer 时采用延迟检索策略。

（2）执行延迟检索，其执行的示例代码如下：

```
Session session = sessionFactory.openSession();
Transaction tx = null;
try {
    tx = session.beginTransaction();
    Customer c = (Customer)session.load(Customer.class,new Long(12));
    System.out.println("查询的客户："+c.getName());          //此处使用到了 Customer
    tx.commit();
} catch (Exception e) {
    e.printStackTrace();
} finally {
    session.close();
}
```

（3）运行上述程序，控制台中输出的 SQL 语句如图 9-2 所示。

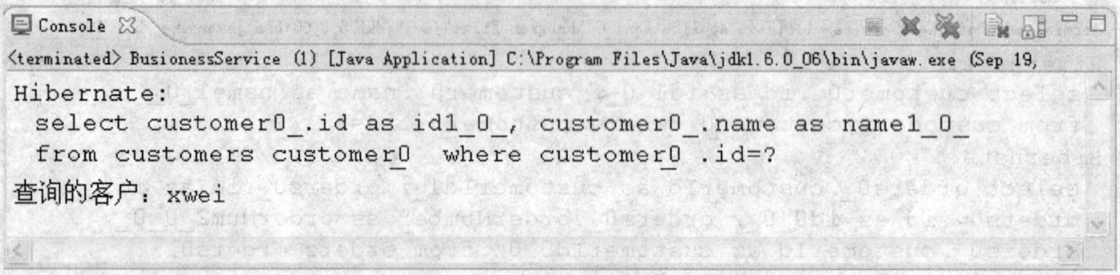

图 9-2　延迟检索的执行结果

从图 9-2 中可看出，当采用延迟检索策略时，因为程序中只用到了 Customer（通过 Customer 对象调用 getName()方法），所以 Hibernate 只执行查询 customers 表的操作。仅当用到 Order 时才能执行 9.1.2 小节中图 9-1 所示的 SQL 语句。

技巧：使用延迟检索时，避免加载多余的对象，可提高应用程序的检索性能，它适用于一对多、多对多关联的查询。

9.1.3　预先检索

预先检索指的是一种通过左外连接来获得对象关联实例或者集合的检索方式，因此它主要适用于关联级别的查询。

要使用预先检索策略需要在<set>元素内添加 fetch 属性，并将其值设为 join。仍以客户和订单为例，具体步骤如下。

（1）在 Customer 的映射文件中将<class>元素的 lazy 属性值设为 false，在<set>元素内添加 fetch 属性，将其值设为 join，配置代码如下：

```
<class name="com.oneToManyBoth.Customer" table="customers" lazy="false">
    <!-- 省略字段与属性的映射代码 -->
    <set name="orders" fetch="join">
    <!-- 省略一对多的映射代码 -->
    </set>
</class>
```

在上述代码中，<class>元素的 lazy 属性值被设置为 false，<set>元素的 fetch 属性值设置为 join，因此在检索 Customer 时采用预先检索策略。

说明：Hibernate 3 及其更新版本设置预先检索策略使用 "fetch="join"" 这种方式，Hibernate 3 以前的版本设置预先检索策略使用 "outer-join="true"" 这种方式。

（2）执行预先检索，其执行的示例代码如下：

```
Session session = sessionFactory.openSession();
Transaction tx = null;
try {
    tx = session.beginTransaction();
    Customer c = (Customer)session.load(Customer.class,new Long(12));
    tx.commit();
} catch (Exception e) {
    e.printStackTrace();
} finally {
    session.close();
}
```

（3）运行上述程序，控制台中输出的 SQL 语句如图 9-3 所示。

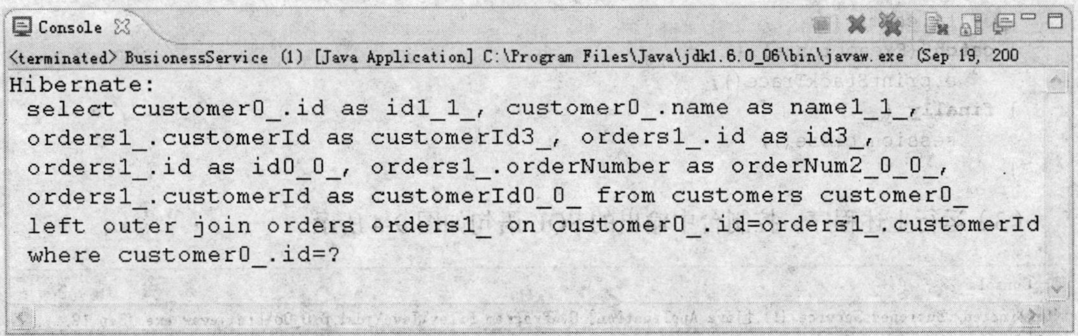

```
Console
<terminated> BusionessService (1) [Java Application] C:\Program Files\Java\jdk1.6.0_06\bin\javaw.exe (Sep 19, 200
Hibernate:
 select customer0_.id as id1_1_, customer0_.name as name1_1_,
 orders1_.customerId as customerId3_, orders1_.id as id3_,
 orders1_.id as id0_0_, orders1_.orderNumber as orderNum2_0_0_,
 orders1_.customerId as customerId0_0_ from customers customer0_
 left outer join orders orders1_ on customer0_.id=orders1_.customerId
 where customer0_.id=?
```

图 9-3   预先检索的执行结果

从图 9-3 中可看出，若采用预先检索策略，当查询 customers 表时，会使用左外连接（left outer join）来查询所关联的 orders 表。

技巧：使用预先检索时，查询语句的数目少，它适用于多对一、一对一关联的查询。

9.1.4   批量检索

批量检索分为批量立即检索和批量延迟检索两种。

1．批量立即检索

在采用立即检索策略时，会将对象及其关联的所有对象立即检索出来，例如，要检索客户信息，而和客户信息相关联的订单有 6 个，那些 Hibernate 将会执行 6+1 条 SQL 语句。为了减少执行的 SQL 语句数目，提高查询效率，此时可使用批量立即检索。采用批量立即检索策略时，Hibernate 会批量初始化要检索的实体类对象实例，从而减少 SQL 语句数目。

要使用批量立即检索需要在<class>元素或者<set>元素内添加 batch-size 属性。以客户和订单为例，具体步骤如下。

（1）在 Customer 的映射文件中将<class>元素<set>元素的 lazy 属性值都设为 false，在<set>元素内添加 batch-size 属性，并将其值设置为 3，配置代码如下：

```
<class name="com.oneToManyBoth.Customer" table="customers" lazy="false">
    <!-- 省略字段与属性的映射代码 -->
    <set name="orders" lazy="false" batch-size="3">
    <!-- 省略一对多的映射代码 -->
    </set>
</class>
```

在上述代码中，将<class>元素、<set>元素的 lazy 属性值都设为 false，说明对 Customer 及其关联对象 Order 检索时采用立即检索策略；<set>元素的 batch-size 属性用于指定批量初始化 Order 类实例的数目，在上述代码中将 batch-size 属性的值设置为 3，在查询 Customer 对象时，Hibernate 就会批量初始化 3 个 Order 类实例，假设和 Customer 关联的 Order 有 6 个，那么实际执行的 SQL 语句数目为 6/3+1=3 条。

（2）执行批量立即检索，其执行的示例代码如下：

```
Session session = sessionFactory.openSession();
Transaction tx = null;
try {
    tx = session.beginTransaction();
    List list = session.createQuery("from Customer").list();
    tx.commit();
} catch (Exception e) {
    e.printStackTrace();
} finally {
    session.close();
}
```

（3）运行上述程序，控制台中输出的 SQL 语句如图 9-4 所示。

```
Console 23                                                            X    X
<terminated> BusionessService (1) [Java Application] C:\Program Files\Java\jdk1.6.0_06\bin\javaw.exe (Sep 19,
Hibernate:
  select customer0_.id as id1_, customer0_.name as name1_
  from customers customer0_
Hibernate:
  select orders0_.customerId as customerId1_, orders0_.id as id1_,
  orders0_.id as id0_0_, orders0_.orderNumber as orderNum2_0_0_,
  orders0_.customerId as customerId0_0_ from orders orders0_
  where orders0_.customerId in (?, ?, ?)
Hibernate:
  select orders0_.customerId as customerId1_, orders0_.id as id1_,
  orders0_.id as id0_0_, orders0_.orderNumber as orderNum2_0_0_,
  orders0_.customerId as customerId0_0_ from orders orders0_
  where orders0_.customerId in (?, ?, ?)
```

图 9-4　批量立即检索的执行结果

从图 9-4 中可以看出，在进行批量立即检索时，使用了 SQL 中的 in 关键字，减少了 SQL 语句的数量。

2. 批量延迟检索

批量延迟检索与批量立即检索的方式相同，在延迟检索的情况下，在 <class> 元素或者 <set> 元素内添加 batch-size 属性即可，例如：

```
<class name="com.oneToManyBoth.Customer" table="customers" lazy="true" batch-size="3">
```

技巧：虽然批量检索可减少 SQL 语句数目，但是 batch-size 属性的值不能设置为太大，否则无需访问的实体类对象也会被实例化，从而加载多余的对象。因此，应根据实际需求来设置 batch-size 属性的值，建议取值范围在 3 ~ 10 之间。

9.2　Hibernate 的数据查询方式

使用 JDBC 进行数据检索时，必须手动编写 SQL 语句，当在多个表之间进行级联查询时，有时还需要编写大量复杂的 SQL 语句，这些 SQL 语句一定程度上降低了程序的可维护性。针对这些不足，Hibernate 提供了面向对象的检索方式，只需通过正确的关联关系配置和指定查询条件，就可以轻松得到检索数据，不仅避免了冗长的 SQL 代码，而且使用起来非常简单。

9.2.1　HQL 方式

HQL，英文全称为 Hibernate Query Language，它是 Hibernate 应用中最常用的面向对象的查询语言。

HQL 的语法结构和 SQL 颇为相似，例如，下面是一个最简单的 HQL 查询语句：

```
String hql="from Customer as c";
Query query=session.createQuery(hql);
```

在上述代码中，字符串 "from Customer as c" 中的 Customer 指的是持久化类（非数据表名称），c 指的是持久化类的别名。

除了最简单的查询以外，HQL 还具有以下功能。

1. 支持属性查询

可以在 HQL 中仅查询指定的属性，例如下面的代码：

```
List list = session.createQuery("select c.name from Customer as c").list();
```

2. 支持条件查询

可以在 HQL 中通过 where 子句来添加查询条件，例如下面的代码：

```
List list = session.createQuery("from Customer as c where c.name is not null").list();
```

3. 支持连接查询

在 HQL 中可使用内连接、外连接和交叉连接，例如下面的代码：

```
List list = session.createQuery("from Customer as c left join fetch c.orders").list();
```

在上述代码中，"left join fetch" 表示左外连接，其中 fetch 关键字可以省略。当使用 fetch 关键字时，HQL 语句中的连接将会替代映射文件中的检索策略。

4. 支持分页查询

当数据量很大时，采用分页查询的方式使得前台页面显得更加美观。HQL 中使用分页查询的示例代码如下：

```
Query query= session.createQuery("from Customer as c order by c.id");
query.setFirstResult(5);
query.setMaxResults(15);
List list=query.list();
```

在上述代码中，setFirstResult()方法用于指定记录检索的开始位置，其参数为开始位置的索引值（结果集中的开始位置索引值默认为 0）；setMaxResults()方法用于指定一次检索出来的最大记录数，其参数为指定记录的数目值。

5. 支持动态绑定参数查询

在 HQL 中使用条件查询时，有的查询需输入指定的参数，此时可使用动态绑定参数查询，例如下面的代码：

```
Query query= session.createQuery("from Customer as c where c.name=:cName");
query.setString("cName", "sunyang");
List list=query.list();
```

在上述代码中，指定参数时使用 ":参数" 这种形式，给参数赋值使用 setxxx()方法，如参数为 String 类型，调用 setString()方法，参数为 int 类型，调用 setInteger()方法。

6. 其他功能

除了上述功能以外，HQL 还支持：

- 分组查询：使用 having 和 group by 子句。
- 内置函数和自定义函数查询：如 sum()、min()、max()等函数。
- 子查询：在 where 条件语句中使用子查询。

9.2.2 QBC 方式

QBC，英文全称 Query By Criteria，它是一种通过 Hibernate 的 Criteria API 进行数据检索的方式。

事实上，在 QBC 方式中，Criteria 是用来装载查询条件的容器（或者说将查询条件封装为一个 Criteria 对象），Criteria 容器会自动解析查询条件来进行数据检索，这种方式非常适合于动态查询。

下面是使用 QBC 方法进行检索例子，具体步骤如下。

（1）创建 Criteria 实例，代码如下。

```
Criteria criteria=session.createCriteria(Customer.class);
```

在上述代码中，通过 Session 对象及其 createCriteria()方法来创建 Criteria 实例。

（2）创建用来查询的条件，通过 Criteria 中的 add()方法来实现，该方法的参数为查询的条件，例如，查询客户名称中包含 "cd" 的所有 Customer 对象，代码如下。

```
criteria.add(Restrictions.ilike("name","%cd%"));
List list=criteria.list();
```

在上述代码中，"Restrictions.ilike("name","%cd%")" 等价于 "where name like '%cd%'"，其中的 ilike()方法是 Restrictions 类提供的用于设定查询条件的方法之一，相当于 SQL 语

句中的 like 子句。除了 ilike()方法，QBC 中还有许多设定查询条件的方法，如表 9-1 所示。

表 9-1　　　　　　　　　　　QBC 设定查询条件的方法

方 法 名 称	说　　明
Restrictions.eq()	等于，相当于 SQL 中的 "="
Restrictions.gt()	大于，想当于 SQL 中的 ">"
Restrictions.lt()	小于，想当于 SQL 中的 "<"
Restrictions.ge()	大于等于，想当于 SQL 中的 ">="
Restrictions.le()	小于等于，想当于 SQL 中的 "<="
Restrictions.and	and 关系，想当于 SQL 中的 "and"
Restrictions.or()	or 关系，想当于 SQL 中的 "or"

9.2.3　原生 SQL 方式

HQL 和 QBC 的检索方式最终都通过 Hibernate 解析，转换成 SQL 语句进行对数据库的操作。除此之外，Hibernate 还支持使用手写的 SQL 语句来进行持久化操作，即原生 SQL 查询的方式。

在 Hibernate 中使用原生 SQL 方式可通过下面两种途径。

1. 使用 SQLQuery 接口

SQLQuery 是 Query 的一个子接口，可通过 Session 对象的 createSQLQuery()方法获得。下面是通过 SQLQuery 接口使用原生 SQL 的示例代码：

```
String sql="select {c.*} from customers as c ";
SQLQuery squery =session.createSQLQuery(sql);
squery.addEntity("c",Customer.class);
List list=squery.list();
```

在上述代码中，addEntity()方法用于将持久化类与数据表联系在一起，其第一个参数为数据表的别名，第二个参数为实体对象类型。

2. 在映射文件中使用原生 SQL

原生 SQL 可以在持久化类的映射文件中使用<sql-query>元素进行配置，之后通过名称引用查询，下面是在 "Customer.hbm.xml" 文件中配置原生 SQL 的示例代码：

```
<hibernate-mapping>
    <class name="com.oneToManyBoth.Customer" table="customers" lazy="true" >
    <!-- 省略其他配置代码 -->
    </class>
    <!-- 配置原生 SQL -->
    <sql-query name="findCustomerByName">
    <![CDATA[
    select {c.*} from customers c where c.name=:name
    ]]>
    <return alias="c" class="com.oneToManyBoth.Customer"/>
    </sql-query>
</hibernate-mapping>
```

在上述代码中，<return>元素用于将持久化类与数据表联系在一起，其属性 alias 的值为数据表的别名，属性 class 的值为持久化类的类名。

配置完成以后，通过 Session 对象的 getNamedQuery()方法来获得 Query 对象，代码如下：

```
Query query=session.getNamedQuery("findCustomerByName");
query.setParameter("name", "sunyang");
List list=query.list();
```

在上述代码中，getNamedQuery()方法的参数为配置文件中<sql-query>元素的 name 属性值，setParameter()方法用于给 SQL 语句中的参数赋值。

9.3　Hibernate 的关联查询

关联关系是一种结构化关系，指两个对象之间存在某种联系。在 Hibernate 框架中，关系体现在持久化类对象之间。项目应用中设计数据库时，常见的数据表之间的关联关系包括一对一、一对多和多对多 3 种。Hibernate 框架针对这几种关联关系都做了对应的配置和处理，这些内容将在本节详细介绍。

9.3.1　一对一关联关系的使用

一对一关联关系是现实中比较常见的一种关系，例如，一辆汽车只有一个车牌号，一个车牌号只能对应一辆汽车。

一对一关联关系有两种实现方式，主键关联和外键关联。主键关联就是通过两个表的主键进行关联，而外键关联则是一个表的主键与另一个表的外键进行关联。下面分别介绍它们的实现方式。

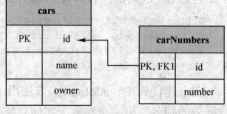
图 9-5　主键关联

1. 主键关联

汽车表（cars）和车牌号表（carNumbers）为一对一的关联关系，车牌号表的主键（id）同时作为外键参照汽车表的主键（id），如图 9-5 所示。

下面是主键关联的配置方式。

（1）在汽车类（Car）的映射文件中配置如下代码：

```
<class name="com.ve.Car" table="cars" lazy="true">
    <!--省略其他配置代码 -->
    <one-to-one name="carNumber" class="com.ve.CarNumber" cascade="all" outer-join
      ="true"/>
</class>
```

在上述代码中，<one-to-one>元素用于配置一对一的关联关系，其属性 cascade 用于设置级联关系，当值为 all 时表示增加、删除和修改 Car 对象时，都会级联增加、删除和修改 CarNumber 对象。

（2）在车牌号类（CarNumber）的映射文件中配置如下的代码：

```
<class name="com.ve.CarNumber" table="carNumbers">
    <id name="id" type="java.lang.Long">
        <column name="id" />
        <generator class="foreign">
            <param name="property">customer</param>
```

```
        </generator>
    </id>
    <!--省略其他配置代码 -->
    <one-to-one name="car" class="com.ve.Car" constrained="true"/>
</class>
```

在上述代码中，<id>元素的子元素<generator>用于设置对象标识符的生成，其属性 class 的值为 foreign 表示使用外键生成机制，即 CarNumber 和 Car 共享一个 OID；<one-to-one>的 constrained 属性值为 true 表示 CarNumber 的主键同时作为外键参照 Car 的主键。

注意：在进行主键关联时，不需要在配置文件中使用<property>元素配置关联的表字段，这是因为 Hibernate 加载数据表时，已经加载了主键，因此不需要再进行设置了。

2. 外键关联

外键关联实际上是一对多关联的特例，即多的一方只有一个对象。外键关联配置时需要在其中一个数据表中建立一个外键，用来关联另一个数据表。

以汽车和车牌号为例，在车牌号表中存在一个外键（car_id）用于参照汽车表的主键（id），如图 9-6 所示。

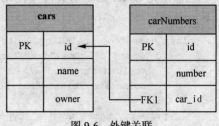

图 9-6　外键关联

汽车类映射文件中的配置代码和主键关联的配置代码一样，车牌号类的映射文件中的代码如下：

```
<class name=" com.ve.CarNumber" table="carNumbers">
    <id name="id" type="java.lang.Long">
        <column name="id" />
        <generator class="native"/>
    </id>
    <!--省略其他配置代码 -->
    <many-to-one name="car" class="com.ve.Car" column="car_id" unique="true"/>
</class>
```

在上述代码中使用<many-to-one>元素来配置外键关联关系，其属性 column 的值为外键的字段名称，属性 unique 值为 true 表示外键生成一个唯一约束。

9.3.2　一对多、多对一关联关系的使用

一对多和多对一关系其实指的是同一种关联关系。例如，数据库中存在两张数据表，客户表（customers）和订单表（orders），它们之间是一对多的关系，如图 9-7 所示。

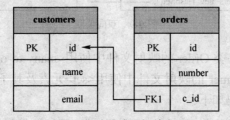

图 9-7　客户表和订单表

Hibernate 对一对多的关联关系提供了两种映射方法：单向关联和双向关联。

1. 单向关联

单向关联指的是仅在一个实体类中定义另一个实体类属性,例如,类 Customer 和 Order 的单向关联关系如图 9-8 所示。

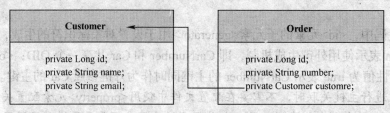

图 9-8　单向关联

之后在类 Order 的映射文件中使用<many-to-one>元素配置多对一的关联关系,配置代码如下:

```
<class name="com.oneToMany.Order" table="orders" lazy="true">
    <id name="id" type="java.lang.Long">
        <column name="id" />
        <generator class="native" />
    </id>
    <property name="number" type="string">
        <column name="number" length="30" not-null="true" />
    </property>
    <many-to-one name="customer" column="c_id"
        class="com.oneToMany.Customer" not-null="true" />
</class>
```

在上述代码中,<many-to-one>元素的属性 name 的值为实体类 Order 的属性名,属性 column 的值为数据表 orders 的外键,属性 class 指定 customer 的类型,属性 not-null 指定 customer 是否允许为空。

2. 双向关联

双向关联指的是在关联关系中"多"的一方定义"一"的一方的属性,在"一"的一方定义一个集合类型(Set 类型)的属性,例如,类 Customer 和 Order 的双向关联关系如图 9-9 所示。

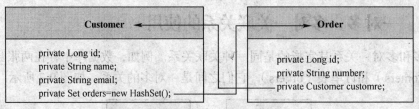

图 9-9　双向关联

对于双向关联,除了在类 Order 的映射文件中使用<many-to-one>元素配置多对一的关联关系外,还需要在类 Customer 的映射文件中使用<set>元素及其子元素<one-to-many>配置一对多的关联关系,配置代码如下:

```
<class name="com.oneToMany.Customer" table="customers" lazy="true" >
    <id name="id" type="java.lang.Long">
        <column name="id" />
```

```
        <generator class="native"/>
    </id>
    <property name="name" type="string" >
        <column name="name" length="25" not-null="true" />
    </property>
    <set name="orders" cascade="save-update" >
        <key column="c_id"></key>
        <one-to-many class="com.oneToMany.Order"/>
    </set>
</class>
```

在上述代码中，<set>元素的属性 name 的值为实体类 Customer 的属性名，属性 cascade
的值为 save-update，表示级联保存和更新；<key>元素指定表的外键，其属性 column 的值为
外键的字段名称。

9.3.3　多对多关联关系的使用

多对多也是一种很常见的关联关系，例如学生选课，一个学生都可以选择多门课程，而
每一门课程也可以被多个学生来选择，学生和课程之间就是多对多的关联关系。

对于多对多的关系，在建立数据表时需要提供第 3 个表来建立连接，以学生选课为例，
其中包括学生表（students）、课程表（courses）和学生选课表（student_course），如图 9-10
所示。

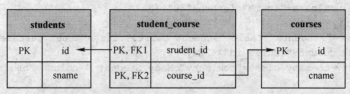

图 9-10　学生表、课程表和学生选课表

在数据表 student_course 中，字段 student_id 和 course_id 作为联合主键并且分别作为外
键参照 students 表和 courses 表。

下面是使用多对多关联关系的具体步骤。

（1）在学生和课程的持久化类中分别定义 Set 类型的属性，如图 9-11 所示。

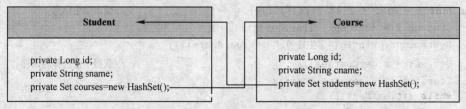

图 9-11　类 Student 和类 Course

（2）在类 Student 的映射文件中使用<set>元素配置多对多的关联关系，配置代码如下：

```
<class name="com.manyToMany.Student" table="students">
    <id name="id" type="java.lang.Long">
        <column name="id" />
        <generator class="native" />
    </id>
    <property name="sname" type="string">
```

```
        <column name="sname" length="30" />
    </property>
    <set name="courses" table="student_course" lazy="true"
        inverse="true" cascade="save-update">
        <key column="student_id"></key>
        <many-to-many class="com.manyToMany.Course" column="course_id" />
    </set>
</class>
```

在上述代码中，<set>元素的属性 name 的值为类 Student 中的属性，属性 table 的值为学生与课程关联表名称，属性 lazy 的值为 true，表示使用延迟加载，属性 inverse 值为 true，表示当前的一端是镜像端，属性 cascade 的值为 save-update，表示级联保存和更新；<key>元素指定 student_course 表参照 students 表的外键字段名称；<many-to-many>元素的 class 属性的值为多对多关联中另一方的持久化类的全路径，column 属性指定 student_course 表中参照 courses 表的外键字段名称。

（3）在类 Course 的映射文件中使用<set>元素配置多对多的关联关系，配置代码如下：

```
<class name="com.manyToMany.Course " table="courses">
    <id name="id" type="java.lang.Long">
        <column name="id" />
        <generator class="native" />
    </id>
    <property name="cname" type="string">
        <column name="cname" length="30" />
    </property>
    <set name="students" table="student_course" lazy="true" cascade="save-update">
        <key column="course_id"></key>
        <many-to-many class="com.manyToMany.Student " column="student_id" />
    </set>
</class>
```

上述代码的配置方式和在类 Student 的映射文件中配置方式相同，只需将相应的映射关系替换即可。

（4）查询学生选择的课程，示例代码如下（从学生端查询课程）：

```
Query query = session.createQuery("from Student ");        //查询所有的学生
List list = query.list();
for (int i = 0; i < list.size(); i++) {                    //输出学生信息
    Student s = (Student) list.get(i);
    System.out.println("学生姓名:" + s.getSname());
    Set set = s.getCourses();                              //获得学生选择的课程
    Iterator it = set.iterator();
    while (it.hasNext()) {
        Course c = (Course) it.next();
        System.out.println("选择的课程:"c.getCame());
    }
}
```

说明：多对多关联关系也分为单向关联和双向关联，上述例子为双向关联。单向关联非常简单，只需在一个实体类中定义 Set 类型属性以及在其映射文件中使用<set>元素配置即可。

9.4　Hibernate 过滤

前面几节介绍了 Hibernate 查询方式以及关联查询，在实际的项目当中，不一定每次查询都需要关联表中的所有数据。例如，进行图书编号查询时，只想得到图书 ID 是 1 并且图书编号 ID 大于 2 的记录，当出现这种情况时，一种方法是通过 HQL 或者 QBC 解决，另一种方法就是使用 Hibernate 提供的结果集过滤器进行过滤，得到目标数据。

Hibernate 提供了两种过滤方式：Session 过滤和 Filter 过滤。

9.4.1　Session 过滤

进行一对多查询时，可以从 "一" 的一方查询得到 "多" 的一方的 Set 结果集。例如，在进行图书查询时，可以在查询图书 ID 为 1 的图书编号时得到 Set 类型的结果集，该结果集可能有一个或者多个值，但是这些值不都是需要的。那么此时就可以使用 Session 提供的 createFilter() 函数进行查询，其步骤如下。

（1）获得图书 ID 为 1 的查询结果对象。

（2）获得图书编号表中的 ID>2 的结果集。

实现代码如下。

```
BookInfoVo book=(BookInfoVo)session.get(BookInfoVo.class, 1);
Query q=session.createFilter(book.getBookno(),"where this.id>2");
```

当查询时 Hibernate 会自动添加带有 where 关键字的附加条件，这样就可以得到图书信息表中 ID 为 1 的对应的图书编号大于 2 的数据。

注意：

● createFilter() 函数的第一个参数必须是持久化状态的对象，示例代码中的持久化对象是 Set 类型的图书编号（book.getBookno()），第二个参数是查询的条件。

● createFilter() 函数返回的是 Query 类型的结果集。

9.4.2　Filter 过滤

集合过滤的另一种方式就是使用 "org.Hibernate.Filter" 类提供的方法。使用时需要在 "一" 的一方映射文件中进行配置，其步骤如下。

（1）映射文件中配置过滤器

下面是配置图书编号表中的图书 ID 的代码：

```
<class>
……
</class>
<filter-def name="booknoid">
    <filter-param name="id" type="java.lang.Integer" />
</filter-def>
```

对上面代码中的元素介绍如下。

● <filter-def>：定义过滤器，元素中的 name 属性值为过滤器名称。

● <filter-param>：配置过滤参数，name 属性为参数名称，type 属性为参数类型。

（2）在映射文件中配置<class>元素引用的过滤器

在<class>元素中<set>元素体内使用<filter>元素引入过滤器。元素中的 name 属性为引用的过滤器名称，condition 属性为过滤条件。如下代码中引用了步骤 1 中定义的过滤器。

```
<set name="bookno" cascade="all-delete-orphan" inverse="true"
    lazy="false" batch-size="3">
    <cache usage="read-write" />
    <key column="book_id" />
    <one-to-many class="sunyang.domain.BookNo" />
    <filter name="booknoid" condition="id>=:id" />
</set>
```

（3）开启过滤器进行查询

默认情况下 Session 中的 Filter 是关闭的，使用时需调用 enableFilter()函数显式开启过滤器，该函数的参数是在映射文件中定义的过滤器名称。

开启过滤器以后对过滤参数赋值。映射文件中定义的参数通过 Filter 对象中 setParameter()方法进行赋值。该方法的第一个参数是在<filter-param>元素中定义的参数名称，第二个参数是对参数设置的值，该值就是进行过滤查询生成的 Where 语句中查询条件值。

对过滤参数赋值以后进行查询，查询数据的代码如下：

```
Filter f=session.enableFilter("booknoid");
f.setParameter("id", new Integer(2));
BookInfoVo book=(BookInfoVo)session.get(BookInfoVo.class, 1);
Iterator it=book.getBookno().iterator();
……//省略其他代码
```

注意：使用过滤器时必须首先开启 Filter，调用 session.enableFilter()，然后对过滤器的参数赋值，最后进行查询。如果先进行查询后开启过滤器，那么 Hibernate 的查询将绕开设置的过滤器，达不到过滤的效果。

9.5 项目实战——客户订单管理

本节将使用本章所学的知识开发客户订单管理程序，具体步骤如下。

（1）程序功能分析

本程序包括两项功能：级联保存客户信息及其所发出的订单和检索所有客户及其关联的订单，其中，检索所有客户及其关联的订单如图 9-12 所示。

图 9-12　检索客户和订单

（2）程序数据库设计

本程序使用的数据库系统为 SQL Server 2000，数据库名称为"myshop"。数据表有两个，名称分别为 customers（客户表）和 orders（订单表），客户表和订单表的关联关系为一对多的关系。

客户表的表结构如表 9-2 所示。

表 9-2　　　　　　　　　　　　　　　　数据表 customers

字 段 名 称	数 据 类 型	长　　度	字 段 描 述
id	bigint	8	主键，自增长
name	varchar	50	客户名称
address	varchar	50	客户地址

订单表的表结构如表 9-3 所示。

表 9-3　　　　　　　　　　　　　　　　数据表 orders

字 段 名 称	数 据 类 型	长　　度	字 段 描 述
id	bigint	8	主键，自增长
orderNumber	varchar	30	订单编号
customerId	bigint	8	外键，和表 customers 的 id 字段关联

（3）工程目录结构

本工程的目录结构及其说明如图 9-13 所示。

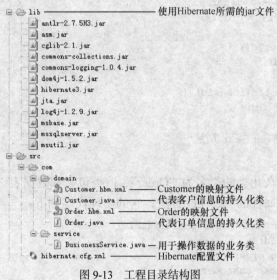

图 9-13　工程目录结构图

说明：本工程为一个 Java 工程，使用 main 方法在控制台输出数据。

（4）Hibernate 配置文件的实现

配置文件的名称为"hibernate.cfg.xml"，用于配置数据库连接等信息，它的关键代码如下：

```
<hibernate-configuration>
    <session-factory>
```

```
            <property name="connection.driver_class">
                com.microsoft.jdbc.sqlserver.SQLServerDriver
            </property>
            <property name="connection.url">
                jdbc:microsoft:sqlserver://localhost:1433;DatabaseName=myshop
            </property>
            <property name="dialect">
                org.hibernate.dialect.SQLServerDialect
            </property>
            <property name="connection.username">sa</property>
            <property name="connection.password">sa</property>
            <property name="show_sql">false</property>
        </session-factory>
    </hibernate-configuration>
```

（5）持久化类的实现

代表客户信息的持久化类的类名为"Customer"，该类包含和数据表"customers"中字段一一对应的私有属性及其每个属性的 set、get 方法，它的实现代码如下：

```
public class Customer implements Serializable {
    private Long id;
    private String name;
    private String address;
    private Set orders = new HashSet();
    public Customer() {
    }
    public Customer(String name, String address, Set orders) {
        this.name = name;
        this.address = address;
        this.orders = orders;
    }
    public Long getId() {
        return id;
    }
    public void setId(Long id) {
        this.id = id;
    }
    //省略其他属性的 get、set 方法
}
```

代表订单信息的持久化类的类名为"Order"，该类包含和数据表"orders"中字段一一对应的私有属性及其每个属性的 set、get 方法，它的实现代码如下：

```
public class Order implements Serializable{
    private Long id;
    private String orderNumber;
    private Customer customer;
    public Order(){}
    public Order(String orderNumber){
        this.orderNumber=orderNumber;
    }
    public Long getId() {
        return id;
    }
    public void setId(Long id) {
        this.id = id;
```

```
    }
    //省略其他属性的 get、set 方法
}
```

（6）映射文件的实现

持久化类 Customer 的映射文件的名称为 "Customer.hbm.xml"，它的关键代码如下：

```xml
<hibernate-mapping>
    <class name="com.domain.Customer" table="customers" lazy="true">
        <id name="id" type="java.lang.Long">
            <column name="id" />
            <generator class="native" />
        </id>
        <property name="name" type="string">
            <column name="name" length="25" not-null="true" />
        </property>
        <property name="address" type="string">
            <column name="address" length="50" not-null="true" />
        </property>
        <set name="orders" cascade="all-delete-orphan" inverse="true"
            lazy="true">
            <key column="customerId"></key>
            <one-to-many class="com.domain.Order" />
        </set>
    </class>
</hibernate-mapping>
```

持久化类 Order 的映射文件的名称为 "Order.hbm.xml"，它的关键代码如下：

```xml
<hibernate-mapping>
    <class name="com.domain.Order" table="orders">
        <id name="id" type="java.lang.Long">
            <column name="id" />
            <generator class="native" />
        </id>
        <property name="orderNumber" type="string">
            <column name="orderNumber" length="30" not-null="true" />
        </property>
        <many-to-one name="customer" column="customerId"
            class="com.domain.Customer" not-null="true" />

    </class>
</hibernate-mapping>
```

（7）业务类的实现

业务类的类名为 "BusinessService"，该类包含一个 saveCustomerAndOrder()方法、一个 findCustomerAndOrders()方法和一个 main 方法，其中 saveCustomerAndOrder()方法用于级联保存客户信息和该客户的订单信息；findCustomerAndOrders()方法用于查询所有的客户信息及其该客户所关联的订单信息；在 main 方法中通过 BusinessService 对象调用 saveCustomerAndOrder()方法和 findCustomerAndOrders()方法来执行相应的操作。它的实现代码如下：

```java
public class BusionessService {
    public static SessionFactory sessionFactory;
    static{
```

```
        try{
//根据默认位置的 Hibernate 配置文件的配置信息，创建 Configuration 实例
            Configuration config=new Configuration();
            config.configure();
            config.addClass(Order.class);
            config.addClass(Customer.class);
            sessionFactory=config.buildSessionFactory();
        }catch(Exception e){
            e.printStackTrace();
        }
    }
//级联保存客户和订单
    public void saveCustomerAndOrder(){
        Session session=sessionFactory.openSession();
        Transaction tx=null;
        try{
            tx=session.beginTransaction();
            Customer c=new Customer("张三","济南",new HashSet());
            Order o=new Order("zhangsan086532");
            o.setCustomer(c);
            c.getOrders().add(o);
            session.save(c);
            tx.commit();
        }catch(Exception e){
            if(tx!=null)tx.rollback();
            e.printStackTrace();
        } finally {
            session.close();
        }
    }
//查询客户及其订单
    public void findCustomerAndOrders(){
        Session session=sessionFactory.openSession();
        Transaction tx=null;
        try{
            tx=session.beginTransaction();
            Query query=session.createQuery("from Customer as c ");
            List list=query.list();
            System.out.println("id"+" 客户名称"+" 客户地址"+" 所有订单");
            for(int i=0;i<list.size();i++){
            Customer c=(Customer)list.get(i);
            System.out.print(c.getId());
            System.out.print(c.getName());
            System.out.print(c.getAddress());
            Iterator it=c.getOrders().iterator();
            while(it.hasNext()){
                Order order=(Order)it.next();
                System.out.print(order.getOrderNumber()+" ");
            }
            System.out.println("");
            }
            tx.commit();
        }catch(Exception e){
            e.printStackTrace();
```

```
        } finally {
            session.close();
        }
    }
    public static void main(String[] args) {
        BusionessService b=new BusionessService();
        b.saveCustomerAndOrder();
        b.findCustomerAndOrders();
    }
}
```

本 章 小 结

本章首先介绍了 Hibernate 提供的数据检索策略：立即检索、延迟检索、预先检索和批量检索。其次介绍了 Hibernate 提供的数据检索方式：HQL 方式、QBC 方式和原生 SQL 方式。接着介绍了 Hibernate 对各种关联关系的配置与使用、Hibernate 对数据过滤查询操作。最后，将前面所学的内容综合运用，开发了一个简单的客户订单管理程序，以达到熟练使用 Hibernate 的目的。

下面是本章的重点内容回顾：

● Hibernate 的查询策略包括立即检索策略，延迟检索策略、预先检索策略、批量检索策略。

● Hibernate 的数据查询方式包括 HQL 方式、QBC 方式、原生 SQL 方式。

● 常用的静态查询推荐使用 HQL。

● 常用的动态查询推荐使用 QBC。

● 针对特殊的底层数据库可以使用原生的 SQL。

● Hibernate 框架中的关联查询包括一对一查询、一对多查询、多对多查询。

● Hibernate 中的过滤查询在关联查询中起到准确得到目标数据，节省系统资源，提高系统效率的作用。

课 后 练 习

（1）Hibernate 中的检索策略分为：_____，_____，_____，_____。

（2）请简述 Hibernate 中的查询方式以及它们分别在什么样的场合下使用。

（3）请简述 Hibernate 一对多关联查询时应该注意的问题。"一"的一方如何配置？"多"的一方如何配置？

（4）简答多对多关联查询时，如何获得对方的属性信息。

（5）下面的代码中使用的是哪种查询方式？

```xml
<set name="bookno" cascade="all-delete-orphan" inverse="true" lazy="false">
    <key column="book_id" />
    <one-to-many class="com.sy.domain.BookNo" />
</set>
```

第 10 章
Hibernate 性能优化

本 章 小 结

事务是应用项目中必不可少的一部分，在 Hibernate 框架中提供了对事务处理的支持，而且它支持两种事务处理方式：JDBC 事务处理和 JTA（Java Transaction API）事务处理。

缓存是提高应用系统性能的一个关键因素，它对数据起到蓄水池和缓冲的作用。Hibernate 实现了良好的缓冲机制，它提供了一级缓存、二级缓存，并提供第三方缓存的接口。

通过本章的学习，读者可掌握 Hibernate 对事务的处理方式以及如何在应用程序中实现缓存。

10.1 Hibernate 事务与并发

所谓事务（Transaction），其实就是一个操作单元，在这个单元里的所有操作要么都执行，要么都失败。如果所有操作成功，事务则提交（commit）。即使一个操作失败，事务也将回滚（roll back），所有被影响的数据将恢复到以前的状态。

10.1.1 什么是事务

事务（Transaction）是访问数据库时，可能更新数据库中各种数据项的一个程序执行单元。在关系型数据库（如 SQL Server、MySQL）中，事务可能是一条或者一组更新数据库一条记录的 SQL 语句。事务的作用是用来确保数据的完整性，避免数据库中的数据在不正确的操作下引起的错误更改。任何程序的设计都要考虑到事务，合理地使用事务才能保证程序的可运行性。

事务的每一个执行单元都需要满足它的 4 个特性：原子性、一致性、隔离性、持久性。

- 原子性（Atomicity）：指事务的执行单元是一个不可再分割的单元，这些单元要么都执行，要么都不执行。例如，在程序中编写 10 条更新数据的 SQL 语句，执行这些 SQL 语句时，其中的一条执行失败，那么所有的已经执行的 SQL 语句都要撤销对数据库的操作，使数据回滚到初始状态。

- 一致性（Consistency）：指无论执行了什么样的操作，都应保证数据的完整性和业务逻辑的一致性。例如，对图书管理的操作，无论借书还是还书都应该保证数据中图书的总数量不变。事务的一致性和原子性密切相关。

- 隔离性（Isolation）：指在事务的执行过程中，多个执行单元间操作的数据都是其他单元没有操作或者操作结束后的数据，保证每一个执行单元操作的数据都有完整的数据空间。事务的执行过程中不存在当前所处理数据正被另一个事务处理的情况。隔离性也称为事务的串行化。

- 持久性（Durability）：持久性针对的是事务结束后，执行单元操纵的数据被保存在数据库中，这些数据的保存状态是永久性的，不会因为系统故障而丢失。

RDBMS（关系型数据库管理系统）实现了事务的 4 个特性，通常简称这 4 个特性为 ACID。RDBMS 通过系统的日志记录来确定如何实现 ACID，也就是说系统会根据日志记录来回滚错误的数据操作。

实际应用过程中可以根据不同的环境来选择不同的事务方法。

10.1.2 Hibernate 中的事务处理

Hibernate 的框架中支持两种事务处理方式：JDBC 事务处理和 JTA（Java Transaction API）事务处理。本节将介绍 JDBC 事务的使用。

Hibernate 中的两种事务处理方式默认情况下都是关闭的，使用时可以在配置文件"hibernate.cfg.xml"或者"hibernate.properties"中进行配置。如果不进行配置那么会默认使用 JDBC 事务。Hibernate 对 JDBC 进行轻量级封装的同时也将其事务处理方式同时封装。

使用 JDBC 事务处理的配置方式如下。

（1）hibernate.cfg.xml 中的配置方式：

```
<property name="hibernate.transcation.factory_class">
    net.sf.hibernate.transcation.JDBCTranscationFactory
</property>
```

（2）hibernate.properties 中的配置方式：

```
hibernate.transcation.factory_class= net.sf.hibernate.transcation.JDBCTranscation
Factory
```

在代码中使用 JDBC 事务处理要编写的内容包括：

- 实例化 Configure 类读取配置文件或者属性文件。
- 获得 SessionFactory 实例。
- 获得 Session 实例。
- 通过 session.beginTransaction()获得事务 Transaction 对象。
- 开始事务：进行数据的操作。
- 提交事务：数据处理结束后提交事务。
- 回滚事务：如果数据处理出现异常那么回滚事务，恢复数据。
- 结束事务：通过 session.close 结束事务。

下面是一段使用 JDBC 事务的代码。

```
Configuration config=new Configuration();              //实例化 Configure 类
……

sessionFactory=config.buildSessionFactory();           //建立 Session 工厂
Session session=sessionFactory.openSession();          //开启会话
Transaction tx=null;                                   //定义事务处理对象
try{
    tx=session.beginTransaction();                     //开始事务
    tx.begin();
```

```
      ......
      tx.commit();                                          //提交事务
}catch(Exception e){
      e.printStackTrace();
      tx.rollback();                                        //回滚事务
}finally{
      session.close();                                      //关闭 Session
}
```

10.1.3   在 Hibernate 中使用 JTA 事务

JTA（Java Transaction API）是 Java EE 事务服务的标准解决方式，通过容器来控制事务。主要应用在多数据库操作的分布式系统中。

下面是 JTA 事务处理方式的配置。

（1）hibernate.cfg.xml 中的配置方式：

```
<property name="hibernate.transcation.factory_class">
    net.sf.hibernate.transcation.JTATranscationFactory
</property>
```

（2）hibernate.properties 中的配置方式：

```
hibernate.transcation.factory_class=net.sf.hibernate.transcation.JTATranscation Factory
```

使用 JTA 管理事务的代码中应包括如下内容。

- 创建 JTA 事务对象。
- 开始事务。
- 获得 Session 并编写操作数据的方法。
- 关闭 Session。
- 提交事务。
- 如果遇到异常事件回滚事务。

下面是一段使用 JTA 事务的代码：

```
try {
    UserTransaction tx = null;                             //创建 JTA 事务
    tx = (UserTransaction) new InitialContext()
        .lookup("javax.transaction.UserTransaction");
    tx.begin();                                            //开始事务
    Session session1=sessionFactory.openSession();         //创建第一个 Session
    ......
    session1.flush();
    session1.close();
    Session session2=sessionFactory.openSession();         //创建第二个 Session
    ......
    session2.flush();
    session2.close();
    tx.commit();                                           //提交事务
} catch (Exception e) {
    try {
        if (tx!=null) tx.rollback();                       //回滚事务
    } catch (IllegalStateException e1) {
```

```
          e1.printStackTrace();
      } catch (SecurityException e1) {
          e1.printStackTrace();
      } catch (SystemException e1) {
          e1.printStackTrace();
      }
  }
```

　　JTA 的事务处理与 JDBC 的事务处理完全不同，JDBC 的事务先实例化 Sessin 后得到事务对象，事务对象的生命周期与 Session 同时开始或结束。而 JTA 事务处理则是首先创建事务处理对象，然后实例化 Session，它的事务生命周期要长于 Session 的生命周期。应用过程中可以根据实际情况和使用的场合确定使用哪种事务处理方式。

　　注意：JDBC 的事务处理和 JTA 的事务处理不可同时使用，否则程序无法正常运行。

10.1.4　并发控制

　　并发指的是同一个时间段内多个事务共同请求同一个资源，如同时有两个 Session 都在访问图书信息表中的数据，一个是修改图书名称，另一个是修改图书的作者，这种情况就叫做并发。关系型数据库中对并发都有详细的处理方式，Hibernate 框架中也对这种并发操作提供了处理方法，下面将详细介绍。

　　事务并发可能引起的问题如表 10-1 所示。

表 10-1　　　　　　　　　　　　　　　　　　并发问题

并 发 问 题	问 题 描 述
第一类丢失更新	当两个或多个事务同时更新同一资源时，第一个事务已经更新了数据，而第二个事务由于被中断而撤销了事务，导致第一个事务也被撤销，那么数据将恢复到初始状态
脏读	当两个或者多个事务同时操作一个资源时，第一个事务更新了数据但未提交，此时第二个事务读取了该条数据并进行了处理。此时第一个事务由于某种原因被撤销了，那么第二个事务处理的数据就称为脏数据。这种情况称为脏读
虚读	虚读是由于当前的一个事务查询到了另一个事务新插入的数据而引起的。当第一个事务查询了数据库的记录数，此时第二个事务向数据库中增加了一条记录，改变了当前的记录数目，那么第一个事务获得的数据就是虚读的数据，该数据与数据库中的实际数据不相同
不可重复读	当第一个事务修改数据时，第二个事务在它的提交事务的前后，两次读取了第一个事务所修改的数据，导致第二个事务两次读取的数据不匹配
第二类丢失更新	第二类丢失更新是不可重复读的一个特例。当多个事务同时读取到了一条资源记录，分别根据自身的逻辑进行处理，最后分别提交事务。问题发生在最后提交的事务将会覆盖前面所有已经提交的事务的数据，导致最终的数据完整性被破坏

　　为了解决在事务并发过程中出现的问题，数据库系统提出了一种特殊的处理方式——锁。顾名思义，就是将当前的事务处理的数据上锁。锁的概念可以形象地描述为开车，当驾驶员进入汽车后关上车门，将车门上锁，汽车在行驶的过程中任何人都不能进入当前的汽车驾驶室，只有驾驶员可以操纵汽车。当汽车停止了驾驶以后，驾驶员打开了车门，其他人才可以进入汽车进行驾驶。

　　锁有两种形式，一种是悲观锁，另一种是乐观锁。

1. 悲观锁（Pessimistic Locking）

悲观锁认为所有的事务都在请求当前处理的资源，因此在当前的事务处理数据时，将数据资源上锁，其他所有的事务都不可以访问当前的资源。只有在当前的事务提交后，其他事务才可以访问刚刚被锁定的数据。由于悲观锁伸展性太差，因此通常不推荐使用，但是有些特定的情况，如为了严格避免死锁而使用悲观锁，可以实质性地解决问题。

在 Hibernate 中，它提供的 Query 类和 Criteria 类的 setLockMode()方法以及 Session 类的 load()和 lock()方法都可以进行加锁。锁定的模式包括表 10-2 中列举的几种。

表 10-2 　　　　　　　　　　　　　　　　　　　悲观锁的级别

锁定级别	描　　述
LockMode.FORCE	当使用版本号进行锁定（Optimistic Locking）时，可强迫指定的记录进行版本号递增
LockMode.NONE	除非缓存中没有目标数据才访问数据库
LockMode.READ	使用版本检查机制，不从缓存中读取数据，直接访问数据库
LockMode.UPGRADE	使用版本检查，利用数据库的 for update 加锁，但绕过了隔离级别和缓存中的数据，使用数据库本身的悲观锁
LockMode.UPGRADE_NOWAIT	功能同上，但是使用 for update nowait 进行加锁
LockMode.WRITE	Hibernate 的内部模式，在 Hibernate 的一个事务中执行写数据时获得

2. 乐观锁（Optimistic Locking）

乐观锁对访问数据库中的记录采用一种乐观的处理，即认为访问数据库的事务很少发生数据访问错误等问题。当数据出现了不一致状态时，Hibernate 采用版本检查和时间戳等技术来实现读取数据。

版本控制技术是在操作的数据表中增加一个版本号的字段，习惯上将该版本号命名为 version（也可以自定义字段名称），每一个事务对这张数据表进行数据操作时，都会更改表中的 version 字段，将该字段的值递增。版本号字段的类型必须是数字类型，如 long、integer、short。当一个新的事务到来时，首先加载版本号，如果版本号和数据库中的版本号相等，那么允许事务进行数据操作，否则给出警告信息，数据操作人员可以选择继续还是放弃当前的操作。

下面是使用版本控制技术的具体步骤。

（1）首先要在数据表中增加版本控制字段，如增加 int 类型的 version 字段。

（2）然后在该表对应的持久化类中增加 int 类型的 version 属性，并提供相应的 get 和 set 方法。

（3）在映射文件中配置该字段和属性的映射，配置的版本字段和属性值间的映射必须填写在<id>字段下面。代码如下：

```
<id>
……
</id>
<version name="version" column="VERSION" type="integer" />
```

使用版本控制技术是通过程序来实现的锁定机制，如果一个事务更改了版本信息，那么另一个事务必须先获得新版本号以后才可以进行数据操作。这一点不利于程序的安全性，如果非法用户得知目前数据表记录的版本号，那么他就可以通过手动递增版本号的形式操纵数据。

另一种实现乐观锁的方式就是使用时间戳，它和版本控制原理相似。数字版本控制主要是在数据库中增加一个数字类型的版本信息，使用时间戳就是在数据表中增加一个时间类型的版本号，操作数据的事务必须匹配当前的时间才可以进行数据操作。相比数字类型的版本控制，这种控制技术安全性不高，虽然理论上同时发出的两个事务线程可以同时取得数据库中同一记录，事实上发生这种情况的可能性非常小。

下面是使用时间戳的具体步骤。

（1）在数据库中建立时间类型（timestamp）的字段，这里命名为 lastedtime（该字段的名称可自定义）。

（2）在该表对应的持久化类中增加一个 Data 类性的属性 lastedtime，并提供相应的 get 和 set 方法。

（3）在映射文件中进行配置，配置时间戳的元素要写在<id>元素下面。配置的代码如下：

```
<id>
……
</id>
< timestamp name="lastedtime" column="LASTEDTIME"/>
```

项目应用中应该根据实际需求来确定使用并发控制的悲观锁和乐观锁。对于数据访问频率较低并且一旦产生冲突，后果及其严重的情况应该使用悲观锁；对于要求性能和效率的数据访问频率高，即使发生数据冲突后果也不是很严重的情况可以使用乐观锁。

10.2 Hibernate 缓存

任何成熟的应用系统都要考虑系统的性能，而提升系统性能最佳的方式就是使用缓存。Hibernate 提供了一级缓存，二级缓存，并提供第三方缓存的接口。

10.2.1 缓存的工作原理

缓存的原理很简单，如日常生活中使用的计算机系统，它的中央处理器（CPU）的工作效率非常高，而实际存储数据的硬盘提供给 CPU 处理的数据的速度相对来说非常低，为了解决速度不匹配问题而提出了使用内存作为中间媒介，用来预先存储 CPU 处理的数据或者将硬盘中的数据预先读取出来，供 CPU 处理。这种工作过程中的内存就是缓存的媒介。Hibernate 中的缓存是为了减少不必要的数据库访问而被提出来的。缓存中存储从数据库提取的供应用程序处理的数据。应用程序可以通过主键进行数据查询，查询的过程当中将频繁读取的数据加载到缓存中，下次程序请求数据时直接访问缓存就可以得到目标数据，这样可以减少访问数据库的频率，减少系统开销。

Hibernate 的缓存实现如图 10-1 所示。

在图 10-1 中，Hibernate 中的 Session 类提供了事

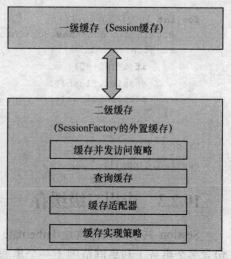

图 10-1 Hibernate 的缓存

务级别的一级缓存，缓存中的数据在事务提交以后会马上清空。二级缓存是 SessionFactory 范围内的缓存技术，二级缓存依靠缓存并发策略、查询缓存、缓存适配器和缓存的实现策略等来使用。二级缓存在读/写比例高的数据时可以明显地优化系统性能。此外 Hibernate 还提供了第三方的缓存插件的使用，扩展了 Hibernate 的使用范围。

10.2.2　应用一级缓存

Hibernate 的一级缓存是由 Session 开启的缓存，由 Session 负责它的生命周期，通常一个 Session 都对应一个应用事务或者数据库的事务。正是由于这种原因，Hibernate 的一级缓存才是事务级别的，当事务提交以后，缓存中的数据也被清空了。因为 Hibernate 的一级缓存非常重要，所以一级缓存是必须使用而且不允许卸载的，缓存中的每一个对象都有唯一的 OID，可以通过 OID 获得缓存中的对象。

使用 Sesssion 的如下方法时，数据对象就被加载到了一级缓存。

- save()、update()、saveOrUpdate()：保存、更新、保存或更新方法。
- load()、get()、list()、createQuery()：查询指定的对象方法。

使用 Session 的如下方法时，可以清空缓存。

- evict()：从缓存中清空指定属性类型的持久化对象。
- clear()：清空缓存中所有的数据。

如果不希望通过对象的状态变化来更新数据库中的数据时，可以使用 evict()方法。当使用了该方法后，将释放该对象占用的系统内存，在第二次加载该对象时，将从数据库中重新加载记录数据。Session 缓存存放的数据量很少，当数据的数目超过一定的数量或者说达到了内存限定的数目后会导致系统异常。因此项目中应用了缓存而在进行大数据量的操作时，必须采取必要的手段避免这种情况的发生，如每加载 100 条数据以后，立即处理，然后清空缓存，再进行数据加载。下面是用于清空缓存的代码：

```
Session session = sessionFactory.openSession();        // 实例化 Session
Transaction tx = session.beginTransaction();           // 定义事务处理对象
tx.begin();                                            // 开始事务
                                                       // 保存图书信息数据

for(int i=0;i<50000;i++){
    BookInfoVo book=new BookInfoVo();
    session.save(book);
        if(i%100==0){                                  // 每保存 100 条数据后清空缓存
        session.flush();
        session.clear();
    }
    }
tx.commit();                                           // 提交事务
session.close();                                       // 关闭 session
```

10.2.3　应用二级缓存

Session 共享的缓存就是 Hibernate 所提供的二级缓存。二级缓存是进程范围（一个进程包含多个事务）和集群范围（一个集群包含多个进程）的缓存。通常将访问频率较高的数据存储到二级缓存中，这样可以优化系统性能，为用户提供较短的响应时间。由于二级缓存中的数据量较大，通常将数据存储到内存或者是硬盘中。

由于二级缓存是属于进程级别的，所以使用二级缓存时必须了解并配置缓存的并发策略。Hibernate 支持的并发策略如表 10-3 所示。

表 10-3   并发访问策略

并发策略名称	并发策略说明
Transactional	事务型：仅使用在受管理的环境中。可以防止脏读和不可重复读一类的并发问题。适用于经常读取但很少修改的数据
read-write	读写型：仅使用在非集群的环境中。可以防止脏读，适用于经常读取，较少修改的数据
nonstrict-read-write	非严格读写型：不能保证缓存中的数据与数据库中的数据一致，通过设置较短的数据过期时间来避免脏读。适用于极少修改，并且偶尔会出现脏读的数据
read-only	只读型：只适用从来不会被修改的数据

以上 4 种并发策略中，避免并发问题的隔离级别事务型最高，只读型最低。但是事务型策略的性能最低，而只读型策略的最高。使用哪一种并发策略可根据项目中实际需要而定。

Hibernate 的二级缓存都是通过第三方插件来实现的，如下是常用的 4 个插件。

● EHCache：来自与 Hibernate 的源码组织的另一个项目。它是一个进程范围内的缓存，支持 Hibernate 的查询缓存。

● OpenSymphoy Cache（OSCache）：进程范围内的缓存，可以使用内存或者是硬盘来存储缓存数据，提供丰富的缓存数据过期策略。同样支持 Hibernate 的查询缓存。

● SwarmCache：只支持集群范围的缓存，不支持查询缓存。

● JBossCache：来源于 JBoss 开源组织。支持集群范围和查询缓存。

以上插件支持的并发访问策略如表 10-4 所示。

表 10-4   插件对并发访问策略的支持

插 件 名 称	事 务 型	读 写 型	非严格读写型	只 读 型
EHCache	不支持	支持	支持	支持
OpenSymphoy OSCach	不支持	支持	支持	支持
SwarmCache	不支持	不支持	支持	支持
JBossCache	支持	不支持	不支持	支持

每一种插件都有独立的缓存适配器，通过在配置文件中指定插件名称和适配器才可以开启二级缓存，表 10-4 中的几个插件对应的适配器如表 10-5 所示。

表 10-5   插件适配器

插 件 名 称	缓存适配器名称
EHCache	net.sf.hibernate.cache.EhCacheProvider
OpenSymphoy OSCach	net.sf.hibernate.cache.OsCacheProvider
SwarmCache	net.sf.hibernate.cache.SwarmCacheProvider
JBossCache	net.sf.hibernate.cache.TreeCacheProvider

10.2.4　应用第三方缓存

Hibernate 的二级缓存最常用的第三方插件就是 EHCache。作为 Hibernate 的开源项目组织的一个项目，其对 Hibernate 的支持较好，而且该插件具有很多特点，包括支持多个 CPU、运行效率高、结构简单、占用内存空间少、发布每一个版本都经过了严格的测试，并提供完善的帮助文档等。

下面是配置与使用 EHCache 的具体步骤。

（1）在配置文件 "hibernate.cfg.xml" 中使用<property>元素配置如下代码将 EHCache 加载：

```
<property name="hibernate.cache.provider_class">org.hibernate.cache.EhCacheProvider
</property>
<property name="hibernate.cache.use_query_cache">true</property>
```

说明：EHCache 插件包位于 "hibernate3.jar" 包中，不需要额外引入资源库文件。

（2）加入 EHCache 的配置文件 "ehcache.xml"。该文件位于 Hibernate 3 资源包中的 "project\cache-ehcache\src\test\resources" 目录下。根据项目需要修改该配置文件，然后将其放置到 class 目录下就可以使用了。配置文件的内容包括：

- diskStore：配置缓存文件的位置。
- maxElementsInMemory：允许缓存中创建最多的对象数。
- eternal：缓存中的对象是否永久保存，如果配置为 "true" 那么将忽略超时设置。
- timeToIdleSeconds：缓存数据钝化的时间。
- timeToLiveSeconds：缓存数据的生存时间。
- overflowToDisk：内存空间不足时，是否启用磁盘缓存。

"ehcache.xml" 中配置的代码如下：

```
<ehcache>
    <!--缓存存储路径  -->
    <diskStore path="D:\\temp"/>
    <!-- 默认的缓存配置 -->
    <defaultCache
        maxElementsInMemory="10000"
        eternal="false"
        timeToIdleSeconds="120"
        timeToLiveSeconds="120"
        overflowToDisk="true"
    />
    <!-- 自定义配置 -->
    <cache name="sunyang.domain.BookNo"
        maxElementsInMemory="500"
        eternal="false"
        timeToIdleSeconds="300"
        timeToLiveSeconds="600"
        overflowToDisk="true"
    />
</ehcache>
```

（3）在映射文件中配置并发访问策略。如果只对操作表实现并发访问，那么在<class>元素下使用<cache>元素配置并发访问策略。如果需要在当前表关联的其他表中使用并发访问策略，那么在\<set\>元素内也要配置\<cache\>元素。如下面代码所示：

```
<class name="sunyang.domain.BookInfoVo" table="bookinfo">
    <cache usage="read-write"/>
        <id name="id" type="java.lang.Integer">
            <column name="id"/>
            <generator class="native"/>
        </id>
        ……
        <!--配置一对多映射 -->
        <set name="bookno" cascade="all-delete-orphan" inverse="true"
            lazy="false">
            <cache usage="read-write"/>
            <key column="book_id"/>
            <one-to-many class="sunyang.domain.BookNo"/>
        </set>
```

与图书信息表关联的图书编号表映射文件配置如下。

```
<class name="sunyang.domain.BookNo" table="bookno" lazy="false">
    <cache usage="read-write"/>
    <id name="id" type="java.lang.Integer">
        <column name="id"/>
        <generator class="native"/>
    </id>
    <property name="bookno" type="java.lang.String">
        <column name="bookno"/>
    </property>
    <!-- 配置多对一映射 -->
    <many-to-one name="bookinfovo" column="book_id"
        class="sunyang.domain.BookInfoVo" fetch="join"/>
</class>
```

通过如上的配置就可以使用二级缓存了。当内存空间到达了应用程序所设定的范围时，将启动磁盘缓存，在硬盘中的 temp 目录下创建缓存文件。实际项目中使用缓存的设置应该根据情况设定。

10.3　项目实战——借还图书

本节将开发借还图书程序，具体步骤如下。

（1）程序功能分析

本程序包括两项功能：借书和还书功能。当读者借阅图书时，程序可将该读者借阅的图书信息保存在数据库中，图 10-2 所示为所有读者的借阅图书信息。

当读者归还图书后，程序会解除该读者和所归还的图书之间的借阅关系，图 10-3 所示为读者编号 "r0901" 的读者归还图书编号为 "b001" 的图书后的显示结果。

（2）程序数据库设计

本程序使用的数据库系统为 SQL Server 2000，数据库名称为 "book_shop"。数据表有 4 个，名称分别为 "books"（图书信息表）、"bookNumbers"（图书编号表）、"readers"（读者信息表）和 "reader_bookNumber"（读者与图书编号关联表）。其中，图书信息表和图书编号表为一对多的关系；图书编号表与读者信息表为多对多的关系，二者的关联表为"reader_bookNumber"。

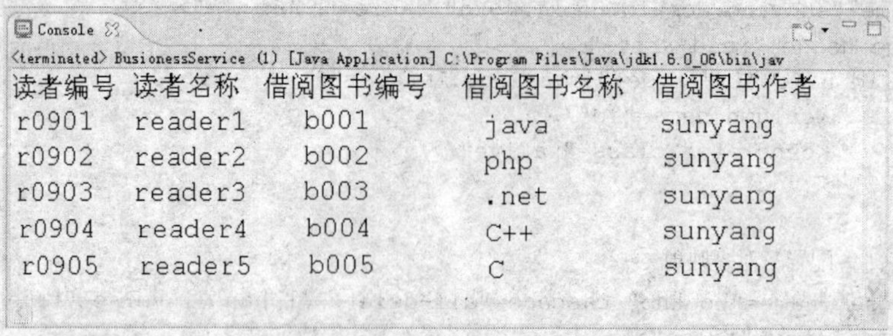

```
Console 23
<terminated> BusionessService (1) [Java Application] C:\Program Files\Java\jdk1.6.0_06\bin\jav
读者编号  读者名称  借阅图书编号   借阅图书名称  借阅图书作者
r0901   reader1  b001       java      sunyang
r0902   reader2  b002       php       sunyang
r0903   reader3  b003       .net      sunyang
r0904   reader4  b004       C++       sunyang
r0905   reader5  b005       C         sunyang
```

图 10-2 读者借阅图书信息

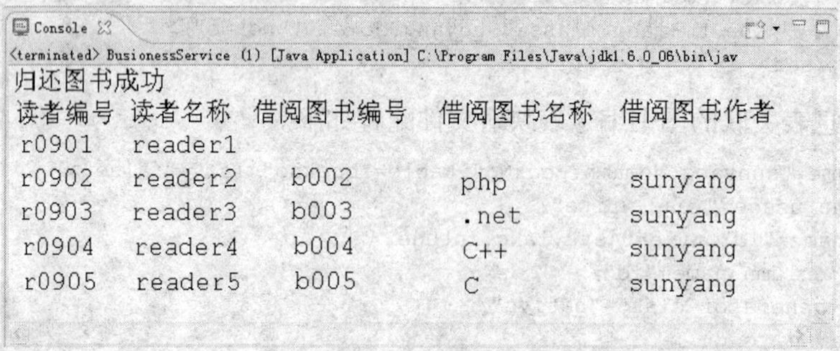

```
Console 23
<terminated> BusionessService (1) [Java Application] C:\Program Files\Java\jdk1.6.0_06\bin\jav
归还图书成功
读者编号  读者名称  借阅图书编号   借阅图书名称  借阅图书作者
r0901   reader1
r0902   reader2  b002       php       sunyang
r0903   reader3  b003       .net      sunyang
r0904   reader4  b004       C++       sunyang
r0905   reader5  b005       C         sunyang
```

图 10-3 归还图书后

图书信息表的表结构如表 10-6 所示。

表 10-6　　　　　　　　　　数据表 books

字 段 名 称	数 据 类 型	长　　度	字 段 描 述
id	bigint	8	主键，自增长
name	varchar	50	图书名称
author	varchar	50	图书作者

图书编号表的表结构如表 10-7 所示。

表 10-7　　　　　　　　　　数据表 bookNumbers

字 段 名 称	数 据 类 型	长　　度	字 段 描 述
id	bigint	8	主键，自增长
bookno	varchar	50	图书编号
book_id	bigint	8	外键，和表 books 的 id 字段关联

读者信息表的表结构如表 10-8 所示。

表 10-8　　　　　　　　　　数据表 readers

字 段 名 称	数 据 类 型	长　　度	字 段 描 述
id	bigint	8	主键，自增长
readerno	varchar	50	读者编号
readername	varchar	50	读者名称

读者与图书编号关联表的表结构如表 10-9 所示。

表 10-9　　　　　　　　　　　　　数据表 reader_bookNumber

字 段 名 称	数 据 类 型	长　　度	字 段 描 述
id	bigint	8	主键，自增长
reader_id	varchar	50	外键，和表 readers 的 id 字段关联
bookNumber_id	bigint	8	外键，和表 bookNumbers 的 id 字段关联

（3）工程目录结构

本工程的目录结构及其说明如图 10-4 所示。

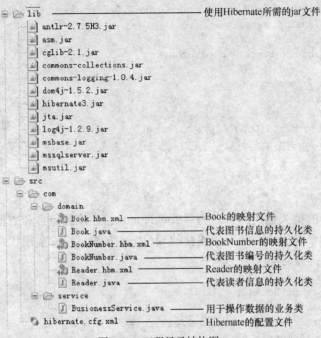

图 10-4　工程目录结构图

说明：本工程为一个 Java 工程，使用 main 方法在控制台输出数据。

（4）Hibernate 配置文件的实现

配置文件的名称为 "hibernate.cfg.xml"，用于配置数据库连接等信息，它的关键代码如下：

```
<hibernate-configuration>
    <session-factory>
        <property name="connection.driver_class">
            com.microsoft.jdbc.sqlserver.SQLServerDriver
        </property>
        <property name="connection.url">
            jdbc:microsoft:sqlserver://localhost:1433;DatabaseName=book_shop
        </property>
        <property name="dialect">
            org.hibernate.dialect.SQLServerDialect
        </property>
        <property name="connection.username">sa</property>
        <property name="connection.password">sa</property>
        <property name="show_sql">false</property>
```

```
</session-factory>
</hibernate-configuration>
```

（5）持久化类的实现

代表图书信息的持久化类的类名为"Book"，该类包含和数据表"books"中字段一一对应的私有属性及其每个属性的 set、get 方法，它的实现代码如下：

```
public class Book {
    private Long id;
    private String name;
    private String author;
    private Set bookNumbers = new HashSet();
    public Book() {}
    public Book(String name, String author, Set bookNumbers) {
        this.name = name;
        this.author = author;
        this.bookNumbers = bookNumbers;
    }
    public Long getId() {
        return id;
    }
    public void setId(Long id) {
        this.id = id;
    }
//省略其他属性的 get、set 方法
}
```

代表图书编号的持久化类的类名为"BookNumber"，该类包含和数据表"bookNumbers"中字段一一对应的私有属性及其每个属性的 set、get 方法，它的实现代码如下：

```
public class BookNumber {
    private Long id;
    private String bookno;
    private Book book;
    private Set readers = new HashSet();
    public BookNumber() {
    }
    public BookNumber(String bookno, Set readers) {
        this.bookno = bookno;
        this.readers = readers;
    }
    public Long getId() {
        return id;
    }
    public void setId(Long id) {
        this.id = id;
    }
//省略其他属性的 get、set 方法
}
```

代表读者信息的持久化类的类名为"Reader"，该类包含和数据表"readers"中字段一一对应的私有属性及其每个属性的 set、get 方法，它的实现代码如下：

```
public class Reader {
    private Long id;
    private String readerno;
```

```java
    private String readername;
    private Set bookNumbers = new HashSet();
    public Reader(){}
    public Reader(String readerno,String readername,Set bookNumbers){
        this.readerno = readerno;
        this.readername = readername;
        this.bookNumbers = bookNumbers;
    }
    public Long getId() {
        return id;
    }
    public void setId(Long id) {
        this.id = id;
    }
//省略其他属性的 get、set 方法
}
```

（6）映射文件的实现

持久化类 Book 的映射文件的名称为 "Book.hbm.xml"，它的关键代码如下：

```xml
<hibernate-mapping>
    <class name="com.domain.Book" table="books" lazy="true">
        <id name="id" type="java.lang.Long">
            <column name="id"/>
            <generator class="native"/>
        </id>
        <property name="name" type="string">
            <column name="name" length="50" not-null="true"/>
        </property>
        <property name="author" type="string">
            <column name="author" length="50"/>
        </property>
        <set name="bookNumbers" cascade="all-delete-orphan" inverse="true"
            lazy="true">
            <key column="book_id"></key>
            <one-to-many class="com.domain.BookNumber"/>
        </set>
    </class>
</hibernate-mapping>
```

持久化类 BookNumber 的映射文件的名称为 "BookNumber.hbm.xml"，它的关键代码如下：

```xml
<hibernate-mapping>
    <class name="com.domain.BookNumber" table="bookNumbers">
        <id name="id" type="java.lang.Long">
            <column name="id"/>
            <generator class="native"/>
        </id>
        <property name="bookno" type="string">
            <column name="bookno" length="50" not-null="true"/>
        </property>
        <many-to-one name="book" column="book_id"
            class="com.domain.Book" not-null="true"/>
        <set name="readers" table="reader_bookNumber"
            cascade="save-update" inverse="true" lazy="true">
            <key column="bookNumber_id"/>
            <many-to-many class="com.domain.Reader" column="reader_id"
```

```
                             outer-join="auto"/>
              </set>
         </class>
</hibernate-mapping>
```

持久化类 Reader 的映射文件的名称为 "Reader.hbm.xml"，它的关键代码如下：

```
<hibernate-mapping>
    <class name="com.domain.Reader" table="readers">
         <id name="id" type="java.lang.Long">
              <column name="id"/>
              <generator class="native"/>
         </id>
         <property name="readerno" type="string">
              <column name="readerno" length="50" not-null="true"/>
         </property>
         <property name="readername" type="string">
              <column name="readername" length="50" not-null="true"/>
         </property>
         <set name="bookNumbers" table="reader_bookNumber"
              cascade="save-update" lazy="true">
              <key column="reader_id"/>
              <many-to-many class="com.domain.BookNumber"
                   column="bookNumber_id" outer-join="auto"/>
         </set>
    </class>
</hibernate-mapping>
```

（7）业务类的实现

业务类的类名为"BusinessService.java"，该类包含一个 saveReaderAndBookAnd BorrowInfo()
方法、一个 giveBackBook()方法、一个 findBorrowInfo()方法和一个 main()方法，其中 saveReader
AndBookAndBorrowInfo()方法用于保存读者信息和其借阅图书信息；giveBackBook()方法用
于读者归还图书；findBorrowInfo()方法用于查询读者借阅图书的信息；在 main 方法中通过
BusinessService 对象调用 saveReaderAndBookAndBorrowInfo()方法、giveBackBook()方法和
findBorrowInfo()方法来执行相应的操作。它的实现代码如下：

```
public class BusionessService {
    public static SessionFactory sessionFactory;
    static {
        try {
            // 根据默认位置的Hibernate配置文件的配置信息，创建Configuration实例
            Configuration config = new Configuration();
            config.configure();
            config.addClass(Book.class);
            config.addClass(BookNumber.class);
            config.addClass(Reader.class);
            sessionFactory = config.buildSessionFactory();
        } catch (Exception e) {
            e.printStackTrace();
        }
    }
    // 级联保存读者信息、图书信息和读者借阅信息
    public void saveReaderAndBookAndBorrowInfo() {
        Session session = sessionFactory.openSession();
```

```java
        Transaction tx = null;
        try {
            tx = session.beginTransaction();
            Book book = new Book("C", "sunyang", new HashSet());
            BookNumber bn = new BookNumber("b005", new HashSet());
            Reader r = new Reader("r0905", "reader005", new HashSet());
            bn.setBook(book);
            book.getBookNumbers().add(bn);
            bn.getReaders().add(r);
            r.getBookNumbers().add(bn);
            session.save(book);
            tx.commit();
        } catch (Exception e) {
            if (tx != null)tx.rollback();
            e.printStackTrace();
        } finally {
            session.close();
        }
    }
    // 归还图书
    public void giveBackBook() {
        Session session = sessionFactory.openSession();
        Transaction tx = null;
        try {
            tx = session.beginTransaction();
            BookNumber bn = (BookNumber) session.get(BookNumber.class,
                    new Long(1));
            Reader r = (Reader) session.get(Reader.class, new Long(1));
            bn.getReaders().remove(r);
            r.getBookNumbers().remove(bn);
            System.out.println("归还图书成功");
            tx.commit();
        } catch (Exception e) {
            if (tx != null)tx.rollback();
            e.printStackTrace();
        } finally {
            session.close();
        }
    }
    // 查询读者借阅信息
    public void findBorrowInfo() {
        Session session = sessionFactory.openSession();
        Transaction tx = null;
        try {
            tx = session.beginTransaction();
            Query query = session.createQuery("from Reader as c ");
            List list = query.list();
            System.out.println(" 读者编号"+" 读者名称"+" 借阅图书编号"
                            +" 借阅图书名称"+ " 借阅图书作者");
            for (int i = 0; i < list.size(); i++) {
                Reader r = (Reader) list.get(i);
                System.out.print(r.getReaderno() + " ");
                System.out.print(r.getReadername() + " ");
                Iterator it = r.getBookNumbers().iterator();
```

```
            while (it.hasNext()) {
                BookNumber bn = (BookNumber) it.next();
                Book book = bn.getBook();
                System.out.print(bn.getBookno() + " ");
                System.out.print(book.getName() + " ");
                System.out.print(book.getAuthor() + " ");
            }
            System.out.println("");
        }
        tx.commit();
    } catch (Exception e) {
        e.printStackTrace();
    } finally {
        session.close();
    }
}
public static void main(String[] args) {
    BusionessService b = new BusionessService();
    b.saveReaderAndBookAndBorrowInfo();
    b.giveBackBook();
    b.findBorrowInfo();
}
}
```

本 章 小 结

本章主要介绍了 Hibernate 的事务处理以及 Hibernate 的缓存。其中，事务(Transaction)是访问数据库时，可能更新数据库中各种数据项的一个程序执行单元，它具有原子性、一致性、隔离性和持久性这 4 个特性；Hibernate 的框架中支持两种事务处理方式：JDBC 事务处理和 JTA（Java Transaction API）事务处理。缓存是提高应用系统性能的一个关键，Hibernate 提供了一级缓存、二级缓存，并提供第三方缓存的接口。

下面是本章的重点内容回顾：

- 事务是访问数据库时可能更新数据库中数据的执行单元。
- 事务具有原子性、一致性、隔离性和持久性。
- Hibernate 包括 JDBC 事务类型和 JTA 事务类型。
- 不指定 Hibernate 的数据类型时，使用的是 JDBC 的事务类型。
- JTA 的事务类型是由容器提供的事务处理。
- Hibernate 中并发问题的处理使用的锁机制。
- Hibernate 的一级缓存是不可以卸载的，Session 提供的事务级别的缓存。
- Hibernate 的二级缓存是可以选择并发访问策略以及缓存适配器的。
- Hibernate 中的二级缓存是进程和集群范围的，用来缓存大量数据。
- Hibernate 的缓存插件有多种，可以选择使用。

课 后 练 习

（1）什么是事务？事务的 4 个特性是什么？

（2）简述 Hibernate 的支持的事务类型。

（3）Hibernate 默认支持的事务类型是哪种？如何使用？

（4）并发问题的 5 个类型分别是：_____，_____，_____，_____，_____。

（5）Hibernate 中的一级缓存在什么情况下提交？

（6）如下的代码中使用了 Hibernate 中的哪种事务类型？第几级缓存？程序中的数据在执行哪句代码时被更新？为什么要考虑更新缓存中的数据？

```java
// 实例化 Session
Session session = sessionFactory.openSession();
// 定义事务处理对象
Transaction tx = session.beginTransaction();
// 开始事务
tx.begin();
// 保存图书信息数据
for (int i = 0; i < 50000; i++) {
    BookInfoVo book = new BookInfoVo();
    session.save(book);
    if (i % 100 == 0) {
        session.flush();
        session.clear();
    }
}
// 提交事务
tx.commit();
// 关闭 session
session.close();
```

第11章
Spring 框架基础

Spring 是一个以 IoC 和 AOP 为核心的轻量级容器框架。它提供了一系列的 Java EE 开发解决方案，包括表示层的 Spring MVC、持久层的 Spring JDBC 以及业务层事务管理等众多的企业级应用技术。Spring 的核心代码均来自于真实项目，是开发实践的提炼和升华，这一点决定了 Spring 框架非常适用于实际应用中的开发设计。自从 Spring 框架技术问世以来不断得以完善和发展，得到了越来越多开发人员的关注和使用。

通过本章的学习，读者可以了解 Spring 框架的组成结构、Spring 的基本配置、Spring 的 IoC 等功能。

11.1 Spring 框架概述

传统的 Java 企业级大型应用往往会经历很长的开发周期，而且开发出来的产品往往不尽人意，很多软件开发人员都经历过开发、修改、再开发、再修改这样一个痛苦的过程。其实这种情况的产生主要是因为 Java 企业级应用的复杂性，以及没有合理统一的解决方案导致的。为了改变传统的开发模式，广大 Java 开发人员一直在努力寻求一个有效的解决方案——Spring 框架的诞生，使开发人员看到了 Java EE 应用开发的春天。

11.1.1 认识 Spring 框架

2002 年 Rod Johnson 在其编著的《Expert One-to-One J2EE design and Development》一书中，对传统 Java EE 框架的庞大、低效等诸多现状提出了质疑，并积极探索了解决这些问题的思路和方向。在此书的基础上，Rod Johnson 开发了 Interface 21，该框架即是 Spring 框架的雏形。Interface 21 框架从实际需求出发，致力于创建一个轻巧，易于开发、测试的轻量级框架。2004 年 3 月具有里程碑意义的 Spring 1.0 版本发布，这在 Java 世界里掀起了轩然大波，Spring 为众多饱受传统编程模式煎熬的 Java 开发人员指明了一条光明大道。一时间 Spring 的开源社区异常火爆，投奔 Spring 阵营的开发人员与日俱增，这也使得 Spring 框架本身的一些不足和弊端得以及早更正。自从第一个版本发布至今，Spring 一直被不断地完善和发展，使得 Spring 更加适合当前 Java EE 应用开发需求。

11.1.2 Spring 框架特点

Spring 框架技术之所以受到广泛的欢迎和使用，与其自身的特点有密切联系。

● 开源：自从 Spring 框架问世之初，它就是一个开放源代码的框架。而正是由于这一点，才使得它能够被更多的 Java 开发人员所研究、使用，并不断得以完善、发展。

● 轻量级：Spring 无论是大小还是系统开销都算是轻量级的，整个框架可以被压缩在几兆的 JAR 包中，应用中处理 Spring 的开销也微乎其微。

● 方便解耦：Spring 提倡通过控制反转（IoC）技术实现松耦合。通过 Spring 中的 IoC 容器管理各个对象之间的依赖关系，能够有效避免硬性编码造成的耦合过于紧密的状况。

● 面向切面编程（AOP）：Spring 对面向切面编程提供了良好的支持，通过 Spring 提供的 AOP 功能，可以轻松实现业务逻辑与系统服务（如日志、事务等）的分离。因此，开发人员能够更加专注于业务逻辑实现。

● 方便集成其他框架：Spring 框架允许集成其他多种框架共同进行开发设计，如 Hibernate、Struts、Struts 2、Ibatis 等。

说明：EJB（Enterprise JavaBean）同样是一项 Java EE 的解决方案，然而它不仅极其复杂而且体积庞大，给学习、开发、测试都带来了相当大的难度。虽然它有着很多的优点，但是想要真正掌握这项技术需要耗费大量时间和精力。

实际应用中，通常将 Spring 与其他框架技术结合使用，如经典的 SSH 就是利用 Struts+Spring+Hibernate 整合进行开发设计的。

11.1.3　Spring 框架核心架构

Spring 框架主要由 7 个模块组成，这些模块实现功能不同，实际应用中可以根据开发需要选择合适的模块。Spring 整体架构如图 11-1 所示。

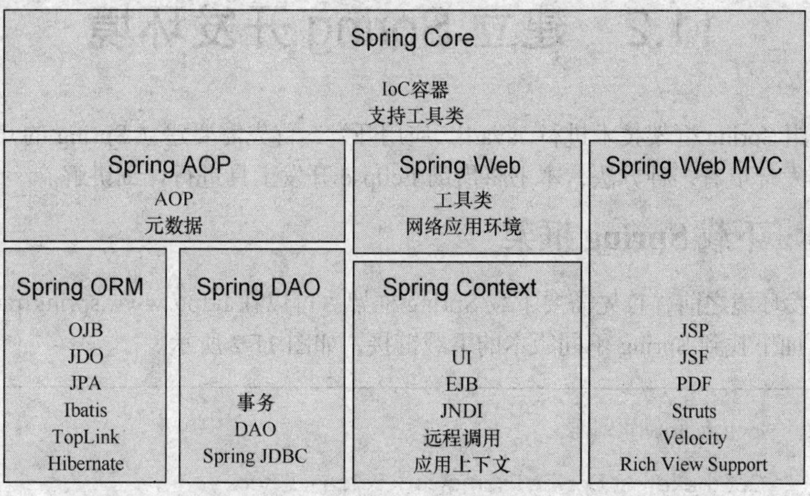

Spring Core		
IoC容器 支持工具类		
Spring AOP AOP 元数据	**Spring Web** 工具类 网络应用环境	**Spring Web MVC**
Spring ORM OJB JDO JPA Ibatis TopLink Hibernate	**Spring DAO** 事务 DAO Spring JDBC	**Spring Context** UI EJB JNDI 远程调用 应用上下文
		JSP JSF PDF Struts Velocity Rich View Support

图 11-1　Spring 整体架构图

从图 11-1 可以看出，Spring 的各个模块囊括了 Java EE 应用中持久层、业务层与表示层的全部解决方案，然而所有的模块都是建立在核心容器之上的。关于 Spring 架构中各个模块实现的功能说明如下。

● 核心模块（Core）：该模块是整个框架的最基本组成部分，它提供了依赖注入的功能以及对 Bean 容器的管理功能。通过依赖注入，使得类与类之间不再由硬性编码方式发生关系，而是通过配置实现这一过程，降低了各个类之间耦合的紧密度。Spring 框架提供的 BeanFactory 接口，进一步消除了应用对工厂的依赖。

● AOP 模块（AOP）：该模块提供了对 AOP 的支持，允许以面向切面的方式开发程序。同时 Spring 框架提供了 AspectJ 的整合。

● 上下文模块（Context）：该模块构建于核心模块之上，提供了对 Bean 的框架式访问。该模块还扩展了 BeanFactory 功能。

● ORM 模块（ORM）：该模块允许 Spring 集成各种 ORM（Object-Relation Mapping）框架来实现持久层的应用。各种 ORM 框架以插件的形式集成到 Spring 框架中，并由 Spring 框架来完成事务管理以及异常处理。

● DAO 模块（DAO）：该模块对 JDBC 进行轻量封装，用以提供对 JDBC 操作的支持。使用传统的 SQL 语句执行 JDBC 操作，复杂且极容易发生错误。Spring 通过对 JDBC 的轻量封装，使得操作变得更加简单化。同时 Spring 提供了声明式的事务管理，使开发者不必在繁琐的事务方面花费过多的精力。

● Web 模块（Web）：该模块也是构建于核心模块之上的，它提供了对 Web 各种应用的全面支持。

● Spring 的 MVC 模块（MVC）：该模块提供了一个完整的 MVC(Model-View-Controller) 的解决方案，使用 Spring 框架的 MVC 模块进行开发，能够更好地结合 IoC 容器。

说明：在某些应用中，并不是所有 Spring 框架提供的模块都会被使用。开发者可以随意选择所需的功能，这样能够最大程度保障开发者的开发自由度。对于开发者的各种不同需求，Spring 都能给出合理的解决方案。

11.2　建立 Spring 开发环境

要想使用 Spring 框架技术进行 Java EE 应用开发，首先需要建立 Spring 的开发环境。建立 Spring 开发环境有多种方法，本书将借助 Eclipse 开发工具进行详细讲解。

11.2.1　下载 Spring 框架

建立开发环境之前，首先需要下载 Spring 框架。可以在 http://www.springframework.org/ download 页面下找到 Spring 不同版本的下载链接，如图 11-2 所示。

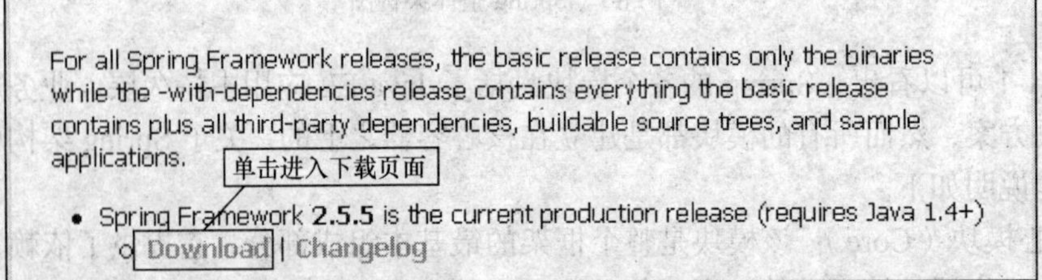

图 11-2　Spring 框架下载页面 1

由于 Spring 是借助 SourceForge 平台发布源代码的，所以单击图 11-2 中的 "Download" 链接后将跳转到 SoruceForge 页面，如图 11-3 所示。

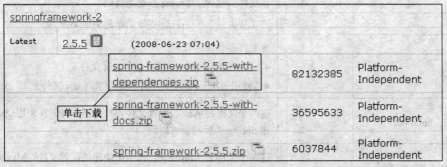

图 11-3　Spring 框架下载页面 2

这里推荐选择"spring-framework-2.5.5-with-dependencecies.zip"这个链接进行下载，通过该链接下载得到的文件不仅包含了 Spring 框架本身的运行库文件、案例程序，还包括了 Spring 支持的所有第三方类库。

11.2.2　Spring 发布包与软件包

当成功下载 Spring 后，将会获得一个名为 "spring-framework-2.5.5-with-dependencecies.zip" 的压缩文件，解压缩该文件后，得到目录结构如图 11-4 所示。

文件目录中各个文件及文件夹的功能如表 11-1 所示。

图 11-4　Spring 2.5.5 发布包结构图

表 11-1　　　　　　　　　　Spring 发布包文件及文件夹功能说明

文件/文件夹名称	功 能 描 述
aspectj	此文件夹包含内容为： ● AspectJ 相关的源代码（src 文件夹） ● 应用 AspectJ 的单元测试类（test 文件夹）
dist	该文件夹包含了 Spring 源码文件以及发布的 JAR 文件
docs	此文件夹包含内容为： ● Spring 框架的 API 文档（api 文件夹） ● Spring MVC 学习教程（MVC-step-by-step 文件夹） ● Spring 参考文档（reference 文件夹） ● Spring 框架标签库文档（taglib 文件夹）
lib	该文件夹包含了所有 Spring 支持的第三方类库
mock	该文件夹包含了 Spring 框架的测试类源码
samples	该文件夹包含了 4 个 Spring 框架应用实例

续表

文件/文件夹名称	功 能 描 述
src	该文件夹包含了 Spring 框架的源码
test	该文件夹包含了 Spring 框架的单元测试类源码
tiger	此文件夹包含内容为： ● JDK5.0 新特性相关源代码（src 文件夹） ● 使用 JDK5.0 新特性的单元测试类（test 文件夹）
build.xml，build.bat	这两个文件是 Ant 的配置文件和批处理文件，在使用 Ant 工具构建 Spring 工程时会被用到
maven.xml，project.xml	这两个文件是 Maven 和 Maven 类库的配置文件，Maven 同 Ant 一样都是工程编译管理工具
changelog.txt	该文件记录了 Spring 框架的更改日志，包括 Spring 不同版本的功能变化信息

说明：Spring 框架提供了大量的第三方类库，这些类库会在不同应用中被用到。读者不必深入学习各个类库，只需对其有一定了解即可。

11.2.3　创建 Spring 应用环境

创建一个使用 Spring 框架的 JavaEE Web 应用环境的具体实现步骤如下。

（1）在 Eclipse 中创建一个新的 Web 工程，工程名称为"testSpring"，如图 11-5 所示。

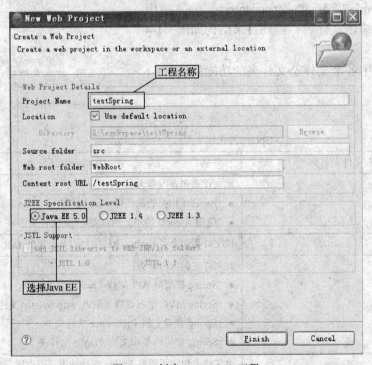

图 11-5　创建 Spring Web 工程

（2）在工程的"web.xml"文件中添加 Spring 监听，添加代码如下：

```
<listener>
        <listener-class>
             org.springframework.web.context.ContextLoaderListener
        </listener-class>
</listener>
```

（3）在新创建工程中引入 Spring 框架所需运行库文件。根据实际应用的不同需要，引入的运行库文件也是不同的，如果只是最简单的 Spring 应用，只需引入"Spring.jar"和"commons-logging.jar"这两个运行库文件即可。引入的运行库如图 11-6 所示。

说明："spring.jar"中包含了 Spring 框架的一些核心应用组件，"commons-logging.jar"负责程序运行日志相关功能。

图 11-6　引入运行库

（4）添加并配置 Spring 的核心配置文件"applicationContext.xml"。在工程的"WebRoot/WEB-INF"目录下创建"applicationContext.xml"文件，如图 11-7 所示。

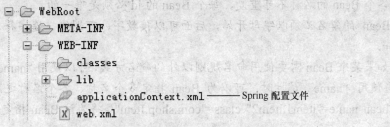

图 11-7　创建 applicationContext.xml 文件

在 applicationContext.xml 文件中，需要添加如下代码：

```
<?xml version="1.0" encoding="GBK"?>
<beans xmlns="http://www.springframework.org/schema/beans"
    xmlns:xsi="http://www.w3.org/2001/XMLSchema-instance"
    xsi:schemaLocation="http://www.springframework.org/schema/beans
    http://www.springframework.org/schema/beans/spring-beans.xsd">

</beans>
```

技巧：applicationContext.xml 配置文件是 Spring 框架最为核心的配置文件，在程序中可以把所有的配置内容都添加在这个文件中。但是对于庞大的项目来说，需要添加的配置文件很多，为了便于维护，通常根据不同的配置信息类型创建多个 XML 配置文件，然后在 applicationContext.xml 中引入多个配置文件。

11.3　Bean 的装配

Spring 中所有的组件都是以 Bean 的形式存在的，要想使用容器管理 Bean，就必须在配置文件中规定好各个 Bean 的属性及依赖关系。通过此配置信息，容器才能知道何时创建一个 Bean、何时注入一个 Bean 以及何时销毁一个 Bean。

11.3.1　Bean 基本配置

在配置文件中装配一个最基本的 Bean 的格式如下：

```xml
<?xml version="1.0" encoding="GBK"?>
<beans xmlns="http://www.springframework.org/schema/beans"
    xmlns:xsi="http://www.w3.org/2001/XMLSchema-instance"
    xsi:schemaLocation="http://www.springframework.org/schema/beans
    http://www.springframework.org/schema/beans/spring-beans.xsd">

  <bean id="item" class="com.shop.Item"/>

</beans>
```

观察上面的示例代码可以发现，一个最基本的 Bean 配置应该包含两部分内容：Bean 的名称以及 Bean 对应的具体类。当在配置文件中指定了这两个属性以后，在用到指定的 "item" 这个 Bean 时，IoC 容器就会根据配置内容实例化类 "com.shop.Item" 的一个对象。

注意：在添加 Bean 的配置信息时必须严格遵循以下几点规定。

● 各个 Bean 的名称不可重复，每个 Bean 的 id 必须是唯一的。

● Bean 的命名必须以字母开始，后面可以接数字、下划线、连字符、句号或冒号等完全结束符。

● 如果某个 Bean 需要使用命名规则以外的命名方式，可以使用 "name" 属性来代替 "id" 属性。当使用 "name" 属性时，可以为 Bean 指定多个名称，各个名称之间使用逗号分隔。例如，<bean name="item1,item2" class="com.shop.Item"/>将为该 Bean 指定两个名称 item1 和 item2。

● 多个 Bean 可以包含相同的 "name" 属性，应用时以最后一个 "name" 指定的 Bean 为基准。

说明：虽然 Spring 提供了 "name" 属性来增加 Bean 装配的灵活性，但是相应地也增加了错误发生的可能性。所以在大多数应用中，还是应该使用 "id" 的形式来为 Bean 命名。

11.3.2　为 Bean 添加属性

在添加完 Bean 之后，还可以通过<property>元素为 Bean 组件添加属性，该属性可以是一个变量、一个集合或者对其他 Bean 的一个引用。

1. 变量

为 Bean 添加一个变量属性的示例代码如下：

```xml
<bean id="item" class="com.shop.Item"/>
    <property name="name">
        <value>Spring Book </value>
    </property>
</bean>
```

2. List 和 Set

为 Bean 添加 List 类型属性和 Set 类型属性的格式相同，下面是添加一个 List 类型属性的示例代码：

```xml
<bean id="item" class="com.shop.Item"/>
    <property name="name">
```

```
        <list>
            <value>Spring Book</value>
            <value>Struts 2 Book</value>
            <value>Hibernate Book</value>
        </list>
    </property>
</bean>
```

如果使用 Set 类型属性，只需将<list>和</list>元素替换为<set>和</set>元素即可。

3. Map

为 Bean 添加 Map 类型属性，必须声明主键及对应数值，示例代码如下：

```
<bean id="item" class="com.shop.Item"/>
    <property name="name">
        <map>
            <entry>
                <key><value>spring</value></key>
                <value>Spring Book </value>
            </entry>
            <entry>
                <key><value>struts 2</value></key>
                <value>Struts 2 Book </value>
            </entry>
            <entry>
                <key><value>hibernate</value></key>
                <value>Hibernate Book</value>
            </entry>
        </map>
    </property>
</bean>
```

4. 引用其他的 Bean

多数情况下，各个 Bean 都不是独立存在的，而是要与其他 Bean 发生关联。如果想在一个 Bean 中引用其他 Bean，就要用到<property>的<ref>元素。例如，在下面的代码中定义了两个 Bean ——"userDao"和"userFacade"，在"userFacade"中引用"userDao"：

```
<bean id="userDao" class="sunyang.dao.UserDaoImpl" />
<bean id="userFacade" class="sunyang.service.UserFacadeImpl">
    <property name="userDaO">
        <ref bean="userDao "/>
</property>
</bean>
```

注意：之所以要为 Bean 添加属性是因为在程序运行时候，该 Bean 需要用到所添加的配置内容。但是只在配置文件中添加配置信息还是不够的，还需要在编写具体类程序时加入相应代码，这样一来 Bean 就能够应用为其添加的属性了。

11.3.3　简化配置

上小节给出的示例代码，是为 Bean 添加属性的配置的完整格式，实际上还有一种简化的配置格式。使用简化配置的介绍如下。

1. 变量

简化后的配置代码如下：

```
<bean id="item" class="com.shop.Item"/>
    <property name="name" value="Spring Book"/>
</bean>
```

2. Map

简化后的配置内容如下：

```
<bean id="item" class="com.shop.Item"/>
    <property name="name">
        <map>
            <entry key="spring" value="Spring Book"/>
            <entry key="struts 2" value="Struts 2 Book"/>
            <entry key="hibernate" value="Hibernate Book "/>
        </map>
    </property>
</bean>
```

3. 引用其他的 Bean

简化后的配置内容如下：

```
<bean id="userDao" class="sunyang.dao.UserDaoImpl"/>
<bean id="userFacade" class="sunyang.service.UserFacadeImpl">
    <property name="userDaO" ref="userDao"/>
</bean>
```

11.4　理解 Spring 的核心——IoC

Spring 框架是一个轻量级框架，通过 IoC 容器统一管理各组件之间的依赖关系来降低组件之间耦合的紧密程度。因此，IoC 是整个 Spring 框架的核心，那么 IoC 究竟是什么呢？Spring 的 IoC 容器是如何工作的呢？本节将对此疑问进行解答。

11.4.1　控制反转

IoC（Inverse of Control）通常被称为控制反转。它是一种设计模式，主要关注组件的依赖性、配置及组件的生命周期。当然 IoC 不仅仅适用于组件，同样也适用于简单的类。通常情况下应用程序需要调用某个类时，必须自己创建一个调用类的对象实例；而采用 IoC 模式以后，创建对象实例的任务将由容器或框架来完成，应用程序直接使用容器或框架创建的对象即可。

单纯的语言描述还是不够明了，下面通过一个示例来说明 IoC 的概念。在 2008 奥运会开幕式上刘欢和一位外国女歌手共同演唱了奥运主题曲，本节就以这个事件为例进行开发设计，最初的代码如下：

```
public class OlympicSong {
    public void sing() {
        LiuHuan lh = new LiuHuan();
        lh.singTheSong("OlympicSong");
    }
}
```

在上面程序中，演唱事件与 LiuHuan 这个对象的依赖关系如图 11-8 所示。

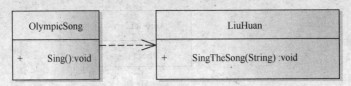

图 11-8　演唱事件与 LiuHuan 的依赖关系

通过直接调用具体对象 LiuHuan 的方法 singTheSong 来完成演唱这一事件，这么做使得演唱者与 LiuHuan 这个具体对象紧密耦合在一起。一旦 LiuHuan 这个对象出现了问题，那么演唱这一事件将无法继续进行下去。

由此看来这段程序的设计并不合理，如果将关注的焦点应集中于演唱者而不是由谁来唱，这个问题就能够轻易解决了。将上面代码进行修改如下：

```java
public class OlympicSong {
    public void sing() {
        Singer singer = new LiuHuan();
        singer.singTheSong("OlympicSong");
    }
}
```

修改后的代码引入了演唱者接口 Singer，让具体对象实现这个接口的方法，并通过此接口完成演唱事件。这样一来，即使 LiuHuan 这个对象出现问题不能够完成演唱事件，还可以选择其他对象进行替代，只要保证替代对象实现了 Singer 接口提供的方法即可。修改后各对象之间的依赖关系如图 11-9 所示。

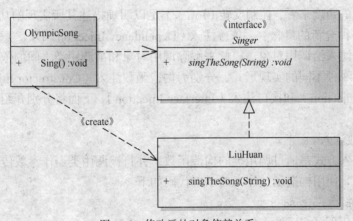

图 11-9　修改后的对象依赖关系

观察图 11-9，OlympicSong 中的 sing()方法要想顺利完成，仍然依赖于接口 Singer 和类 LiuHuan，没有真正实现解耦。这个时候就需要一个整体的规划者来操控各个对象——这个规划者就是导演。在奥运会开幕式演唱之前，导演负责将 LiuHuan 这个对象指定为演唱者，告诉 LiuHuan 需要唱什么、怎么唱，最后 LiuHuan 这个对象完成演唱事件。

加入导演这个对象后的对象依赖关系如图 11-10 所示。

加入了 Director 以后，Olympicsong 中的 sing()方法不再依赖于 LiuHuan 这个对象。整个事件执行过程中 Director 控制各对象间的调用，各个零散的对象由 Director 统一进行装配来完成演唱事件过程。而 Director 实现的功能，就是本节开头所提到的容器或者框架实现的功能。

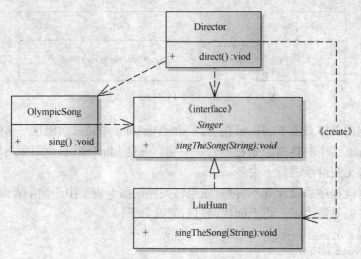

图 11-10　加入 Director 后各对象的依赖关系

由上面这个示例可以看出，控制反转（IoC）实际上包括了两部分内容：控制和反转。所谓控制指的是对象应该调用哪个类的控制权，而反转指的控制权应该由调用对象转移到容器或者框架。使用 IoC 后对象将会被动地接受它所依赖的类而不需要自己主动去找该类，容器会将对象的依赖类提供给它。

11.4.2　依赖注入的 3 种方式

从命名方式的角度来看，控制反转（IoC）不足以明确描述其所实现的功能。因此 Martin Fowler 提出了一种全新的概念——依赖注入（Dependency Injection，DI），意思就是由框架或容器将被调用类注入给调用对象，以此来解除调用对象和被调用类之间的依赖关系。

依赖注入有 3 种不同的实现形式，分别为构造函数注入（Constructor Injection），设值方法注入（Setter Injection）和接口注入（Interface Injection）。下面将分别介绍依赖注入的 3 种不同实现方式。

1. 构造函数注入

构造函数注入方式是通过调用类的构造函数，并将被调用类当作参数传递给构造函数，以此来实现注入。使用构造函数注入的示例代码如下：

```java
public class OlympicSong {
    private Singer singer;
    public OlympicSong(Singer singer){
        this.singer = singer;
    }
    public void sing() {
        singer.singTheSong("OlympicSong");
    }
}
```

在 XML 配置文件中添加 Olympicsong 和 Singer 的配置信息如下：

```xml
<bean id="singer" class="sunyang.SpringIoC.Singer"/>
<bean id="olympicSong" class="sunyang.SpringIoC.OlympicSong">
    <property name="singer" ref="singer"/>
</bean>
```

使用构造函数注入演唱者以后，OlympicSong 这个类就不必关心由谁来完成 sing()方法了。只要为构造函数传入一个 Singer 类型的参数，就可以实现 sing()方法的功能，具体实现代码如下：

```
public class Director {
    public void direct(){
        Singer singer = new LiuHuan();
        OlympicSong olympicSong = new OlympicSong(singer);
        olympicSong.sing();
    }
}
```

在上面这段代码中，Director 指定 LiuHuan 这个对象为演唱者，并将其注入给 OlympicSong 这个类，最终实现由 LiuHuan 这个对象来实现 sing 的功能。

2. 设值方法注入

设置方法注入方式是通过添加并使用被调用类的 setter 方法来完成注入过程。使用设置方法注入的示例代码如下：

```
public class OlympicSong {
    private Singer singer;
    public void setSinger(Singer singer){
        this.singer = singer;
    }
    public void sing(){
        singer.singTheSong("OlympicSong");
    }
}
```

这里也需要在 XML 配置文件中对 OlympicSong 和 Singer 进行配置，配置信息与使用构造函数注入方式相同。上面的代码为 OlympicSong 这个类提供了一个 Singer 对象的 Setter 方法，用于注入具体对象，应用时只需调用这个 Setter 方法即可将具体对象注入给 OlympicSong 这个类，具体实现代码如下：

```
public class Director {
    public void direct(){
        Singer singer = new LiuHuan();
        OlympicSong olympicSong = new OlympicSong();
        singer.setSinger(singer);
        olympicSong.sing();
    }
}
```

3. 接口注入

接口注入方式将被调用类所有需要注入的方法封装到接口中，被调用类实现该接口中定义的方法，以此来实现注入。

说明：Spring 框架普遍采用构造函数注入和设值方法注入两种注入方式，而接口注入方式则极少被用到，因此本书没有给出接口注入方式的示例代码。

IoC 设计模式通常也被称为"好莱坞原则"——Don't call me, I'll call you。意思是说不要打电话找我，如果需要我会打电话找你。这与 IoC 的工作机制是一样的。

注意：虽然构造函数注入与设值方法注入都可以被使用，但在实际应用中应该注意这两种注入方式的区别。

● 使用构造函数注入可以隐藏注入字段的信息，而使用设值方法注入则会暴露所有的注入字段信息。

● 使用设值方法注入时，可以明确定义每个设值方法的名称；而使用构造函数注入时只能由参数的位置决定参数的作用。因此在参数较多的时候，应该选择设值方法注入方式。

11.5 BeanFactory 与 ApplicationContext

Spring 框架中的 IoC 容器实现了 Ioc 的设计模式，而对 IoC 容器的访问则是通过 BeanFactory（com.springframework.beans.factory.Beanfactory）和 ApplicationContext（com.springframework.context.ApplicationContext）这两个接口实现的。本节将对这两个接口进行详细的讲解。

11.5.1 认识 BeanFactory

BeanFactory 是 Spring 框架中最重要的接口之一，它提供了 IoC 的相关配置机制。

Spring 框架通过 XML 配置文件指定各个对象之间的依赖关系，在 XML 配置文件中，每一个对象都以 Bean 的形式被配置。一旦指定了各个 Bean 之间的依赖关系，IoC（Inversion of Control）容器就可以利用 Java 反射机制实例化 Bean 指定的对象，并建立各个对象之间的依赖关系。在程序的整个执行流程中，正是通过 BeanFactory 提供的 IoC 机制，使得容器得以正常工作。

BeanFactory 对 Bean 组件的常见操作主要包括如下几个部分。

（1）创建 Bean

正如"BeanFactory"的命名一样，它是一个用来产生"Bean"的工厂。然而 BeanFactory 又与其他的工厂不同，它可以产生对象并管理对象。BeanFactory 生成对象的方式主要有 3 种：构造函数创建方式、静态工厂创建方式和非静态工厂创建方式。使用不同的生成方式，Bean 的配置也有所不同。

（2）初始化 JavaBean

在使用某个 bean 组件之前，首先需要初始化一个 JavaBean 的实例对象。容器根据 XML 配置文件中 Bean 组件的配置，实例化 Bean 对象，并将目标 JavaBean 注入到指定的 Bean 对象中。

（3）使用 JavaBean

一旦 JavaBean 被初始化以后，就可以正常使用这个实例了。可以在程序中通过 getBean 方法来获得实例对象，并使用这个对象进行相关操作。

（4）销毁 JavaBean

当 Spring 的应用结束时，容器将会调用相关方法来销毁已有的 JavaBean 实例对象。

注意：实际上，BeanFactory 决定了一个 bean 组件从被创建，到被使用直至被销毁的整个生命周期。

11.5.2 使用 ApplicationContext

通过前面介绍已经知道，BeanFactory 提供了管理和操作 JavaBean 的基本功能，但是必须在代码中显式地实例化并使用 BeanFactory。为了增强 BeanFactory 的功能，Spring 框架提供了 ApplicationContext 接口。开发人员能够以一种完全的声明方式使用 ApplicationContext，不必手工创建 ApplicationContext 的实例。

由于 ApplicationContext 包含了所有 BeanFactory 的功能，并且使用起来更加方便，所以一般在 Java EE 应用开发过程中通常都会选择使用 ApplicationContext。对于实现了 Servlet 2.4 规范的 Web 容器来说，可以同时使用 ContextLoaderServlet 或者 ContextLoaderListener 添加 Spring 的监听，当 Web 应用启动时自动初始化监听器。例如，使用 ContextLoaderListener 加入 Spring 监听的 web.xml 文件中的配置代码如下：

```
<listener>
    <listener-class>
        org.springframework.web.context.ContextLoaderListener
    </listener-class>
</listener>
```

此外，Spring 框架还为 ApplicationContext 接口提供了一些重要的实现类，开发中经常会用到的几个实现类包括：

- ClassPathXmlApplicationContext：该实现类经常被用于单元测试，Web 应用中开发人员可以从应用的 classpath 中装载 Spring 的配置文件。
- FileSystemXmlApplicationContext：通过该实现类，开发人员可以从系统中装载 Spring 的配置文件。
- XmlWebApplicationContext：在 ContextLoaderListener 或 ContextLoaderServet 内部装载 Spring 配置文件时需要使用该实现类。

11.6　项目实战——Spring 问候程序

本节将使用 Spring 框架开发一个简单的问候程序，具体步骤如下。

（1）程序功能分析

本程序将在控制台输出一句问候语 "hello,Spring"，如图 11-11 所示。

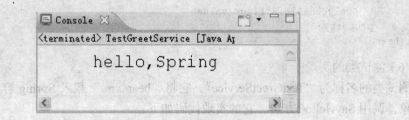

图 11-11　输出问候语

（2）工程目录结构

本工程的目录结构及其说明如图 11-12 所示。

说明：本工程为一个 Java 工程。

（3）接口的实现

接口的类名为 "GreetService"，它定义了问候程序要实现的功能。它的详细代码如下：

```
public interface GreetService {
    public void sayHello();
}
```

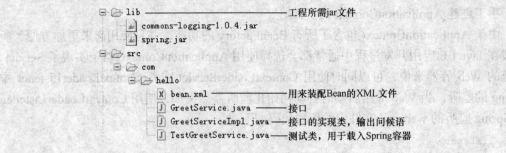

图 11-12　工程目录结构图

（4）接口实现类的实现

接口的实现类为 "GreetServiceImpl"，它有一个私有的属性 hello，当调用 SayHello()方法时，该属性就会在控制台上输出。它的实现代码如下：

```java
public class GreetServiceImpl implements GreetService {
    private String hello;
    public String getHello() {
        return hello;
    }
    public void setHello(String hello) {
        this.hello = hello;
    }
    public void sayHello() {
        System.out.println(hello);
    }
}
```

（5）Spring 配置文件的实现

Spring 配置文件的名称为 "bean.xml"，它用于装配 Bean，给类 GreetServiceImpl 的属性值 hello 赋值，它的关键代码如下：

```xml
<bean id="greet" class="com.hello.GreetServiceImpl">
<property name="hello">
    <value>hello,Spring</value>
</property>
</bean>
```

（6）测试类的实现

测试类的名称为 "TestGreetService"，它将 "bean.xml" 载入 Spring 容器，获取 Bean 实例对象，调用 SayHello()方法。它的实现代码如下：

```java
import org.springframework.beans.factory.BeanFactory;
import org.springframework.beans.factory.xml.XmlBeanFactory;
import org.springframework.core.io.ClassPathResource;
import org.springframework.core.io.Resource;

public class TestGreetService {
    public static void main(String[]args) {
        //通过 Resource 实例获得配置文件信息
        Resource resource = new ClassPathResource("com/hello/bean.xml");
        BeanFactory factory = new XmlBeanFactory(resource);        //创建 Bean 工厂实例
        GreetService greet = (GreetService) factory.getBean("greet");
                                                   //获取 Bean 实例对象
```

```
        greet.sayHello();
    }
}
```

本 章 小 结

本章对 Spring 框架做一个整体的简单介绍，包括 Spring 的框架特点、核心架构、下载与安装、Bean 的装配和 IoC。

下面是本章的重点内容回顾：

- Spring 是一个开源的、轻量级的 Java EE 框架。
- Spring 框架主要由 7 大模块组成。
- Spring 提供的 IoC 容器，有效解决了对象之间耦合紧密的问题。
- IoC 有 3 种不同的实现方式。
- Spring 中包含两个容器：BeanFactory 和 ApplicationContext。
- 应用 Spring 框架技术时需要遵循各项操作步骤。

课 后 练 习

（1）Spring 框架有哪些突出的优点？

（2）Spring 框架由哪 7 个模块组成？

（3）如何理解控制反转（IoC）？

（4）IoC 有哪些实现方式？ Spring 框架一般采用何种方式？

（5）创建一个 Spring 应用应该分几步？

第 12 章

Spring AOP

为了解决面向对象编程（OOP）的不足，研究人员提出了一种新的编程思想——AOP。使用 AOP 技术可以减少代码的重复，提高开发效率。

在 Java 领域，应用 AOP 的框架有许多，其中 Spring 框架通过 IoC 实现了 AOP，被称作为 Spring AOP。

通过本章的学习，读者可掌握 AOP 的相关知识以及使用 AOP 思想开发应用程序。

12.1 AOP 基础

在开始学习 Spring AOP 之前，应首先要了解 AOP 是什么，有什么作用。本节将从 AOP 与 OOP 的关系、AOP 的核心概念以及 Java 动态代理实现 AOP 这 3 个方面，对 AOP 的基础进行详细介绍，使读者从真正意义上理解 AOP 技术。

12.1.1 AOP 与 OOP 的比较

自从 OOP（Object-Oriented Programming，面向对象编程）问世以来，受到了广大开发人员的普遍推崇。OOP 引入的封装、继承以及多态性等概念，建立起了一种以对象为模型，模拟公共行为的编程思想。虽然 OOP 极大地改善了面向过程程序设计的弊端，但它仍然不是十全十美的。当需要为多个不具有继承层次的对象引入同一公共行为时，如记录日志、安全检测等，OOP 就显得有些无能为力了。它只能在每个对象中分别引入指定公共行为来解决这一问题，然而这么做的代价就是在程序中产生大量的重复性代码。既然 OOP 无法很好地解决这一问题，那么就要考虑采用其他技术方案了，AOP 就是一个很好的解决方案。AOP（Aspect-Oriented Programming，面向方面编程）是对 OOP 的补充和完善，它允许开发人员动态地修改 OOP 定义的静态对象模型——开发者可以不用修改原始的 OOP 对象模型，甚至无需修改 OOP 代码本身，就能够解决上述的问题。

OOP 技术将整个应用系统分解为由层次结构组成的对象，它所关注的方向是纵向；而 AOP 则是将整体分解成方面（aspect），关注的方向为横向。对于包含了 3 个业务逻辑的应用程序，处理每个业务逻辑的时候都要进行日志记录和安全性检测，使用 OOP 技术的处理方式如图 12-1 所示。

使用 AOP 技术的处理方式如图 12-2 所示。

比较图 12-1 与图 12-2 可以发现，使用 OOP 技术处理问题时，需要在处理 3 个不同的业

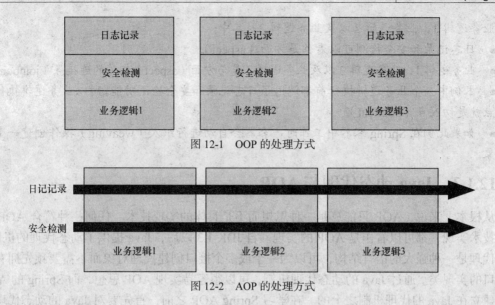

图 12-1　OOP 的处理方式

图 12-2　AOP 的处理方式

务逻辑时分别添加相同的日志记录和安全检测的相关代码；而使用 AOP 技术则是将日志记录和安全检测代码封装为方法，在处理业务逻辑之前分别调用已经封装好的方法即可。由此可以看出，使用 AOP 能够有效解决重复性代码的问题，并为程序开发、调试带来极大的方便。

12.1.2　AOP 的核心概念

要想真正理解 AOP 这项技术，首先必须了解 AOP 技术中的几个核心概念，包括：

● 关注点（concern）：一个关注点可以是一个特定的问题、概念，或应用程序必须达到的一个目标。在多数应用程序中，日志记录、安全检测都是关注点。如果一个关注点的实现代码被多个类或方法所引用，这个关注点就可被称为横切关注点（crosscutting concern）。

● 方面（aspect）：一个方面是对一个横切关注点的模块化，它将零散的关注点代码进行整合，类似于 OOP 中定义一个实现某功能的类。

● 连接点（joinpoint）：程序执行过程中的某一点，如方法调用或者抛出特定异常。

● 通知（advice）：指定在特定的连接点应该执行的动作，主要包括 3 种类型：前置型通知（before advice）、后置型通知（after advice）和环绕型通知（around advice）。在多数的 AOP 框架中，通知都是以拦截器的形式来实现的，Spring AOP 也是如此。

● 切入点（pointcut）：定义了在哪些连接点处使用通知，在应用中一般通过指定类名、方法名，或者通过匹配类名、方法名样式的正则表达式来指定切入点。

● 目标对象（target）：指定被通知的对象，该对象既可以是自己编写的类也可以是第三方类。通过使用 AOP 技术，能够将目标对象中的业务逻辑代码与日志等非逻辑代码进行分离。

● 织入（weaving）：将方面应用到目标对象从而创建新的代理对象。

说明：这里只是给出了 AOP 中比较重要的几个概念的解释，除了上面提及的，AOP 中还有一些其他的概念。对于刚开始学习 AOP 的读者，掌握上述的几个概念就可以了。

AOP 的思想并不是十分容易理解，下面以 12.1.1 小节中图 12-2 给出的解决方案为例，看看各个概念具体是如何应用的。图 12-2 的例子中一共包含了 5 个部分：日志记录、安全检测、业务逻辑 1、业务逻辑 2 以及业务逻辑 3。其中：

- 日志记录和安全检测可以看作是方面（aspect）。
- 业务逻辑 1、业务逻辑 2 以及业务逻辑 3 是与方面（aspect）相关的连接点（joinpoint）。
- 本例中 3 个业务逻辑执行前都调用了日志记录和安全检测功能，所以业务逻辑执行前这一点就是切入点（pointcut）。
- 如果此例在 Spring 容器中工作时，容器会自动进行织入（weaving）操作创建一个代理对象。

12.1.3　Java 动态代理与 AOP

从根本上来说，AOP 只能算是一种思想而不是具体的实现技术。任何一种符合 AOP 思想的技术实现，都可以看作是 AOP 的实现。自 JDK 1.3 以后，Java 提供了动态代理的机制。动态代理是一种强大的语言结构，可以为一个或多个接口创建代理对象而不需要预先拥有一个接口的实现类。通过 Java 的动态代理机制，可以很容易实现 AOP 思想，而 Spring 的 AOP 也是建立在 Java 的代理机制之上的。在学习 Spring AOP 之前，首先要对 Java 的动态代理机制有一定的了解，那么究竟该如何理解 Java 的代理机制呢？下面通过一个实例来介绍如何使用 Java 的动态代理机制实现 AOP。

在本例中将通过动态代理来实现日志输出功能，具体实现步骤如下。

（1）创建并编写接口 "Login"。该接口中提供了一个方法 login()用于执行管理员登录操作，该接口的代码如下：

```java
public interface Login {
    public void login();
}
```

（2）创建并编写接口 Login 的实现类 "LoginImpl"。这个类中只包含业务逻辑代码，通过在控制台输出一句话来模拟管理员的登录操作。该类的代码如下：

```java
public class LoginImpl implements Login{
    public void login() {
        System.out.println("==========管理员登录==========");
    }
}
```

（3）创建并编写代理类 "LogProxy"，该类需要实现 Java 提供的 InvocationHandler 接口。通过这个代理类，可以在运行时自动创建指定接口的代理对象，并由此代理对象完成相关业务逻辑流程。该类的代码如下：

```java
public class LogProxy implements InvocationHandler {
    private Object proxyObj;
    public LogProxy(Object obj) {
        this.proxyObj = obj;
    }
    // 创建代理对象
    public static Object bind(Object obj) {
        Class cls = obj.getClass();
        return Proxy.newProxyInstance(cls.getClassLoader(),
                cls.getInterfaces(),new LogProxy(obj));
    }
    /*
```

```
 *  只有一个切入点,对所有对象的方法都进行调用,
 *  本例中只有login一个业务逻辑方法用于模拟管理员登录操作,
 *  在调用login方法的前后,执行日志输出操作。
 */
public Object invoke(Object Proxy,Method method,Object args[]) throws Throwable {
    login(method);
    Object object = method.invoke(proxyObj,args);
    logout(method);
    return object;
}
// 横切关注点,用于实现日志输出功能
private void logging(String msg) {
    System.out.println(msg);
}
public void login(Method method) {
    logging("方法" + method.getName() + "执行之前的日志信息");
}
private void logout(Method method) {
    logging("方法" + method.getName() + "执行之后的日志信息");
}
}
```

（4）创建并编写测试类"TestLog",它的代码如下:

```
public class TestLog {
    public static void main(String[] args) {
        Login login = (Login)LogProxy.bind(new LoginImpl());
        login.login();
    }
}
```

在上面例子中,使用了面向接口编程及动态代理机制,有效地实现了各功能模块的解耦。用于实现日志记录功能的代码与实现业务逻辑的代码将不再相互依赖,只有在真正调用业务逻辑并且需要日志记录功能时,二者才发生关系。否则,它们可以被看作是相互独立的个体。同时实现日志记录功能的代码也不再局限于某个特定的业务逻辑,任何业务逻辑需要加入日志功能,只需要通过代理工厂创建一个代理对象即可。

说明:Java 动态代理机制的功能十分强大,使用动态代理能够有效地降低应用中各对象的耦合紧密程度,提高开发效率及程序的可维护性。事实上 Spring AOP 就是建立在 Java 动态代理基础上的,如果对 Java 动态代理机制有了一定的了解,学习 Spring AOP 相对就会显得比较容易。

12.1.4 Spring AOP 简介

Spring 框架的 AOP 是使用 Java 实现的,因此无需额外的编译处理。虽然 Spring AOP 也是基于 AOP 这一基本思想,但是它却侧重于提供一个能与 Spring IoC 容器整合使用的 AOP 框架。在 Spring AOP 中一些 AOP 的核心概念的含义发生了改变,包括:

● 切面(aspect):切面就是要横切加入的功能。最为常见的应用案例就是日志记录,一个大型应用的多个功能模块中都要用到日志记录,如果将所有模块中的日志记录功能联结起来就可以形成一个切面,这个切面将各个应用模块顺序执行流程切断,在断点处加入日志记

录功能。

● 顾问（advisor）：这是 Spring 框架引入的一个新的概念，在 Spring AOP 中一个 advisor 可以被理解为一个模块化的 aspect。一个 advisor 由 advice（通知）和 pointcut（切入点）两部分组成。在 Spring 框架中提供了大量的 advisor 实现，实际应用中可以直接使用这些实现。

● 连接点（joinpoint）：Spring AOP 中只支持 Mehod Invocation（方法回调）一种类型的连接点。

● 通知（advice）：Spring AOP 为通知的实现提供了两种方式：实现 Advice 接口和实现 MethodInterceptor 接口。实际上 MethodInterceptor 接口是 Advice 接口的子接口，它采用拦截器的方式提供了环绕型通知的实现方式。

● 切入点（pointcut）：切入点是连接点的集合，用于指定程序中需要注入通知的位置，也就是声明在何种条件下发出通知。

● 拦截器（interceptor）：在 Spring AOP 中不仅可以使用拦截器对方法拦截，还可以将多个功能构建成拦截器链。

● 织入（weaving）：织入是将切面应用到目标对象而创建一个新的代理对象的过程，这一过程通常由代理工厂来实现。程序执行前进行相应配置以后，容器就能够按照配置信息，在指定切入点将通知织入到系统之中。

说明：Aspect 的翻译有多种，翻译为"切面"能够更好地表现出 AOP 技术的核心思想。

Spring AOP 不仅提供了 AOP 基础框架，还提供了很多现成的方面实现。Spring AOP 的主要特点包括如下几个方面。

● 支持方法调用的各类通知，包括前置型通知、后置型通知以及环绕型通知等。

● 支持通过正则表达式指定切入点，同时支持切入点的组合操作。

● 可以在不修改框架核心代码的基础上加入自定义通知。

● AOP 组件可以被当作 Spring Bean 来管理，能够与 IoC 容器很好地结合使用。

● 支持使用元数据实现 AOP 声明服务。

● AOP 组件可以应用于不同 Java EE 服务器。

12.2　使用 Spring 的通知

Spring AOP 中的连接点模型是建立在拦截方法调用基础上的，也就是说，Spring 的通知可以在方法调用的各个区间织入系统。那么如何指定通知在何时被织入系统呢？Spring 为此提供了多种类型的通知，使用这些通知就能够确定在方法调用之前、之后或任意区间织入指定的通知。

12.2.1　BeforeAdvice

"org.springframework.aop.BeforeAdvice"是前置型通知，用于在指定方法被调用之前将通知织入系统。由于 Spring 只针对方法调用织入通知，所以应用中一般都使用 MethodBeforeAdvice 实现前置型通知。

下面通过一个实例来演示前置型通知的用法，本实例的详细步骤如下。

（1）创建名为"Message"的 Java 类，该类用于输出一句信息，它的实现代码如下：

```java
public class Message {
    public void printMessage() {
        System.out.println("输出信息");
    }
}
```

（2）创建一个名为"BeforeMessage"的 Java 类，该类实现了"org.springframework.aop. MethodBeforeAdvice"接口并重写了 MethodBeforeAdvice 接口的 before()方法，它的代码如下：

```java
import java.lang.reflect.Method;
import org.springframework.aop.MethodBeforeAdvice;

public class BeforeMessage implements MethodBeforeAdvice {
    public void before(Method arg0,Object[] arg1,Object arg2)
            throws Throwable {
        System.out.println("在信息之前的通知");
    }
}
```

（3）创建一个名为"Test"的 Java 类，该类用于测试前置型通知，它的详细代码如下：

```java
import org.springframework.aop.BeforeAdvice;
import org.springframework.aop.framework.ProxyFactory;

public class Test {
    public static void main(String[] args) {
        Message message = new Message();
        BeforeAdvice bfAdvice = new BeforeMessage();
        ProxyFactory prFactory = new ProxyFactory();    //使用 Spring 代理工厂
        prFactory.setTarget(message);                   //设置代理目标
        prFactory.addAdvice(bfAdvice);                  //织入通知
        Message m = (Message) prFactory.getProxy();     //由代理工厂生成代理对象
        m.printMessage();
    }
}
```

说明：上面代码中涉及了 Spring 代理工厂的应用。目前读者只需了解前置型通知的工作流程即可，后面章节将会对 Spring 代理工厂进行详细介绍。

（4）运行程序，在控制台输出的结果如图 12-3 所示。

观察程序的运行结果可以发现，程序首先输出了"在信息之前的通知"语句然后才输出"输出信息"语句，也就是说在 printMessage() 方法被调用之前，设定的前置型通知 BeforeMessage 已经被织入系统了。

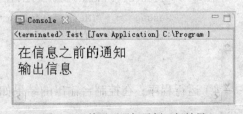

图 12-3　前置型通知示例运行结果

说明：为了程序能够正常运行，此工程需要引入"spring.jar"、"commons-logging.jar"和"cglib-nodep-2.1_3.jar"这 3 个运行库文件。

12.2.2　AfterReturningAdvice

"org.springframework.aop.AfterReturningAdvice"是后置型通知，用于在指定方法被调用之后将通知织入系统。后置型通知的使用与前置型通知相似，不同的是后置型通知需要定义一个实现 AfterReturningAdvice 接口的类。

下面通过一个实例来演示后置型通知的用法，本实例的详细步骤如下。

（1）创建名为"Message"的 Java 类，该类用于输出一句信息，它的实现代码如下：

```java
public class Message {
    public void printMessage() {
        System.out.println("输出信息");
    }
}
```

（2）创建一个名为"BeforeMessage"的 Java 类，该类实现了"org.springframework.aop.After ReturningAdvice"接口并重写了 AfterReturningAdvice 接口的 afterReturning()方法，它的代码如下：

```java
import java.lang.reflect.Method;
import org.springframework.aop.AfterReturningAdvice;

public class AfterMessage implements AfterReturningAdvice {
    public void afterReturning(Object arg0,Method arg1,Object[] arg2,Object arg3)
            throws Throwable {
        System.out.println("在信息之后的通知");
    }
}
```

（3）创建一个名为"Test"的 Java 类，该类用于测试后置型通知，它的详细代码如下：

```java
import org.springframework.aop.AfterReturningAdvice;
import org.springframework.aop.framework.ProxyFactory;

public class Test {
    public static void main(String[] args) {
        Message message = new Message();
        AfterReturningAdvice bfAdvice = new AfterMessage();
        ProxyFactory prFactory = new ProxyFactory();        //使用 Spring 代理工厂
        prFactory.setTarget(message);                       //设置代理目标
        prFactory.addAdvice(bfAdvice);                      //织入通知
        Message m = (Message) prFactory.getProxy();         //由代理工厂生成代理对象
        m.printMessage();
    }
}
```

（4）运行程序，在控制台输出的结果如图 12-4 所示。

观察程序的运行结果可以发现，程序首先输出了"输出信息"语句，然后才输出"在信息之后的通知"语句，也就是说在 printMessage()方法被调用之后，设定的后置型通知 BeforeMessage 被织入系统。

图 12-4　后置型通知示例运行结果

12.2.3　MethodInterceptor

"org.aopalliance.intercept.MethodInterceptor"是环绕型通知,用于在指定方法执行前、执行后将通知织入系统,使用环绕型通知时可以在一个被织入通知对象中同时实现两种通知。

下面通过一个实例来演示环绕型通知的用法,本实例的详细步骤如下。

（1）创建名为"Message"的 Java 类,该类用于输出一句信息,它的实现代码如下:

```java
public class Message {
    public void printMessage() {
        System.out.println("输出信息");
    }
}
```

（2）创建一个名为"BeforeMessage"的 Java 类,该类实现了"org.aopalliance.intercept.MethodInterceptor"接口并重写了 MethodInterceptor 接口的 invoke()方法,它的代码如下:

```java
import org.aopalliance.intercept.MethodInterceptor;
import org.aopalliance.intercept.MethodInvocation;

public class InterceptorMessage implements MethodInterceptor {
    public Object invoke(MethodInvocation methodInvocation) throws Throwable {
        System.out.println("输出信息之前的通知");      //指定方法被调用前执行
        Object obj = methodInvocation.proceed();     //通过反射机制获得调用方法
        System.out.println("输出信息之后的通知");      //指定方法被调用后执行
        return obj;
    }
}
```

（3）创建一个名为"Test"的 Java 类,该类用于测试环绕型通知,它的详细代码如下:

```java
import org.aopalliance.intercept.MethodInterceptor;
import org.springframework.aop.framework.ProxyFactory;

public class Test {
    public static void main(String[] args) {
        Message message = new Message();
        MethodInterceptor bfAdvice = new InterceptorMessage();
        ProxyFactory   prFactory = new ProxyFactory();      //使用 Spring 代理工厂
        prFactory.setTarget(message);                       //设置代理目标
        prFactory.addAdvice(bfAdvice);                      //织入通知
        Message m = (Message) prFactory.getProxy();         //由代理工厂生成代理对象
        m.printMessage();
    }
}
```

（4）运行程序,在控制台输出的结果如图 12-5 所示。

观察这个结果发现,程序在输出"输出信息"这个结果之前和之后分别输出了"输出信息之前的通知"和"输出信息之后的通知"语句。这说

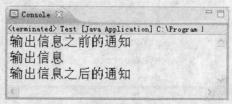

图 12-5　环绕型通知示例运行结果

明在调用 printMessage()方法之前和之后，在 InterceptorMessage 类中定义的输出语句都被执行了，也就是说实现了环绕型通知的织入。

12.2.4　ThrowAdvice

"org.springframework.aop.ThrowsAdvice" 为异常通知，当指定方法调用过程中抛出异常时将通知织入系统。异常通知经常被用于事务管理，当程序执行过程中发生异常时，事务需要执行回滚操作。

下面通过一个实例来演示环绕型通知的用法，本实例的详细步骤如下。

（1）创建名为 "MyException" 的 Java 类，该类用于产生一个异常，它的实现代码如下：

```java
public class MyException {
    public void createException() {
        throw new RuntimeException();
    }
}
```

（2）创建一个名为 "MyThrowsAdvice" 的 Java 类，该类实现了 "org.springframework.aop. ThrowsAdvice" 接口，在该类中包含一个 afterThrowing()方法，用于输出异常发生的函数。它的代码如下：

```java
import java.lang.reflect.Method;
import org.springframework.aop.ThrowsAdvice;

public class MyThrowsAdvice implements ThrowsAdvice {
    public void afterThrowing(Method method,Object[]args,Object target,Exception e) {
        System.out.println("异常发生的函数为: " + method);
    }
}
```

注意：虽然 ThrowsAdvice 接口中并没有定义任何方法，但是在使用异常通知时，必须保证 ThrowsAdvice 接口的实现类中包含一个名为 afterThrowing 的方法，且该方法最多可以添加 4 个参数：Mehod method、Object[] object、Object target 和 Throwable throwAble（或 Throwable 的子类对象）。其中前 3 个参数是可选参数，但是如果想要加入这几个参数，则必须保证 3 个参数同时存在。

（3）创建一个名为 "Test" 的 Java 类，该类用于测试异常通知，它的详细代码如下：

```java
import org.springframework.aop.ThrowsAdvice;
import org.springframework.aop.framework.ProxyFactory;

public class Test {
    public static void main(String[] args) {
        MyException myException = new MyException();
        ThrowsAdvice  trAdvice = new MyThrowsAdvice();
        ProxyFactory  prFactory = new ProxyFactory();          //使用 Spring 代理工厂
        prFactory.setTarget(myException);                      //设置代理目标
        prFactory.addAdvice(trAdvice);                         //织入通知
        MyException myEx= (MyException) prFactory.getProxy();//由代理工厂生成代理对象
        myEx.createException();
    }
}
```

（4）运行程序，在控制台输出的结果如图 12-6 所示。

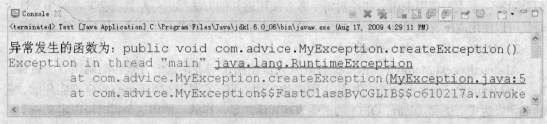

图 12-6　异常通知示例运行结果

12.3　使用 Spring 的切入点

上节介绍了各种不同类型通知在何时被织入系统，但是仍然存在的一个疑问：通知被织入系统的什么位置？要想解决这个问题就要用到切入点。Spring 框架提供了几个实用的切入点实现，包括：静态切入点、动态切入点和自定义切入点。其中有的切入点可以直接使用，有的则需要继承切入点相关类并重写其中的方法。本节将重点介绍静态切入点和动态切入点。

12.3.1　静态切入点

Spring 提供的 "org.springframework.aop.support.StaticMethodMatcherPointcut" 抽象基类在默认情况下匹配所有的类，创建静态切入点时只需继承该类即可。静态切入点只限于给定的方法和目标类，而不考虑方法的参数，在绝大多数情况下使用静态切入点能够满足程序需要。Spring 在调用静态切入点时，只在第一次的时候计算静态切入点的位置并将它缓存起来，以后就不需要再进行计算了。

在实际应用中，更多的是使用 StaticMethodMatcherPointcut 类的两个子类来实现静态切入点，这两个子类分别为：NameMatchMethodPointcut 和 AbstractRegexpMethodPointcut。

1．NameMatchMethodPointcut

NameMatchMethodPointcut 允许开发人员使用带有通配符的字符串来匹配调用方法名称。如果调用方法名称符合通配符指定规则就可以被视为切入点，否则不作为切入点。应用 NameMatchMethodPointcut 静态切入点的示例代码如下：

```
<bean id="pointCut"
    class="org.springframework.aop.supprot.NameMatchMethodPointcut">
    <!-- 设定切入点匹配模式 -->
    <property name="mappedNames">
        <list>
            <!-- 所有以 do 和 save 开头的方法都符合规则，可作为切入点 -->
            <value>do*</value>
            . <value>save*</value>
        </list>
    </property>
</bean>
```

通过以上配置，任何以 "do" 或 "save" 开头的方法调用都会被当作切入点，织入相应的通知。虽然使用静态切入点可以明确指定哪些方法需要使用通知，哪些方法不需要使用通知。但是对于一个大型应用来说，如果对每个需要使用通知的方法都进行配置将会非常麻烦，这个时候可以使用通配符来解决这个问题。如果想要更精确地控制切入点，就要用到正则表达式。

2. AbstractRegexpMethodPointcut

AbstractRegexpMethodPointcut 允许开发人员使用正则表达式的方式匹配调用方法名称。RegexpMethodPointcut 是一个通用的正则表达式切入点，它是通过 Jakarta ORO 来实现的，它的正则表达式语法和 Jakarta ORO 的正则表达式语法是一样的。使用这个类时可以定义一个模式列表，只要与给定模式匹配，则切入点将被计算成 true。正则表达式切入点的示例代码如下：

```
<bean id="settersAndAbsquatulatePointcut"
    class="org.springframework.aop.support.RegexpMethodPointcut">
    <!-- 设定切入点匹配模式 -->
    <property name="patterns">
        <list>
            <!-- 所有以 do 和 save 开头的方法都符合规则，可作为切入点 -->
            <value>.*save.*</value>
            <value>.*do.*</value>
        </list>
    </property>
</bean>
```

此外，使用 RegexpMethodPointcut 的子类 RegexpMethodPointcutAdvisor 可以在指定切入点时引入一个通知，此时 Bean 既可以被当作切入点也可以被当作通知，以此来简化 Bean 的装配，示例代码如下：

```
<bean id="settersAndAbsquatulateAdvisor"
    class="org.springframework.aop.support.RegexpMethodPointcutAdvisor">
    <!-- 声明一个拦截器，此拦截器被当作一个通知 -->
    <property name="interceptor">
        <ref local="NameOfAopAllicanceInterceptor">
    </property>
    <property name="patterns">
        <list>
            <value>.*save.*</value>
            <value>.*do.*</value>
        </list>
    </property>
</bean>
```

注意：RegexpMethodPointcutAdvisor 可以用于任何通知类型，但是要想使用 RegexpMethodPointcutAdvisor 这个类，必须要引入 Jakarta ORO 的正则表达式运行库。

说明：使用切入点常用的正则表达式符号如表 12-1 所示。

表 12-1   正则表达式符号

符　　号	作　　用
·	匹配任何单个字符
+	一次或多次匹配前一个字符
*	0 次或多次匹配前一个字符
\	匹配任何正则表达式符号

12.3.2　动态切入点

动态切入点不仅仅限定于给定的方法和类，它还可以指定方法的参数。使用动态切入点要比使用静态切入点带来更多的性能损耗，因为在使用动态切入点时不仅要考虑静态信息，还要考虑方法的参数。每次方法被调用的时候，都需要对切入点进行计算，因为参数是变化的，所以不能缓存每次的计算结果。

如果在程序执行过程中，切入点需要根据参数值调用通知，此时就要用到动态切入点。Spring 提供了 "org.springframework.aop.support.DynamicMethodMatcherPointcut" 这个抽象基类用于处理动态切入点，默认情况下匹配所有的类。实际应用中，可以使用 DefaultPointcutAdvisor 和 ControlFlowPointcut 来控制动态切入点，示例代码如下：

```
<bean id="myPointCut"
  class="org.springframework.aop.support.ControlFlowPointcut">
  <constructor-arg>
    <value>servlet.http.HttpServlet</value>
  </consructor-arg>
</bean>
<bean id="myAdvisor"
  class="org.springframework.aop.support.DefaultPointcutAdvisor">
  <property name="pointCut">
    <ref bean="myPointCut"/>
  </property>
</bean>
```

通过以上配置，任何通过 HttpServlet 的访问请求都会应用 myAdvisor。

说明：动态切入点在实际应用中并不常用，因为在绝大多数应用中，静态切入点已经能够满足程序应用的需求。除非特殊情况（即静态切入点不能满足需求时），才使用动态切入点，所以建议首先应该考虑使用静态切入点，因为静态切入点能为程序带来更高的性能。

12.4　Spring AOP 的代理工厂

Spring AOP 的核心工作原理就是基于代理和代理工厂的，实际应用中当将各个关注点由业务对象中分离出来以后，就需要使用代理工厂为目标对象创建一个代理对象，以便使用 AOP 向业务逻辑中添加功能。

12.4.1　选择合适的代理

在 Spring AOP 框架中，代理是一切 AOP 实现的基础。通过代理可以实现对目标对象进行拦截，以便在其执行周期内的指定点织入相关通知内容，并最终获得一个添加了通知功能的代理对象，返回给客户端。Spring AOP 可以创建下面两种类型的代理对象。

● Java 动态代理：这种类型的代理只能针对接口生成代理对象而不能生成类的代理对象，使用 Java 动态代理的对象必须实现至少一个接口。在使用 Java 动态代理时，所有的方法都会被拦截，并由程序根据切入点信息判断该方法是否需要织入通知。由于每次方法调用都要进行判断，所以使用 Java 动态代理的效率不是很高。

● CGLIB 代理：这种代理类型可以生成类级别的代理对象，它是针对字节码进行代理的，不需要对每个方法都进行拦截、判断。从性能上来说，CGLIB 代理要优于 Java 动态代理。

12.4.2　ProxyFactory

在 Spring AOP 中应用 ProxyFactory 能够通过一种简单的方式，不必依赖 IoC 容器而控制 AOP 的相关流程。

在程序执行过程中，ProxyFactory 会调用另一个组件 DefaultAopProxyFactory 来真正创建代理对象。根据设置的不同，被创建的代理对象可以是 Cglib2AopProxy（CGLIB 代理），也可以是 JdkDynamicAopProxy（Java 动态代理）。通过调用 ProxyFactory 提供的不同方法，可以在程序任意位置织入 advisor 或者 advice。ProxyFactory 提供的几个常用方法如表 12-2 所示。

表 12-2　　　　　　　　　　　　　　ProxyFactory 常用方法

方　法　名	作　用　描　述
addAdvice(Advice advice)	向应用中添加一个 advice，被传入的参数可以是一个通知，也可以是一个针对方法的拦截器，该参数将被封装为 DefaultPointcutAdvisor 进行处理
removeAdvice(Advice arg0)	从应用中删除一个 advice
advisor(Advisor advisor)	向应用中添加一个 advisor，默认情况下所添加的 advisor 将作用于所有方法的调用
removeAdvisor(Advisor arg0)	从应用中删除一个 advisor
setTarget(Object target)	设置通知织入对象
getProxy()	创建并返回目标对象的代理对象
adviceIncluded(Advice arg0)	判断某个 advice 是否已经存在

12.4.3　ProxyFactoryBean

由于使用了 ProxyFactory 的程序不与 Spring 框架的 IoC 容器直接发生联系，所以实际应用中应该避免使用 ProxyFactory 的编程方式创建 AOP 代理。更好的方法是使用 ProxyFactoryBean，该组件通过声明的方式来创建代理，使得 AOP 应用能够与 IoC 容器有机地结合在一起。Spring IoC 容器不仅可以管理 AOP 组件，还可以为目标对象自动生成代理。

与 Spring 提供的大部分 Bean 一样，ProxyFactoryBean 也是一个 JavaBean，只不过 ProxyFactoryBean 是用来创建其他 JavaBean 的。通过 ProxyFactoryBean 的不同属性配置，能够更加方便、精确地控制切入点和通知，并指定代理目标以及决定使用何种代理。ProxyFactoryBean 提供的关键属性如表 12-3 所示。

表 12-3　　　　　　　　　　　　　　ProxyFactoryBean 关键属性

属　性　名　称	作　用　说　明
target	指定代理的目标对象
ProxyTargetClass	指定目标对象的代理方式，可以是类代理也可以是接口代理。若该属性设置为 true，使用 CGLIB 代理
optimize	设置创建代理时，是否进行强制优化
frozen	设置代理工厂创建后，是否禁止通知的改变。默认值为 false

实际上通过 ProxyFactory 编程方式创建的代理，都可以通过 ProxyFactoryBean 声明的方式实现。

下面通过一个实例来演示 ProxyFactory 的用法，本实例的详细步骤如下。

（1）创建名为 "Message" 的接口，它的实现代码如下：

```java
public interface Message {
    public void printMessage();
}
```

（2）创建名为 "MessageImpl" 的 Java 类，该类实现了接口 Message，它的代码如下：

```java
public class MessageImpl implements Message {
    public void printMessage() {
        System.out.println("输出信息");
    }
}
```

（3）创建一个名为 "BeforeMessage" 的 Java 类，该类实现了 "org.springframework.aop.MethodBeforeAdvice" 接口并重写了 MethodBeforeAdvice 接口的 before() 方法，它的实现代码如下：

```java
import java.lang.reflect.Method;
import org.springframework.aop.MethodBeforeAdvice;

public class BeforeMessage implements MethodBeforeAdvice {
    public void before(Method arg0,Object[] arg1,Object arg2) throws Throwable {
        System.out.println("在信息之前的通知");
    }
}
```

（4）创建名为 "bean.xml" 的 XML 文件，该文件使用声明的方式来创建代理，它的关键代码如下：

```xml
<bean id="beforeAdvice" class="com.advice.BeforeMessage"/>
<bean id="messageImpl" class="com.advice.MessageImpl"/>
<bean id="message" class="org.springframework.aop.framework.ProxyFactoryBean">
    <!-- 声明代理接口 -->
    <property name="interceptorNames">
        <list>
            <!-- 声明使用通知为 beforeAdvice -->
            <value>beforeAdvice</value>
        </list>
    </property>
    <!-- 指定代理目标 -->
    <property name="target" ref="messageImpl"/>
</bean>
```

（5）创建一个名为 "Test" 的 Java 类，该类用于测试 ProxyFactory 的用法，它的详细代码如下：

```java
import org.springframework.context.ApplicationContext;
import org.springframework.context.support.ClassPathXmlApplicationContext;

public class Test {
    public static void main(String[] args) {
        //通过 Spring 应用上下文获取 bean.xml 内容
```

```
ApplicationContext ctx = new ClassPathXmlApplicationContext(
        "com/advice/bean.xml");
//由 Spring IoC 容器根据配置文件内容自动创建代理对象
Message message = (Message) ctx.getBean("message");
message.printMessage();
    }
}
```

（6）运行程序，在控制台输出的结果如图 12-7 所示。

注意：上述示例中 ProxyFactoryBean 是通过 Java 代理实现了前置型通知的功能，如果想使用 CGLIB 代理来实现，可在"bean.xml"文件中 id 为 message 的<bean>元素内添加如下的代码：

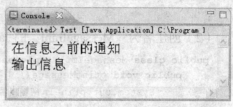

图 12-7　ProxyFactory 示例运行结果

```
<property name="proxyTargetClass" value="true" />
```

12.5　项目实战——输出日志

本节将使用 Spring AOP 开发输出日志程序，具体步骤如下。

（1）程序功能分析

模拟用户登录，在用户登入操作执行之前和之后分别输出相应的日志信息。记录的日志信息如图 12-8 所示。

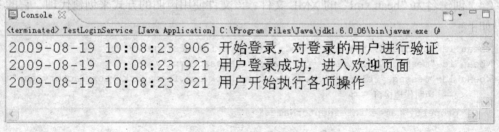

图 12-8　日志记录信息

（2）工程目录结构

本工程的目录结构及其说明如图 12-9 所示。

说明：本工程为一个 Java 工程。

（3）工具类的实现

工具类共包括 3 个，分别是 "DateFormat"、"Dologging"和"LogAdvice"。其中类 DateFormat 用于格式化日期，它的详细代码如下：

```
import java.text.SimpleDateFormat;
import java.util.Date;

public class DateFormat {
    public static String getDate(){
```

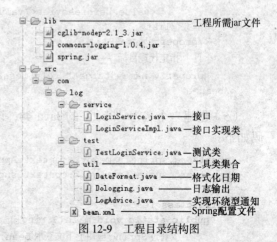

图 12-9　工程目录结构图

```
        Date date=new Date();
        //设定日期格式
        SimpleDateFormat sf=new SimpleDateFormat("yyyy-MM-dd hh:MM:ss SS ");
        return sf.format(date);
    }
}
```

类 Dologging 用于记录日志信息，它的详细代码如下：

```
public class Dologging {
    public void dologging(String msg) {
        System.out.println(msg);
    }
}
```

LogAdvice 用于实现环绕型通知，它的详细代码如下：

```
import org.aopalliance.intercept.MethodInterceptor;
import org.aopalliance.intercept.MethodInvocation;

public class LogAdvice implements MethodInterceptor {
    Dologging dologging;
    public void setDologging(Dologging dologging) {
        this.dologging = dologging;
    }
    public Object invoke(MethodInvocation invocation) throws Throwable {
        // 方法调用之前输出日志信息
        dologging.dologging(DateFormat.getDate() + "开始登录，对登录的用户进行验证");
        Object obj = invocation.proceed();        // 通过 java 反射获得调用方法
        // 方法调用之后输出日志信息
        dologging.dologging(DateFormat.getDate() + "用户开始执行各项操作");
        return obj;
    }
}
```

（4）接口的实现

接口的类名为 "LoginService"，它定义了用户登录时要实现的功能。它的详细代码如下：

```
public interface LoginService {
    public void login();
}
```

（5）接口实现类的实现

接口的实现类为 "LoginServiceImpl"，在该类中重写了 login()方法，这里是模拟登录，因此省略了其他登录操作，仅输出登录成功信息。它的实现代码如下：

```
import com.log.util.DateFormat;

public class LoginServiceImpl implements LoginService {
    public void login() {
        System.out.println(DateFormat.getDate()+"用户登录成功，进入欢迎页面");
    }
}
```

（6）Spring 配置文件的实现

Spring 配置文件的名称为"bean.xml"，用于装配 Bean，它的关键代码如下：

```
<bean id="dologging" class="com.log.util.Dologging" />
<bean id="loginService" class="com.log.service.LoginServiceImpl"/>
<bean id="advice" class="com.log.util.LogAdvice">
    <property name="dologging" ref="dologging" />
</bean>
<bean id="login" class="org.springframework.aop.framework.ProxyFactoryBean">
    <property name="interceptorNames">
        <list>
            <value>advice</value>
        </list>
    </property>
    <property name="target" ref="loginService" />
    <property name="proxyTargetClass" value="true" />
</bean>
```

（7）测试类的实现

测试类的名称为"TestLoginService"，它将"bean.xml"文件载入 Spring 容器，获取 Bean 实例对象，调用 login()方法。它的实现代码如下：

```
import org.springframework.context.ApplicationContext;
import org.springframework.context.support.ClassPathXmlApplicationContext;
import com.log.service.LoginService;

public class TestLoginService {
    public static void main(String args[]) {
        // 通过 ApplicationContext 获得 bean.xml 信息
        ApplicationContext ctx = new ClassPathXmlApplicationContext("com/log/bean.
xml");
        // 创建并使用 Login 的代理对象
        LoginService loginImpl = (LoginService) ctx.getBean("login");
        loginImpl.login();
    }
}
```

本 章 小 结

本章首先介绍了 AOP 的基础知识，然后介绍了 Spring AOP 的相关内容，其中包括 Spring 的通知、Spring 的切入点和 Spring 的代理工厂。最后通过一个日志输出程序将 Spring AOP 运用到具体的项目中，使读者达到熟练使用 Spring AOP 的目的。

下面是本章的重点内容回顾：

- AOP 是对 OOP 的补充和完善，AOP 关注于横向而 OOP 关注于纵向。
- AOP 的核心概念包括了关注点、切面、切点、通知、目标对象和织入。
- Java 动态代理于 Spring AOP 是密切相关的。
- Spring 提供了 4 种不同的通知类型。
- Spring 中可使用静态切入点、动态切入点以及自定义切入点。
- 代理工厂是 Spring AOP 的核心。

课 后 练 习

（1）如何理解动态代理？

（2）如何理解 Spring 的 AOP？

（3）Spring 的通知包括哪些？

（4）静态切入点和动态切入点有什么区别？

（5）如何理解 ProxyFactoryBean？

第13章
Spring 与 Java EE 持久化数据访问

持久化数据访问是 Java EE 中的一个重要组成部分。在持久化数据访问方面存在着各种各样的解决方案，如基于 ORM 的 Hibernate、基于 SQL 映射的 Ibatis。就目前而言，ORM 框架技术是 Java EE 持久层的首选解决方案，但是其也有一定的缺点，它会在一定程度上降低应用的灵活性，针对这种情况，Spring 在 Java EE 持久化数据访问方面提出了一套自己的解决方案—JdbcTemplate。

通过本章的学习，读者可了解 Spring 对 DAO 模式的支持，掌握 Spring 提供的 JdbcTemplate 的用法以及 Java EE 持久化数据访问中 Spring 对事务的处理。

13.1　Spring 对 DAO 模式的支持

DAO（Data Access Object，数据访问对象）模式是 Java EE 开发模式中非常重要并且经常会被用到的一种模式，它的作用在于将业务逻辑代码与持久化相关代码进行分离，以降低业务层与持久层的耦合程度。Spring 以一种统一的方式对持久化数据的访问提供支持，所有与持久化相关的处理程序都以接口的形式暴露给外界，其他程序只需调用相应接口即可实现对持久化数据的访问操作。通过使用 Spring，可以显著减少用于处理异常、事务等代码的编写，因为 Spring 框架已经对这些功能的实现进行了封装，实际开发中直接应用即可。

13.1.1　统一的数据访问异常

在实际应用中，持久层实现技术是多种多样的。JDBC 曾经是访问数据库的主流技术，但随着时间的推移，Hibernate、Ibatis 等 ORM 框架技术逐渐取代了 JDBC。无论采取哪种持久层技术，不可避免的一个问题就是如何处理数据访问异常。不同的技术提供了不同的异常处理方案，这对于应用的可扩展性来说是极其不利的，因为必须得准备不同的代码以适应各种异常处理方案。针对上述问题，Spring 框架提供了一个行之有效的解决方案，使用统一的数据访问异常体系来管理各种持久层技术异常。

统一的数据访问异常是 Spring 框架提供的与实现技术无关，并且面向 DAO 层次的异常体系。通过这个体系，可以方便地将各种持久层特定异常转化为 Spring 的定制异常。Spring 框架 DAO 异常体系的主体结构如图 13-1 所示。

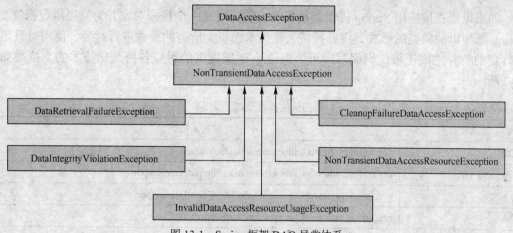

图 13-1　Spring 框架 DAO 异常体系

Spring 的异常体系中最重要的一个类就是 DataAccessException，这个类是一个通用异常处理类，也是整个 Spring 异常体系的核心，所有其他各种持久层异常处理类都是该类的子类。在程序运行过程中，当所使用的持久层技术产生异常的时候，Spring 框架就可以抛出 DataAccessException 这一通用异常。此外 DataAccessException 无需检测，不需要编写特定的代码来处理这类异常。

注意：关于 Srping DAO 异常体系，还需要了解以下两点。

● 图 13-1 只是给出了 Spring DAO 中几个基础的异常类。实际上 Spring 框架各基础异常类下还提供了许多子类，用于对各种数据访问异常进行细化处理，可以在 "org.springframework.dao" 包下找到这些类。

● Spring 的异常体系具有良好的可扩展性。当 Spring 框架需要对一项新的持久化技术提供支持时，如果想对该持久化技术的异常进行管理，只需为其定义一个对应的子异常就可以了。

13.1.2　通用的数据访问模板及抽象支持类

使用一项具体的持久化技术时，往往需要手动编写所有代码来完成数据持久化的整个流程。而对于一个程序中某些相同的代码（如事务处理性代码）而言，多次重复编写不仅降低了开发效率，还不利于程序的维护。Spring 框架为其所支持的多种持久化技术分别了数据访问模板，将一些固定化的流程以模板的形式提供给开发者，以此来简化对各种持久化技术的操作。Spring 框架提供的对应各持久化技术的模板类如表 13-1 所示。

表 13-1　　　　　　　　　　　　各持久化技术及对应模板类

持久化技术	对应模板类
JDBC	org.springframework.jdbc.core.JdbcTemplate
Hibernate3.0	org.springframework.orm.hibernate3.HibernateTemplate
iBATIS	org.springframework.orm.ibatis.SqlMapClientTemplate
JPA	org.springframework.orm.jpa.JpaTemplate
JDO	org.Springframework.orm.jdo.JdoTemplate
TopLink	org.springframework.orm.toplink. TopLinkTemplate

如果想要直接应用 Spring 提供的模板类，需要定义一个模板对象并为其提供数据资源。Spring 框架以抽象类的形式，将各种持久化技术模板类所需的资源进行封装，使用时只需继承特定的类并完成逻辑代码编写即可。Spring 框架提供的对应各持久化技术的支持类如表13-2 所示。

表 13-2　　　　　　　　　　各持久化技术及对应支持类

持久化技术	对应支持类
JDBC	org.springframework.jdbc.core.JdbcDaoSupport
Hibernate 3.0	org.springframework.orm.hibernate3.HibernateDaoSupport
iBATIS	org.springframework.orm.ibatis.SqlMapClientDaoSupport
JPA	org.springframework.orm.jpa.JpaDaoSupport
JDO	org.Springframework.orm.jdo.JdoDaoSupport
TopLink	org.springframework.orm.toplink. TopLinkDaoSupport

实际开发中使用 Sping DAO 的工作流程如图 13-2 所示。

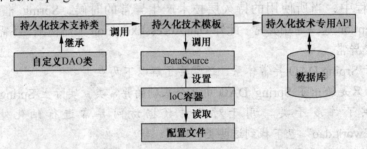

图 13-2　Spring DAO 体系工作流程

自定义的 DAO 类需要继承某个 Spring 提供的持久化技术对应的支持类，该支持类包含了对应的模板类属性，通过模板直接调用各个持久化技术专用的 API 来完成数据的持久化操作过程。整个流程所涉及的各个组件，都可以通过声明的方式放置在 XML 配置文件中，由 Spring 的 IoC 容器统一调配管理。

13.2　Spring 的 JDBC

就目前而言，ORM 框架技术已经成为 Java EE 持久层的首选解决方案。但由于各持久层技术都要或多或少地对数据持久化操作进行封装，在一定程度上降低了应用的灵活性，而使用 JDBC 实现数据持久化就不会出现这样的情况。因为 JDBC 完全建立在 SQL 之上，允许灵活使用数据库的所有特性。

13.2.1　为什么需要 JdbcTemplate

通常情况下，当使用 JDBC 提供的 API 直接操作数据库时，就必须关注针对数据库的各项操作，包括管理数据资源以及异常处理等。以向数据库表中插入一条数据为例，使用 JDBC 实现这一操作的代码如下：

```
public void insertUser(User user) throws SQLException {
        Connection conn = null;
        PreparedStatement stmt = null;
        String sql = "insert into users(name,password) values (?,?)";
        try {
        conn = getConnection();
        conn.setAutoCommit(false);
        stmt = conn.prepareStatement(sql);
        stmt.setString(0,user.getName());
        stmt.setString(1,user.getPassword());
        stmt.executeUpdate();
        conn.commit();
    } catch (SQLException e) {
        if(conn!=null)conn.rollback();
    } finally {
        stmt.close();
        conn.close();
    }
}
```

观察上面代码可以发现，使用 JDBC 完成一个简单的插入操作就需要编写很多的代码，而这些代码中大部分都是固定模式的(如打开关闭数据库资源连接)，只有少数几行代码根据需求不同会有变化。Spring 框架将这些固定化格式的代码进行封装，以模板的形式提供给开发人员。应用 Spring 的模板，使开发者能够更加专注于数据访问的具体逻辑，同时也会使代码变得更为简洁。

JdbcTemplate 是 Spring 提供的借助 JDBC 操作数据库的模板类，它能够自动管理数据库连接资源的打开和关闭操作，并且提供了 JDBC 相关的一些基础操作，因此可以简化 JDBC 的使用并在一定程度上减少错误的发生。下面使用 JdbcTemplate 完成上面的插入操作，实现代码如下：

```
public void insertUser(User user) {
    JdbcTemplate jt = new JdbcTemplate();          //创建 JdbcTemplate 实例
    String sql = "insert into users(name,password) values (?,?)";
    Object params[] = new Object[] { user.getName(),user.getPassword() };
    jt.update(sql,params);                         //通过 JdbcTemplate 执行操作
}
```

在上面代码中，完全去掉了连接数据库资源、关闭数据库资源的代码，而有关事务处理性代码也可以通过 Spring AOP 来实现。这样一来只需要编写向数据库插入数据的 SQL 语句并执行就可以了。

注意：本例是通过编写代码来实例化一个 JdbcTemplate 对象的，实际应用中并不推荐这么做。可以通过 Spring 的 IoC 机制，由容器完成实例化过程并将 JdbcTemplate 的实例化对象注入到应用类中。

13.2.2 通过 JdbcDaoSupport 使用 JdbcTemplate

Spring 框架中与 JdbcTemplate 模板对应的支持类为 JdbcDaoSupport，使用该类能够更加简化 JDBC 操作。因为在 JdbcDaoSupport 中已经提供了 JdbcTemplate 的变量，只要自定义类继承了 JdbcDaoSupport，就可以直接调用 JdbcTemplate 相关的方法了。使用 JdbcDaoSupport 来实现插入操作的代码如下：

```
import org.springframework.jdbc.core.support.JdbcDaoSupport;

public class UserDAO extends JdbcDaoSupport {
    public void insertUser(User user) {
        String sql = "insert into users(name,password) values (?,?)";
        Object params[] = new Object[] { user.getName(),user.getPassword() };
        //通过getJdbcTemplate()获取JdbcTemplate实例并调用相应方法
        getJdbcTemplate().update(sql,params);
    }
}
```

注意：实际开发过程中，会将数据库相关操作部分放入持久层代码中统一管理。以上面的插入操作为例，应该按照如下步骤进行。

（1）首先需要定义接口 UserDAO，该接口提供了 insertUser()方法。

（2）定义实现类 UserDAOImpl，该类需要实现 UserDAO 接口并继承 JdbcDaoSupport 类。在 insertUser()方法中调用 JdbcTemplate 的 update()方法完成数据插入操作。

13.2.3　JdbcTemplate 提供的常用数据操作方法

针对数据的增加、删除、修改以及查询操作，JdbcTemplate 分别提供了对应的操作方法，通过调用这些方法就可以轻松实现数据的相关操作。JdbcTemplate 提供的数据操作方法主要包括以下几个。

1. update()

通过该方法可以实现增加、修改及删除数据操作。在 13.2.2 小节中，已经使用了 JdbcTemplate 的 update()方法用于向数据库中插入一条记录。这是 update()方法的一种用法，也是最常用的用法，实际上 update()方法还有其他几种使用形式，如表 13-3 所示。

表 13-3　　　　　　　　　　　　　　update()方法使用方式

使 用 形 式	说　　　明
int update(String sql)	直接使用不带占位符的 SQL 语句
int update(String sql,Object[] args,int[] argTypes)	使用带有占位符的 SQL 语句，通过 args 参数指定各占位符对应元素，通过 argTypes 参数指定各元素类型
int update(String sql,PreparedStatementSetter pss)	使用 SQL 语句创建 PreparedStatement 实例后，调用 PreparedStatementSetter 回调接口执行参数绑定
int update(PreparedStatementCreator psc)	查询过程中使用 PreparedStatementCreator 回调接口，该接口用于创建 PreparedStatement 实例
int update(PreparedStatementCreator psc,KeyHolder generatedKeyHolder)	用于返回数据库表的主键

2. batchUpdate()

使用该方法可以批量执行 SQL 语句，该方法有如下两种使用形式，如表 13-4 所示。

表 13-4　　　　　　　　　　　　　　batchUpdate()方法使用方式

使 用 形 式	说　　　明
int[] batchUpdate(String[] sql)	多条 SQL 语句组成数组，并批量执行
int [] batchUpdate(String sql,　BatchPreparedStatementSetter pss)	批量执行多条 SQL 语句的同时，通过 BatchPreparedStatementSetter 回调接口进行批量参数绑定

3. processRow()

该方法是 RowCallbackHandler 接口所提供的，用于获取查询结果集。使用该方法后，不需要再调用查询结果 ResultSet 的 next()方法，Spring 会自动遍历结果集。应用 processRow()方法的示例代码如下：

```java
public User getUser(Integer id) {
    String sql = "select name,password from users where id=?";
    final User u = new User();
    Object[] params = new Object[] { id };
    //应用 RowCallbackHandler 回调接口
    getJdbcTemplate().query(sql,params,new RowCallbackHandler() {
        //调用 processRow 方法获得结果集信息
        public void processRow(ResultSet rs) throws SQLException {
            u.setName(rs.getString("name"));
            u.setPassword(rs.getString("password"));
        }
    });
    return u;
}
```

4. mapRow()

该方法是 RowMapper 接口提供的，也用于获取查询结果集。应用 mapRow()方法的示例代码如下：

```java
public List getUser(Integer id) {
    String sql = "select name,password from users where id=?";
    final User u = new User();
    Object[] params = new Object[] { id };
    List list = getJdbcTemplate().query(sql,params,new RowMapper() {
        public Object mapRow(ResultSet rs,int index) throws SQLException {
            User u = new User();
            u.setName(rs.getString("name"));
            u.setPassword(rs.getString("password"));
            return u;
        }
    });
    return list;
}
```

注意：虽然从本质上来说 processRow()方法和 mapRow()方法没有区别，都是用于获取结果集信息的。但是在实际应用中二者是存在差异的——mapRow()方法更适用于包含多行数据的结果集。

13.3　Spring 中的事务处理

数据持久化操作流程中一个最重要的环节就是事务处理，Spring 框架为事务处理提供了一致的模板，无论应用中采取何种持久化技术（JDBC，Hibernate 等），都可以应用 Spring 的编程模型对事务进行管理。

13.3.1 Spring 事务处理概述

Spring 框架针对事务的处理提供了两种事务编程模型：编程式事务处理以及声明式事务处理。无论采取哪种方式管理事务，都要用到 Spring 的事务管理器。从根本上来说，Spring 的事务管理器并没有提供具体事务处理的实现过程，而是对其他持久化技术提供的事务处理实现进行了封装。因此在实际应用中，Spring 可以对其所支持的任何持久化技术的事务进行管理。

在 Spring 提供的众多事务管理器中，PlatformTransactionManager 是最基本的接口。在此接口基础上 Spring 又提供了很多实现类，用于处理不同持久化技术的事务管理。Spring 事务管理器结构体系如图 13-3 所示。

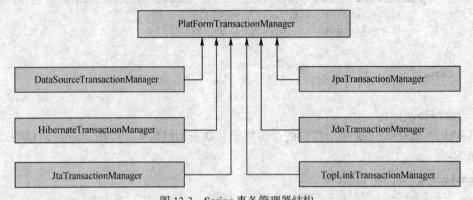

图 13-3　Spring 事务管理器结构

其中各事务管理器的功能说明如表 13-5 所示。

表 13-5　　　　　　　　　　　　　　　Spring 事务管理器功能说明

事务管理器实现类	功 能 说 明
org.springframework.jdbc.datasource.DataSourceTransactionManager	使用 Ibatis 或 Spring JDBC 作为持久层实现技术时应用
org.springframework.orm.hibernate3.HibernateTransactionManager	使用 Hibernate3 作为持久层实现技术时应用
org.springframework.orm.jpa.JpaTransactionManager	使用 JPA 作为持久层实现技术时应用
org.springframework.orm.jdo.JdoTransactionManager	使用 JDO 作为持久层实现技术时应用
org.springframework.transaction.JtaTransactionManager	当一个事务需要管理多个数据源的时候应用
org.springframework.orm.toplink.TopLinkTransactionManager	使用 TopLink 作为持久层实现技术时应用

针对上表给出的每种持久化技术，Spring 均提供了相应的事务管理器。实际应用中只需配置应用事务管理器即可，而不用关心事务管理的具体实现过程。

13.3.2 编程式事务处理

Spring 提供了 TransactionTemplate 这个类用于手动编写事务的相关处理，并且可以在多个类中使用 TransactionTemplate 的实例对象。应用编程式事务处理的示例代码如下：

```java
public class Find extends JdbcDaoSupport {
    public void userService(Integer id) {
```

```
        private UserDao userDao;
        TransactionTemplate transactionTemplate ;
    public void setUserDao(UserDao userDao) {
        this.userDao = userDao;
    }
    public void setTransactionTemplate(TransactionTemplate transactionTemplate) {
        this.transactionTemplate = transactionTemplate;
    }
    template.execute(
            new TransactionCallback(){
                public Object doInTransaction(TransactionStatus ts) {
                    // 执行相关数据操作
                    return null;
                }
            }
    );
}
```

Bean 的配置文件如下：

```
<bean id="userDao" class="sunyang.transaction.UserDao" />
<bean id="transactionTemplate"
    class="org.springframework.transaction.support.TransactionTemplate">
    <property name="transactionManager">
        <ref bean="transactionManager" />
    </property>
</bean>
<bean id="userService" class="sunyang.transaction.UserService">
    <property name="userDao">
        <ref bean="userDao" />
    </property>
    <property name="transactionTemplate">
        <ref bean="transactionTemplate" />
    </property>
</bean>
```

说明：编程式事务处理方式并不常用，更多使用的是声明式事务处理方式。

13.3.3　声明式事务处理

　　所谓的声明式事务处理指的是在 XML 配置文件中对事务进行配置。这种事务处理方式能够彻底将事务处理代码与业务逻辑代码分离，通过 Spring 的 AOP 框架将事务管理功能动态切入到业务逻辑之中，从而实现事务管理。

　　由于声明式事务处理模式是应用 AOP 模式实现的，所以不可避免地要用到代理工厂。Spring 框架提供了 TransactionProxyFactoryBean 来专门处理声明式事务设计，使用 TransactionProxyFactoryBean 能够简化声明式事务处理过程。如果使用声明式事务处理方式来管理上一小节中案例的事务，需要编写如下配置代码：

```
<bean id="userDao" class="sunyang.transaction.UserDaoImpl" />
<bean id="target" class="sunyang.transaction.UserServiceImpl">
    <property name="userDao" ref="userDao" />
</bean>
<bean id="userService"
    class="org.springframework.transaction.interceptor.TransactionProxyBean">
```

```
            <property name="target" ref="target" />
            <property name="transactionManager" ref="transactionManager" />
            <property name="proxyInterfaces">
                <list>
                    <value>sunyang.transaction.UserService</value>
                </list>
            </property>
            <property name="transactionAttributes">
                <props>
                    <prop key="get*">PROPAGATION_REQUIRED,readOnly</prop>
                </props>
            </property>
    </bean>
```

说明：在配置 property 属性时，下面两种格式是等价的。

格式 1：

```
<property name="userDao">
    <ref bean="userDao" />
</property>
```

格式 2：

```
<property name="userDao" ref="userDao" />
```

格式 2 是格式 1 的简写形式。

注意：一般情况下应用声明式事务处理时，都会选择使用 TransactionProxyFactoryBean，但是并不是只能使用 TransactionProxyFactoryBean。还可以根据需要创建自己的代理工厂，但是相对使用 TransactionProxyFactoryBean 来说要稍麻烦一些。

13.3.4 标注式事务处理

从 Spring 2.0 版本开始，提供了使用标注的形式代替 XML 配置文件对事务进行管理。在需要加入事务管理的程序中，可以添加 "@Transactional" 标注进行定义。仍然以 13.3.2 小节中的案例为例，使用标注式事务处理的实现代码如下：

```
//加入事务处理标注，则该类方法执行时将自动进行事务处理
@Transactional
public class UserServiceImpl implements UserService {
    public void getUser() {
        // 省略具体实现代码
    }
    public void addUser() {
        // 省略具体实现代码
    }
    public void delUser() {
        // 省略具体实现代码
    }
}
```

除了在代码中加入 "@Transactional" 标注外，还需要在配置文件中对 "@Transactional" 对应的 Bean 进行配置：

```
<bean id="txManager"
    class="org.springframework.jdbc.datasource.DataSourceTransactionManager">
    <property name="dataSource" ref="dataSource" />
```

```
</bean>
<tx:annotation-driven transaction-manager="txManager" />
<bean id="userService" class="sunyang.transaction.UserServiceImpl" />
```

由于在类 UserServiceImpl 中加入了 "@Transactional" 标注，当该类包含方法被执行时，容器会自动将事务管理功能织入系统。当然这只是一个最简单的 "@Transactional" 标注的示例，实际开发中，还可以通过 "@Transactional" 标注属性的不同配置对事务进行更加详细的控制。"@Transactional" 标注提供了如下几个属性可供配置，如表 13-6 所示。

表 13-6　　　　　　　　　　　　　　　　@Transactional 标注属性说明

属 性 名 称	默 认 值	说　明
propagation	PROPAGATION_REQUIRED	枚举型，用于设置事务传播行为
isolation	IOSLATION_DEFAULT	枚举型，用于设置事务隔离等级
readOnly	读写型	布尔型，设置事务为只读行事务或读写型事务
timeOut	依赖于底层持久化技术规定的事务超时时间默认值	设置超时时间
rollbackFor	/	指定异常类，如果运行时发生指定异常事务必须回滚
rollbackForClassName	/	指定异常类名，如果运行时发生指定名称异常，事务必须回滚
noRollbackFor	/	指定异常类，如果运行时发生指定异常事务必须不回滚
noRollbackForClassName	/	指定异常类名，如果运行时发生指定名称异常，事务必须不回滚

说明：默认情况下，<tx:annotation-driven>将会使用名称为 "transactionManager" 的事务管理器。如果应用中事务管理器对应 bean 的 id 为 "transactionManager"，将 "<tx:annotation-driven transaction-manager="txManager" />" 改写为<tx:annotation-driven />即可。

"@Transactional" 标注虽然也可以被应用于接口，但是建议最好在接口实现类中使用该标注。因为 "@Transactional" 标注是不可被继承的，也就是说接口中声明的标注，在实现类中不会起作用。

注意：由于标注（annotation）是 Java 5（代号为 Tiger）提出的新标准，所以要想使用标注式事务处理方式，则必须保证开发环境为 Java 5 以上。

13.4　项目实战——公司人事管理

本节将使用 Spring 的模板和 Spring 的声明式事务管理来开发公司人事管理程序，具体步骤如下。

（1）程序功能分析

公司人事管理程序包括两项功能：显示公司所有的员工信息和删除员工信息。显示公司所有的员工信息页面如图 13-4 所示。

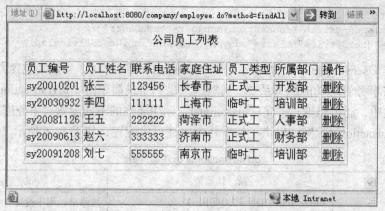

图 13-4　显示公司所有的员工信息页面

如果某个员工已经辞职，此时可将该员工信息从系统内删除。当删除员工时，页面会弹出对话框让用户确认是否删除，单击"确定"按钮后会将选定的员工删除，如图 13-5 所示。

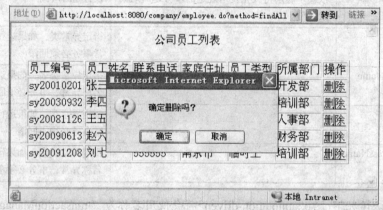

图 13-5　删除员工信息

（2）程序数据库设计

本程序使用的数据库系统为 SQL Server 2000，数据库名称为"company"，数据表名称为"employees"，该表包含了公司内员工的相关信息，它的表结构如表 13-7 所示。

表 13-7　　　　　　　　　　　　　　　数据表 employees

字 段 名 称	数 据 类 型	长　　度	字 段 描 述
id	bigint	8	主键，自增长
number	varchar	50	员工编号
name	varchar	50	员工名称
phone	varchar	50	联系电话
address	varchar	50	家庭住址
type	varchar	50	员工类型
department	varchar	50	所属部门

（3）工程目录结构

本工程的目录结构及其说明如图 13-6 所示。

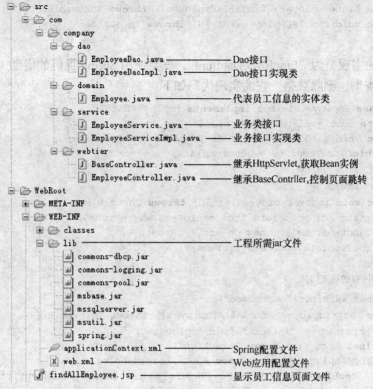

```
src
  com
    company
      dao
        EmployeeDao.java ─────────── Dao接口
        EmployeeDaoImpl.java ─────── Dao接口实现类
      domain
        Employee.java ───────────── 代表员工信息的实体类
      service
        EmployeeService.java ─────── 业务类接口
        EmployeeServiceImpl.java ── 业务接口实现类
      webtier
        BaseController.java ─────── 继承HttpServlet,获取Bean实例
        EmployeeController.java ─── 继承BaseContrller,控制页面跳转
WebRoot
  META-INF
  WEB-INF
    classes
    lib ──────────────────────── 工程所需jar文件
      commons-dbcp.jar
      commons-logging.jar
      commons-pool.jar
      msbase.jar
      mssqlserver.jar
      msutil.jar
      spring.jar
    applicationContext.xml ─────── Spring配置文件
    web.xml ─────────────────── Web应用配置文件
  findAllEmployee.jsp ─────────── 显示员工信息页面文件
```

图 13-6　工程目录结构图

（4）实体类的实现

代表员工信息的实体类的类名为"Employee"，该类拥有和数据表 employees 对应的私有属性以及各个属性的 set、get 方法，它的实现代码如下：

```java
public class Employee {
    private Long id;
    private String number;
    private String name;
    private String phone;
    private String address;
    private String type;
    private String department;
    public Employee(){}
    public Long getId() {
        return id;
    }
    public void setId(Long id) {
        this.id = id;
    }
    // 省略其他的 get、set 方法
}
```

（5）Dao 类的实现

Dao 接口的类名为"EmployeeDao"，它定义了 Dao 要实现的功能：查询所有员工信息和删除指定的员工信息，它的实现代码如下：

```java
public interface EmployeeDao {
```

```
    public List<Employee> findAllAEmployee() throws Throwable;
    public void removeEmployee(int id) throws Throwable;
}
```

Dao 接口的实现类为"EmployeeDaoImpl"，该类使用 Spring 提供的借助 JDBC 操作数据库的模板类来查询、删除数据。它的实现代码如下：

```
public class EmployeeDaoImpl implements EmployeeDao {
    private JdbcTemplate jdbcTemplate;
    public void setJdbcTemplate(JdbcTemplate jdbcTemplate) {
        this.jdbcTemplate = jdbcTemplate;
    }
    //根据 id 删除员工
    public void removeEmployee(int id) throws Throwable {
        String sql = "delete from employees where id=?";
        Object params[] = new Object[] { id };
        jdbcTemplate.update(sql,arams);
    }
    //查询所有的员工信息
    @SuppressWarnings("unchecked")
    public List<Employee> findAllAEmployee() throws Throwable {
        String sql = "select * from employees";
        final List list = new ArrayList();
        jdbcTemplate.query(sql,new RowCallbackHandler() {
            public void processRow(ResultSet rs) throws SQLException {
                Employee employee = new Employee();
                employee.setId(rs.getLong("id"));
                employee.setNumber(rs.getString("number"));
                employee.setName(rs.getString("name"));
                employee.setPhone(rs.getString("phone"));
                employee.setAddress(rs.getString("address"));
                employee.setType(rs.getString("type"));
                employee.setDepartment(rs.getString("department"));
                list.add(employee);
            }
        });
        return list;
    }
}
```

（6）业务类的实现

业务类接口的名称为"EmployeeService"，它定义了业务类所进行的业务操作：检索所有员工信息业务操作和删除指定的员工信息业务操作，它的实现代码如下：

```
public interface EmployeeService {
    public List<Employee> findAllAEmployee() throws Throwable;
    public void removeEmployee(int id) throws Throwable;
}
```

业务类接口的实现类为"EmployeeServiceImpl"，它进行具体的业务操作，它的实现代码如下：

```
public class EmployeeServiceImpl implements EmployeeService {
    private EmployeeDao employeeDao;
    public void setEmployeeDao(EmployeeDao employeeDao) {
        this.employeeDao = employeeDao;
```

```
    }
    public void removeEmployee(int id) throws Throwable {
        employeeDao.removeEmployee(id);
    }
    public List<Employee> findAllAEmployee() throws Throwable {
        return employeeDao.findAllAEmployee();
    }
}
```

（7）控制器类的实现

控制器类有两个："BaseController" 和 "EmployeeController"，其中类 BaseController 继承了 HttpServlet，它提供了一个 getBean()方法用于获得一个 Bean 实例，它的实现代码如下：

```
public class BaseController extends HttpServlet {
    private ApplicationContext ctx = null;
    public Object getBean(String name) {
        if (ctx == null)
                ctx = WebApplicationContextUtils
                    .getRequiredWebApplicationContext(getServletContext());
        return ctx.getBean(name);
    }
}
```

类 EmployeeController 为类 BaseController 的子类，它实现控制器的具体业务逻辑，它的实现代码如下：

```
public class EmployeeController extends BaseController {
    EmployeeService employeeService;
    protected void doGet(HttpServletRequest req,HttpServletResponse resp)
            throws ServletException,IOException {
        String method = req.getParameter("method");
        // 如果 method 值为 remove, 执行删除操作
        if (method.equals("remove")) {
            removeEmployee(req,resp);
        }
        // 如果 method 值为 findAll, 执行查询所有员工信息操作
        else if (method.equals("findAll")) {
            findAllAEmployee(req,resp);
        }
    }
    protected void doPost(HttpServletRequest req,HttpServletResponse resp)
            throws ServletException,IOException {
        doGet(req,resp);
    }
    protected void removeEmployee(HttpServletRequest req,
            HttpServletResponse resp) throws ServletException,IOException {
        employeeService = (EmployeeService) getBean("emloyeeService");
        int id = Integer.parseInt(req.getParameter("id"));
        try {
            employeeService.removeEmployee(id);
            this.findAllAEmployee(req,resp);
        } catch (Throwable e) {
            e.printStackTrace();
        }
    }
    protected void findAllAEmployee(HttpServletRequest req,
```

```
                    HttpServletResponse resp) throws ServletException,IOException {
         employeeService = (EmployeeService) getBean("emloyeeService");
         List list = new ArrayList();
         try {
             list = employeeService.findAllAEmployee();
         } catch (Throwable e) {
             e.printStackTrace();
         }
         req.setAttribute("list",list);        // 将查询结果放入 request 对象中
         RequestDispatcher rd = req.getRequestDispatcher("findAllEmployee.jsp");
         rd.forward(req,resp);
    }
}
```

（8）Spring 配置文件的实现

Spring 配置文件的名称为"applicationContext.xml"，它用于配置事务管理器、JDBC 模板和装配 Bean，它的实现代码如下：

```xml
<bean id="dataSource"
    class="org.apache.commons.dbcp.BasicDataSource">
    <property name="driverClassName"
        value="com.microsoft.jdbc.sqlserver.SQLServerDriver" />
    <property name="url"
        value="jdbc:microsoft:sqlserver://localhost;databaseName=company" />
    <property name="username" value="sa" />
    <property name="password" value="sa" />
</bean>
<!-- 配置事务管理器 -->
<bean id="transactionManager"
    class="org.springframework.jdbc.datasource.DataSourceTransactionManager">
    <property name="dataSource" ref="dataSource" />
</bean>
<!-- 配置 JDBC 模板 -->
<bean id="jdbcTemplate"
    class="org.springframework.jdbc.core.JdbcTemplate">
    <property name="dataSource" ref="dataSource" />
</bean>
<!-- 将 JdbcTemplate 注入到 EmployeeDaoImpl -->
<bean id="employeeDao" class="com.company.dao.EmployeeDaoImpl">
    <property name="jdbcTemplate" ref="jdbcTemplate" />
</bean>
<!-- 指定需要添加事务管理的目标 -->
<bean id="target" class="com.company.service.EmployeeServiceImpl">
    <property name="employeeDao" ref="employeeDao" />
</bean>
<bean id="emloyeeService"
    class="org.springframework.transaction.interceptor.TransactionProxyFactoryBean">
    <property name="target" ref="target" />
    <property name="transactionManager" ref="transactionManager" />
    <property name="proxyInterfaces">
        <list>
            <!-- 指定代理接口 -->
            <value>com.company.service.EmployeeService</value>
        </list>
```

```
    </property>
    <!-- 指定事务策略 -->
    <property name="transactionAttributes">
        <props>
            <prop key="*">PROPAGATION_REQUIRED</prop>
        </props>
    </property>
</bean>
```

（9）页面文件的实现

显示所有员工信息的页面文件名称为 "findAllEmployee.jsp"，它除了可显示所有员工信息以外，还提供了一个 "删除" 链接，用于向控制器发送删除指定员工的请求。它的关键代码如下：

```
<%@ page language="java" import="java.util.*,com.company.domain.*" pageEncoding="gbk"%>
<%
    List list = (List) request.getAttribute("list");
%>
<html>
    <script type="text/javascript">
        function check(){
            if (confirm("确定删除吗? ")) {
                return true;
            } else {
                return false;
            }
        }
    </script>
<body>
        <center>公司员工列表</center>
        <table border="1" align="center">
            <tr>
                <td>员工编号</td>
                <td>员工姓名</td>
                <td>联系电话</td>
                <td>家庭住址</td>
                <td>员工类型</td>
                <td>所属部门</td>
                <td>操作</td>
            </tr>
            <%
            for (int i = 0; i < list.size(); i++) {
                Employee employee = (Employee) list.get(i);
            %>
            <tr>
            <td><%=employee.getNumber()%></td>
            <td><%=employee.getName()%></td>
            <td><%=employee.getPhone()%></td>
            <td><%=employee.getAddress()%></td>
            <td><%=employee.getType()%></td>
            <td><%=employee.getDepartment()%></td>
            <td>
                <a href="employee.do?method=remove&id=<%=employee.getId()%>"
                    onclick="return check();"> 删除</a>
            </td>
            </tr>
            <%}%>
```

```
                </table>
            </body>
        </html>
```

（10）配置"web.xml"文件

在"web.xml"文件中配置 Spring 的监听、<servlet>元素和<servlet-mapping>元素，配置的关键代码如下：

```
<listener>
    <listener-class>org.springframework.web.context.ContextLoaderListener</listener-class>
</listener>
<servlet>
    <servlet-name>employeeServlet</servlet-name>
    <servlet-class>com.company.webtier.EmployeeController</servlet-class>
</servlet>
<servlet-mapping>
    <servlet-name>employeeServlet</servlet-name>
    <url-pattern>/employee.do</url-pattern>
</servlet-mapping>
```

本 章 小 结

本章首先介绍了 Spring 对 DAO 模式的支持，之后介绍了 Spring 的 JdbcTemplate，然后介绍了 Spring 中的事务处理，最后将 Spring 的 JdbcTemplate 和事务处理运用到项目实战中，达到熟练使用 Spring 框架的目的。

下面是本章的重点内容回顾：

● 通过 Spring DAO 异常体系，可以对各种持久化技术的异常进行处理。

● 通过结合使用 Spring 提供的通用数据访问模板和支持类，可以轻松实现各种持久化技术与 Spring 的整合应用。

● Spring JDBC 是 Spring 框架提供的持久化技术，与其他 ORM 框架相比，Spring JDBC 更加灵活。

● Spring 通过多种事务管理器对各持久化技术的事务进行管理。

● Spring 提供了 3 种主要的事务处理方式：编程式事务处理、声明式事务处理和标注式事务处理。

课 后 练 习

（1）Spring 对 Dao 模式的支持主要体现在____和____两个方面。

（2）Spring 框架为___、___、___、___和___等持久层技术提供了相应的模板和支持类。

（3）Spring 框架提供了 3 种事务处理方式，分别为____、____、____。

（4）Spring 框架如何实现统一的数据访问异常机制？

（5）Spring 框架如何管理不同持久层的事务？

第14章
Spring 与 Struts 2、Hibernate 框架的整合基础

Spring 是一个以 IoC 和 AOP 为核心的轻量级容器框架，它提供了统一的应用架构方式、多样的中间层功能模块，能够简化 Java EE 的开发。Struts 2 是一个基于 MVC（模型、视图、控制器）的 Java Web 框架，它简化了 Web 应用的开发过程，能够提高开发效率、缩短开发周期、易于测试等。Hibernate 是一个实现数据持久化的框架，它使用 ORM 来简化持久层编程，允许开发人员使用面向对象的方式来操作数据库。在一个 Java EE 应用中，使用 Spring 作为业务层、Struts 2 作为表示层、Hibernate 作为持久层能够在很大程度上提高应用程序的开发效率。

通过本章的学习，读者可掌握 Spring 与 Struts 2 的整合方式、Spring 与 Hibernate 的整合方式以及三者之间的整合方式。

14.1　Spring 与 Struts 2 的整合方式

Spring 框架是一个普遍兼容的框架，它能够很容易地与其他框架结合在一起，本节将介绍 Spring 是如何与 Struts 2 进行整合的。

14.1.1　Struts 2 应用的扩展方式

Struts 2 框架对其他框架提供了良好的支持，这主要是通过 Struts 2 框架中的插件实现的。Struts 2 提供的插件其实就是一个 JAR 文件，它以"Struts2-框架名-plugin-版本号.jar"这种方式命名，如果想在应用程序中安装某个插件，只需将该 JAR 文件拷贝到 Web 应用的 classpath 下即可。

若将插件的 JAR 文件解压缩以后会发现该文件下包含一个名为"struts-plugin.xml"的 XML 文件，如图 14-1 所示，在"struts-plugin.xml"文件里可配置自己想扩展的功能，包括：

- 定义新包、新的 Result 类型和基础 Action。
- 覆盖 Struts 2 的常量值。
- 自定义拦截器。
- 改变默认的拦截器引用。

● 引入扩展点的实现类。

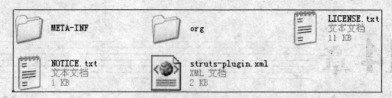

图 14-1　解压缩后的 jar 文件

对于一个使用插件的 Struts 2 应用程序而言，它包括 3 种类型的配置文件。

● "struts2-core-xxx.jar"（xxx 指的是版本号）中的 "struts-default.xml" 文件。
● 插件中的 "struts-plugin.xml" 文件。
● 应用程序中自定义的 "struts.xml" 文件。

对上面的 3 个配置文件，应用程序对它们加载的顺序如图 14-2 所示。

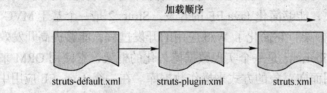

图 14-2　应用程序对配置文件的加载顺序

注意：当程序中需要用到多个插件时，Struts 2 对各个插件加载的顺序是随机的，所以插件之间不能相互依赖，否则会出现被依赖的插件未加载，依赖它的加载而不能正常运行，从而导致系统出现异常。

14.1.2　Spring 插件的应用

Struts 2 框架与 Spring 框架的整合过程非常简单，因为 Struts 2 框架已经提供了对 Spring 支持的插件，该插件的名称为 "struts2-spring-plugin-xxx.jar"（xxx 指的是版本号）。

解压缩 Spring 插件，得到 "struts-plugin.xml" 文件，该 XML 文件中的代码如下：

```xml
<?xml version="1.0" encoding="UTF-8" ?>
<!DOCTYPE struts PUBLIC
    "-//Apache Software Foundation//DTD Struts Configuration 2.0//EN"
    "http://struts.apache.org/dtds/struts-2.0.dtd">
<struts>
    <bean type="com.opensymphony.xwork2.ObjectFactory" name="spring"
        class="org.apache.struts2.spring.StrutsSpringObjectFactory" />
    <!-- Make the Spring object factory the automatic default -->
    <constant name="struts.objectFactory" value="spring" />
    <package name="spring-default">
        <interceptors>
            <interceptor name="autowiring" class="com.opensymphony.xwork2.spring.
                                interceptor.ActionAutowiringInterceptor" />
            <interceptor name="sessionAutowiring"class="org.apache.struts2.spring.
                            interceptor.SessionContextAutowiringInterceptor" />
        </interceptors>
    </package>
</struts>
```

在上面代码中定义了一个名为"spring"的 Bean 实例，又配置了一个名为"struts.objectFactory"的常量，通过该常量将 StrutsSpringObjectFactory 注册到 Struts 2 容器中，之后配置了可以被外界继承的 package。通过这种配置方式，就可以将自定义插件部署在 Struts 2 中。

通过在工程中引用 "struts2-spring-plugin-xxx.jar" 文件，就可以为系统指定 "Spring" 作为容器，从而取代 Struts 2 默认的容器。

14.2　Spring 和 Hibernate 的整合

Spring 提供了对许多 ORM 框架的支持，如 Hibernate、Apache OJB、Ibatis 等。Spring 在和这些 ORM 框架进行整合时，Spring 主要负责事务管理、安全等方面，ORM 框架则专注于实际的持久化工作。

本节将介绍 Spring 是如何与 ORM 框架——Hibernate 进行整合的。

14.2.1　Spring 对 Hibernate 的支持

Spring 对 Hibernate 的支持主要包括：

● 对 Hibernate 异常的支持：Spring 能够对 Hibernate 在运行时刻所抛出的异常进行转换，将 Hibernate 专有异常转换为 Spring DAO 异常。

● 对 Hibernate 事务的支持：Hibernate 技术提供了自己的事务管理方法，而 Spring 通过 HibernateTransactionManager 事务管理器间接对 Hibernate 事务进行管理。

● 对 Hibernate 基础设施的支持：Hibernate 的基础设施主要包括了数据源以及 Session Factory 两大部分，Spring 提供了 FactoryBean 来支持 Hibernate 的这两个基础设施。

● 支持 Hibernate 与其他持久化技术共存：由于 Spring 框架是对各种持久化技术的高层次的封装，所以应用中无需考虑底层具体实现。

说明：在 Spring 2.5 及其更新的版本中，已经不再提供对 Hibernate 2.1 以及 Hibernate 3.0 的支持，要想使用 Spring 2.5 整合 Hibernate 框架技术，需要 Hibernate 3.1 或更高版本。

14.2.2　管理 SessionFactory

使用 Spring 管理 Hibernate 的 SessionFactory 与使用 Hibernate 管理本身的 SessionFactory 之间存在着一些不同。

1. 使用 Hibernate 管理本身的 SessionFactory

使用 Hibernate 管理本身的 SessionFactory 的步骤如下。

（1）创建实体类 "Student" 及其关系映射文件 "Student.hbm.xml"。

（2）创建 Hibernate 配置文件 "hibernate.cfg.xml"，并在该文件中配置 SessionFactory 的数据源。以 MySQL 数据库为例，"hibernate.cfg.xml" 中的配置代码如下：

```
<hibernate-configuration>
    <session-factory>
        <property name="show_sql">false</property>
```

```
        <property name="connection.username">root</property>
        <property name="connection.url">jdbc:mysql://localhost:3306/school</property>
        <property name="dialect">org.hibernate.dialect.MySQLDialect</property>
        <property name="connection.driver_class">com.mysql.jdbc.Driver</property>
        <mapping resource="Student.hbm.xml">
    </session-factory>
</hibernate-configuration>
```

（3）添加完配置文件以后，在业务类中应用 SessionFactory 的实例对象进行相关操作，具体应用格式如下面代码所示：

```
Configuration cfg = new Configuration().configure("hibernate.cfg.xml");
SessionFactory sessionFactory = cfg.buildSessionFactory();
try{
    Session session = sessionFactory.openSession();
    Transaction tx = session.beginTransaction();
    tx.begin();
    ……        // 省略其他代码
    tx.commit();
}catch(Exception e){
    if(tx!=null)tx.rollback();
}finally{
    session.close();
}
```

通过以上 3 个步骤，就可以应用 Hibernate 框架实现数据持久化操作了。

2. 使用 Spring 管理 Hibernate 的 SessionFactory

当使用 Spring 框架管理 Hibernate 的 SessionFactory 时，Hibernate 配置文件（hibernate. cfg.xml）中的信息将会被转移到 Spring 的配置文件中（一般是 applicationContext.xml），并由 Spring IoC 容器负责对 SessionFactory 的使用进行管理。下面是 Spring 的配置文件中的实例代码：

```
<!-- 配置数据源 -->
<bean id="dataSource"
    class="com.mchange.v2.c3p0.ComboPooledDataSource" destroy-method="close">
    <property name="driverClass" value="com.mysql.jdbc.Driver" />
    <property name="jdbcUrl" value=" jdbc:mysql://localhost:3306/school" />
    <property name="user" value="root" />
</bean>
<!-- 配置 sessionFactory -->
<bean id="sessionFactory"
    class="org.springframework.orm.hibernate3.LocalSessionFactoryBean">
    <property name="dataSource" ref="dataSource" />
    <property name="mappingResources">
        <list><value>Student.hbm.xml</value></list>
    </property>
    <!-- 配置 Hibernate 相关属性 -->
    <property name="hibernateProperties">
        <props>
            <prop key="hibernate.dialect">org.hibernate.dialect.MySQLDialect</prop>
            <prop key="show_sql">true</prop>
        </props>
    </property>
</bean>
```

观察上面配置文件可以发现，当数据源、映射文件以及 Hibernate 属性配置都被放置到 Spring 的配置文件中以后，已经不再需要 "hibernate.cfg.xml" 这个配置文件了。在应用程序运行时，Spring 容器会利用 LocalSessionFactoryBean 自动创建一个本地的 SessionFactory，负责读取 Hibernate 相关配置信息，并管理 Hibernate 相关操作。

14.2.3　Hibernate 的 DAO 实现

由于在 Spring 的配置文件中加入了 SessionFactory 的配置，因此在设计 Hibernate 的 DAO 时只需将 SessionFactory 的实例注入到 DAO 中即可。具体步骤如下。

（1）在 Spring 配置文件中添加 Hibernate 的 DAO 配置信息，示例代码如下：

```
<bean id="studentDao" class="com.school.dao.StutentDaoImpl">
    <property name="sessionFactory" ref="sessionFactory" />
</bean>
```

（2）在 DAO 的实现类中使用 setter 注入方式，将 SessionFactory 注入，示例代码如下：

```
public class StutentDaoImpl implements StutentDao {
    private SessionFactory sessionFactory;
    public void setSessionFactory(SessionFactory sessionFactory) {
        this.sessionFactory = sessionFactory;
    }
    ……        // 省略其他代码
}
```

通过以上两步就能够应用 Hibernate 进行数据操作了。

对于上面的第二个步骤，Spring 还提供了一个更加简便的实现方式——使用 HibernateDao-Support 基类。该类提供了一个 getSessionFactory()方法，当编写的 DAO 实现类继承 HibernateDaoSupport 以后，通过调用该方法可以直接获得一个 SessionFactory 的实例对象。示例代码如下：

```
public class StutentDaoImpl extends HibernateDaoSupport implements StutentDao {
    SessionFactory sessionFactory = getSessionFactory();
    ……        // 省略其他代码
}
```

14.2.4　使用 HibernateTemplate

在使用 SessionFactory 时，无论是手动注入还是通过调用 getSessionFactory()方法，开发人员除了需要处理正常业务逻辑以外，还必须对 SessionFactory 创建的 Session 实例进行管理。那么有没有什么办法能够更进一步简化 Hibernate 操作呢？答案就是使用 HibernateTemplate。

在前一章已经介绍过，Spring 针对其所支持的各种持久化技术，提供了通用的数据访问模板。对于 Hibernate 来说，Spring 提供的模板类是 HibernateTemplate。实际开发过程中，可以调用 getHibernateDaoSupport()方法来获得 HibernateTemplate 模板的实例对象，并通过此对象调用相关数据操作方法，以降低 Hibernate 的使用难度。

HibernateTemplate 提供的一些常用方法如表 14-1 所示。

表 14-1   HibernateTemplate 常用方法

方 法 名	返 回 值	作 用 说 明
save(Object obj)	Serializable	保存实体对象并返回主键
update(Object obj)	void	更新实体对象
saveOrUpdate(Object obj)	void	保存或更新实体对象
delete(Object obj)	void	删除实体对象
find(String qString)	List	执行 HQL 查询并返回 List 类型的结果集
findByNamedQuery(String qName)	List	执行命名查询并返回 List 类型的结果集

使用 HibernateTemplate 模板实现增加、删除、修改和查询操作的示例代码如下：

```
public class StudentDaoImpl extends HibernateDaoSupport implements StudentDao {
    public void addStudent(Student student) {
    getHibernateTemplate().save(student);                              //添加学生信息
    }
    public void delStudent(Student student) {
        getHibernateTemplate().delete(student);                        //删除学生信息
    }
    public List getStudent(Student student) {
        String sql = "from Student as s where s.name=?";
                                                                       //查找学生信息
        List<Student> list = getHibernateTemplate().find(sql,student.getName());
        return list;
    }
    public void updateStudent(Student student) {
        getHibernateTemplate().saveOrUpdate("id",student);             //修改学生信息
    }
}
```

技巧：在实际开发中，应该首先考虑使用 Spring 提供的 Hibernate 模板，因为应用模板能够很大程度上提高开发效率。

14.2.5 管理 Hibernate 事务

Spring 对 Hibernate 事务的管理分为声明式事务管理、编程式事务管理以及标注式事务管理，在实际应用中开发人员可根据具体情况选择合适的事务管理方式。本小节以应用较为广泛的声明式事务管理方式为例，介绍如何使用 Spring 框架管理 Hibernate 事务。

为了处理 Hibernate 事务，Spring 框架提供了一个名为"HibernateTransactionManager"的类。以管理学生信息为例，类 HibernateTransactionManager 的用法如下：

```
<!-- 声明 Hibernate 事务管理器 -->
<bean id="transactionManager"
    class="org.springframework.orm.hibernate3.HibernateTransactionManager">
    <property name="sessionFactory" ref="sessionFactory" />
</bean>
<!-- 声明事务拦截器 -->
<bean id="transactionInterceptor"
    class="org.springframework.transaction.interceptor.TransactionInterceptor">
    <property name="transactionManager" ref="transactionManager" />
```

```xml
<property name="transactionAttributes">
    <props>
        <!-- 设置事务管理策略 -->
        <prop key="get*">PROPAGATION_REQUIRED,readOnly</prop>
        <prop key="*">PROPAGATION_REQUIRED</prop>
    </props>
</property>
</bean>
<!-- 声明代理创建 -->
<bean id="ProxyCreator"
    class="org.springframework.aop.framework.autoproxy.BeanNameAutoProxyCreator">
    <property name="beanNames">
        <list>
            <value>studentService</value>
        </list>
    </property>
    <!-- 调用事务拦截器 -->
    <property name="interceptorNames">
        <list>
            <value>transactionInterceptor</value>
        </list>
    </property>
</bean>
```

当在 Spring 配置文件中添加上述配置信息以后，StudentService 中的方法被调用时，Spring 容器会自动将事务管理功能织入。

注意：使用声明式事务管理，必须在 Spring 的配置文件中，对 HibernateTransactionManager 以及需要进行事务处理的相关类进行声明。

14.3　项目实战——学生成绩查询系统

本节将使用 Spring 框架、Hibernate 框架和 Struts 2 框架开发学生成绩查询系统，具体步骤如下。

（1）程序功能分析

当访问学生成绩查询系统时，会要求输入学生的考号，如图 14-3 所示。

图 14-3　学生成绩查询系统

在文本框中输入要查询的考号，单击"查询"按钮，之后系统将显示指定考生的考试信息，如图 14-4 所示。

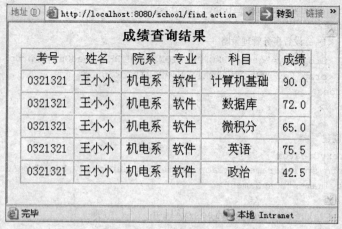

图 14-4　成绩查询结果

（2）程序数据库设计

本程序使用的数据库系统为 SQL Server 2000，数据库名称为"school"，数据表包括 3 个，分别为"students"、"courses"和"scores"。其中表 students 内包含了相关的学生信息，它的表结构如表 14-2 所示。

表 14-2　　　　　　　　　　　　　　　数据表 students

字 段 名 称	数 据 类 型	长　　度	字 段 描 述
id	bigint	8	主键，自增长
snumber	varchar	50	学生考号
name	varchar	50	学生姓名
department	varchar	50	所属院系
specialty	varchar	50	所学专业

表 courses 内包含了相关的课程信息，它的表结构如表 14-3 所示。

表 14-3　　　　　　　　　　　　　　　数据表 courses

字 段 名 称	数 据 类 型	长　　度	字 段 描 述
id	bigint	8	主键，自增长
name	varchar	50	课程名称

表 scores 内包含了相关的成绩信息，它和表 students 为多对一的关联关系，和表 courses 为多对一的关联关系。表 scores 的表结构如表 14-4 所示。

表 14-4　　　　　　　　　　　　　　　数据表 readers

字 段 名 称	数 据 类 型	长　　度	字 段 描 述
id	bigint	8	主键，自增长
score	float	8	考生成绩
student_id	bigint	8	外键，和表 students 的 id 相关联
course_id	bigint	8	外键，和表 courses 的 id 相关联

（3）工程目录结构

本工程的目录结构及其说明如图 14-5 所示。

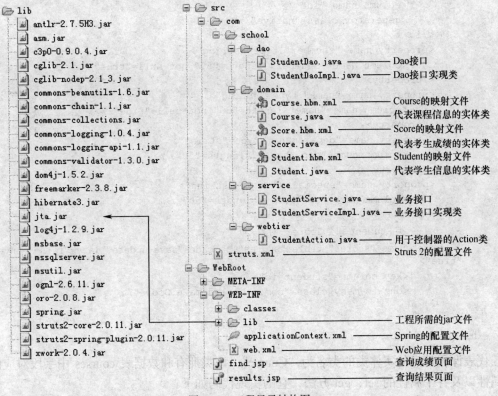

图 14-5　工程目录结构图

（4）实体类的实现

代表学生信息的实体类的类名为"Student"，该类拥有和数据表 students 中字段对应的私有属性以及各个属性的 set、get 方法，它的实现代码如下：

```java
public class Student {
    private Long id;
    private String snumber;
    private String name;
    private String department;
    private String specialty;
    private Set scores=new HashSet();
    public Student() {}
    public Long getId() {
        return id;
    }
    public void setId(Long id) {
        this.id = id;
    }
    // 省略其他的 get、set 方法
}
```

类 Student 的映射文件为"Student.hbm.xml"，它的关键代码如下：

```xml
<hibernate-mapping>
```

```xml
<class name="com.school.domain.Student" table="students" lazy="false">
    <!-- 类 Student 的属性和表 students 的字段映射 -->
    <id name="id" type="java.lang.Long">
        <column name="id" />
        <generator class="native" />
    </id>
    <property name="snumber" type="string">
        <column name="snumber" length="50" not-null="true" />
    </property>
    <property name="name" type="string">
        <column name="name" length="50" not-null="true" />
    </property>
    <property name="department" type="string">
        <column name="department" length="50" />
    </property>
    <property name="specialty" type="string">
        <column name="specialty" length="50" />
    </property>
    <!-- 类 Student 和类 Score 一对多关联 -->
    <set name="scores" table="scores" cascade="save-update" lazy="false" inverse="true">
        <key column="student_id" />
        <one-to-many class="com.school.domain.Score"/>
    </set>
</class>
</hibernate-mapping>
```

代表课程信息的实体类的类名为 "Course"，该类拥有和数据表 courses 中字段对应的私有属性以及各个属性的 set、get 方法，它的实现代码如下：

```java
public class Course {
    private Long id;
    private String name;
    private Set scores=new HashSet();
    public Course(){}
    public Long getId() {
        return id;
    }
    public void setId(Long id) {
        this.id = id;
    }
    // 省略其他的 get、set 方法
}
```

类 Course 的映射文件为 "Course.hbm.xml"，它的关键代码如下：

```xml
<hibernate-mapping>
    <class name="com.school.domain.Course" table="courses" lazy="false">
        <!-- 类 Course 的属性和表 courses 的字段映射 -->
        <id name="id" type="java.lang.Long">
            <column name="id" />
            <generator class="native" />
        </id>
        <property name="name" type="string">
            <column name="name" length="50" />
        </property>
```

```
<!-- 类 Course 和类 Score 一对多关联 -->
<set name="scores" table="scores"
    cascade="save-update" lazy="true" inverse="true">
    <key column="course_id" />
    <one-to-many class="com.school.domain.Score"/>
</set>
</class>
</hibernate-mapping>
```

代表考生成绩的实体类的类名为 "Score"，该类拥有和数据表 scores 对应的私有属性以及各个属性的 set、get 方法，它的实现代码如下：

```
public class Score {
    private Long id;
    private Student student;
    private Course course;
    private Double score;
    public Score() {}
    public Long getId() {
        return id;
    }
public void setId(Long id) {
        this.id = id;
    }
    // 省略其他的 get、set 方法
}
```

类 Score 的映射文件为 "Score.hbm.xml"，它的关键代码如下：

```
<hibernate-mapping>
    <class name="com.school.domain.Score" table="scores" lazy="false">
        <!-- 类 Score 的属性和表 scores 的字段映射 -->
        <id name="id" type="java.lang.Long">
            <column name="id" />
            <generator class="native" />
        </id>
        <property name="score" type="double">
            <column name="score" />
        </property>
        <!-- 类 Score 和类 Student 多对一关联 -->
        <many-to-one name="student" column="student_id"
            class="com.school.domain.Student" />
        <!-- 类 Score 和类 Course 多对一关联 -->
        <many-to-one name="course" column="course_id"
            class="com.school.domain.Course" />
    </class>
</hibernate-mapping>
```

（5）Dao 类的实现

Dao 接口的类名为 "StudentDao"，它定义了 Dao 要实现的功能：根据考号查询考生的信息、考试科目和成绩，它的实现代码如下：

```
public interface StudentDao {
    public List findScoreBySnumber(Student student);
}
```

Dao 接口的实现类为"StudentDaoImpl",该类使用 Spring 提供的模板类 HibernateTemplate
进行查询数据操作。它的实现代码如下：

```java
public class StudentDaoImpl extends HibernateDaoSupport implements StudentDao {
    public List findScoreBySnumber(Student student) {
        String sql = "from Student as s where s.snumber=?";
        //调用 find()方法进行查询操作
        List list = getHibernateTemplate().find(sql,student.getSnumber());
        return list;
    }
}
```

（6）业务类的实现

业务类接口的名称为"StudentService"，它定义了业务类所进行的业务操作：根据 Action
类传递的考号检索考生的信息、考试科目和成绩，它的实现代码如下：

```java
public interface StudentService {
    public List findScoreBySnumber(Student student);
}
```

业务类接口的实现类为"StudentServiceImpl"，它进行具体的业务操作，它的实现代码如下：

```java
public class StudentServiceImpl implements StudentService {
    private StudentDao studentDao;
    public void setStudentDao(StudentDao studentDao) {
        this.studentDao = studentDao;
    }
    public List findScoreBySnumber(Student student) {
        return studentDao.findScoreBySnumber(student);
    }
}
```

（7）Action 类的实现

Action 类的类名为"StudentAction"，它继承了 Struts 2 提供的 ActionSupport 类，并在
execute()方法中处理成绩的查询操作，它的实现代码如下：

```java
public class StudentAction extends ActionSupport {
    private StudentService studentService;
    private String snumber;
    public String getSnumber() {
        return snumber;
    }
    public void setSnumber(String snumber) {
        this.snumber = snumber;
    }
    public void setStudentService(StudentService studentService) {
        this.studentService = studentService;
    }
    public String execute() throws Exception {
        Student student = new Student();
        student.setSnumber(snumber);
        List list = studentService.findScoreBySnumber(student);//获得查询结果
        if (list != null && list.size() > 0) {
            HttpServletRequest request = ServletActionContext.getRequest();
            request.setAttribute("list",list);//将查询结果放入 HttpServletRequest 对象中
```

```
        }
        return SUCCESS;
    }
}
```

（8）Spring 配置文件的实现

Spring 配置文件的名称为"applicationContext.xml"，它用于配置 SessionFactory、配置事务控制和装配 Bean。

配置 SessionFactory 时需使用数据源连接，因此需配置数据源 Bean，下面是配置 SessionFactory 的代码：

```xml
<!-- 配置数据源 -->
<bean id="dataSource"
    class="com.mchange.v2.c3p0.ComboPooledDataSource" destroy-method="close">
    <property name="driverClass"
        value="com.microsoft.jdbc.sqlserver.SQLServerDriver" />
    <property name="jdbcUrl"
        value="jdbc:microsoft:sqlserver://localhost;databaseName=school" />
    <property name="user" value="sa" />
    <property name="password" value="sa" />
</bean>
<!-- 配置 SessionFactory -->
<bean id="sessionFactory"
    class="org.springframework.orm.hibernate3.LocalSessionFactoryBean">
    <property name="dataSource" ref="dataSource" />
    <property name="mappingResources">
        <list>
            <value>com/school/domain/Student.hbm.xml</value>
            <value>com/school/domain/Course.hbm.xml</value>
            <value>com/school/domain/Score.hbm.xml</value>
        </list>
    </property>
    <!-- 配置 Hibernate 相关属性 -->
    <property name="hibernateProperties">
        <props>
            <prop key="hibernate.dialect">
                org.hibernate.dialect.SQLServerDialect
            </prop>
            <prop key="show_sql">false</prop>
        </props>
    </property>
</bean>
```

配置事务控制的代码如下：

```xml
<!-- 声明 Hibernate 事务管理器 -->
<bean id="transactionManager"
    class="org.springframework.orm.hibernate3.HibernateTransactionManager">
    <property name="sessionFactory" ref="sessionFactory" />
</bean>
<!-- 声明事务拦截器 -->
<bean id="transactionInterceptor"
    class="org.springframework.transaction.interceptor.TransactionInterceptor">
    <property name="transactionManager" ref="transactionManager" />
```

```
        <property name="transactionAttributes">
            <props>
                <!-- 设置事务管理策略 -->
                <prop key="get*">PROPAGATION_REQUIRED,readOnly</prop>
                <prop key="*">PROPAGATION_REQUIRED</prop>
            </props>
        </property>
    </bean>
    <!-- 声明代理创建 -->
    <bean id="ProxyCreator"
        class="org.springframework.aop.framework.autoproxy.BeanNameAutoProxyCreator">
        <!-- 指定需生成业务代理的 Bean -->
        <property name="beanNames">
            <list><value>studentService</value></list>
        </property>
        <!-- 调用事务拦截器 -->
        <property name="interceptorNames">
            <list><value>transactionInterceptor</value></list>
        </property>
    </bean>
```

装配 Bean 的代码如下：

```
<!-- 把 DAO 注入给 SessionFactory -->
<bean id="studentDao" class="com.school.dao.StudentDaoImpl">
    <property name="sessionFactory" ref="sessionFactory" />
</bean>
<!-- 把 Service 注入给 Dao -->
<bean id="studentService" class="com.school.service.StudentServiceImpl">
    <property name="studentDao" ref="studentDao" />
</bean>
<!-- 把 Action 注入给 Service -->
<bean id="findAction" class="com.school.webtier.StudentAction">
    <property name="studentService" ref="studentService" />
</bean>
```

（9）页面文件的实现

用于查询成绩的页面文件的名称为"find.jsp"，它包含一个文本框和一个提交按钮。它的关键代码如下：

```
<%@ page language="java" pageEncoding="gbk"%>
<html>
    <head>
        <title>查询分数</title>
    </head>
    <body>
        <center>学生成绩查询系统 </center>
        <form action="find.action" method="post">
            请输入考号：
            <input type="text" name="snumber">
            <input type="submit" name="submit" value="查询">
        </form>
    </body>
</html>
```

用于显示查询结果的页面文件的名称为"results.jsp"，它将在 Action 类中放入 HttpServletRequest 对象中的学生的相关信息输出到浏览器中，它的关键代码如下：

```jsp
<%@ page language="java" import="java.util.*,com.school.domain.*" pageEncoding="gbk"%>
<html>
    <body>
    <center><h3>成绩查询结果</h3></center>
        <table>
            <tr>
                <td>考号</td>
                <td>姓名</td>
                <td>院系</td>
                <td>专业</td>
                <td>科目</td>
                <td>成绩</td>
            </tr>
            <%
    List list=(List)request.getAttribute("list");
    if(list!=null){
    for(int i=0;i<list.size();i++){
    Student student=(Student)list.get(i);
    Iterator it=student.getScores().iterator();
    while(it.hasNext()){
    Score score=(Score)it.next();
    Course course=score.getCourse();
            %>
            <tr>
                <td><%=student.getSnumber() %></td>
                <td><%=student.getName() %></td>
                <td><%=student.getDepartment() %></td>
                <td><%=student.getSpecialty() %></td>
                <td><%=course.getName() %></td>
                <td><%=score.getScore() %></td>
            </tr>
            <%
                }
            }
        }
            %>
        </table>
    </body>
</html>
```

（10）Struts 2 配置文件的实现

Struts 2 配置文件的名称为"struts.xml"，它定义了 Struts 2 程序运行所需的配置信息，它的关键代码如下：

```xml
<struts>
    <!-- 处理中文乱码 -->
    <constant name="struts.i18n.encoding" value="gbk"></constant>
    <package name="com" extends="struts-default">
        <!-- 此处的 class 属性值不是实际的类 -->
        <action name="find" class="findAction">
```

```xml
            <result name="success">/results.jsp</result>
        </action>
    </package>
</struts>
```

注意：Struts 2 框架在整合了 Spring 框架以后，"struts.xml"文件中的 Action 配置将不再指定这个 Action 的真实类路径，而是指向了一个 Spring 的 Bean。当这个 Action 被调用时，系统首先会在"struts.xml"文件中搜索与这个 Action 名称对应的 Bean 名称，并由 Spring 容器实例化一个 Bean 对象供 Action 使用。

（11）配置"web.xml"文件

在"web.xml"文件中配置 Spring 的监听、Struts 2 的核心拦截器，配置的关键代码如下：

```xml
<listener>
    <listener-class>
        org.springframework.web.context.ContextLoaderListener
    </listener-class>
</listener>
<filter>
    <filter-name>Struts2Filter</filter-name>
    <filter-class>
        org.apache.struts2.dispatcher.FilterDispatcher
    </filter-class>
</filter>
<filter-mapping>
    <filter-name>Struts2Filter</filter-name>
    <url-pattern>/*</url-pattern>
</filter-mapping>
```

本 章 小 结

本章介绍了目前流行的 3 个框架 Spring、Struts 2 和 Hibernate 之间的整合方式。Spring 和 Struts 2 之间的整合主要是通过 Struts 2 框架中的插件实现的，Spring 和 Hibernate 之间的整合主要体现在 Spring 对 Hibernate 的封装之上。3 个框架在业务层、表示层和持久层方面各有其优点，因此使用 Spring、Struts 2 和 Hibernate 开发 Java EE 应用程序是目前的首选。

下面是本章的重点内容回顾：

● Struts 2 框架对其他框架提供了良好的支持，这主要是通过 Struts 2 框架中的插件实现的。

● Struts 2 中的插件其实就是一个 JAR 文件，它以"Struts2-框架名-plugin-版本号.jar"这种方式命名。

● Spring 与 Hibernate 整合时，Hibernate 框架的一些功能将交由 Spring 的 IoC 容器管理。

● 使用 HibernateTemplate 可简化对数据的存取操作。

● 使用声明式事务管理，必须在 Spring 的配置文件中，对 HibernateTransactionManager 以及需要进行事务处理的相关类进行声明。

课 后 练 习

（1）Struts 2 框架对其他框架的支持是如何实现的？

（2）"struts-plugin.xml"文件的作用是什么？

（3）使用插件的 Struts 2 应用程序包括 3 种类型的配置文件："struts-plugin.xml"文件、"struts-default.xml"文件和"struts.xml"文件，它们 3 个的加载顺序是什么？

（4）Spring 对 Hibernate 框架提供的支持主要体现在_____、_____、_____、和_____。

（5）Spring 如何管理 Hibernate 事务？

第 15 章
图书馆管理系统

当今社会，人们越来越认识到，知识在人类生活中占据着一个非常重要的地位，人们对知识的需求也在不断增长，而书籍则是获取并增长知识的主要途径。那么，作为存储图书的图书馆自然而然成为人们关注的一个热点。

在传统模式中，对信息管理的主要方式是基于文本、表格等介质的手工处理，对于图书借阅情况（如借书天数、超过限定借书时间的天数）的统计和核实等往往采用对借书证的人工检查进行，对借阅者的借阅权限，以及借阅天数等用人工计算、手抄进行。使用手工作业的缺点就是，当数据信息处理工作量大时非常容易出错，由于数据繁多，容易造成丢失情况的发生，而且出错后不易更改。例如，当读者借阅图书时，工作人员将借阅情况记录在借书证上，图书的数目和内容记录在文件中，图书馆的工作人员和管理员也只是当时对它比较清楚，时间一长，如再要进行查询，就得在众多的资料中翻阅、查找，浪费时间和精力。如要对很长时间以前的图书进行更改就更加困难了。总的来说，手工作业缺乏系统、规范的信息管理手段。

如何科学地管理图书馆不但关系到读者求知的方便程度，也关系到图书馆的发展。因此，开发一套完善的图书馆管理系统就必不可少了。使图书管理工作规范化、系统化、程序化，避免图书管理的随意性，提高信息处理的速度和准确性，能够及时、准确、有效地查询和修改图书情况。

图书馆管理系统采用 Struts 2+Spring+Hibernate 技术实现。在系统中，Struts 2 用来完成显示、请求控制部分，Spring 主要负责访问数据库 DAO 类的事务控制及充分发挥它的 IoC 思路来完成 Bean 的管理和生成，Hibernate 主要是充当数据访问层组件。由于 Spring 对 Hibernate 的良好支持，DAO 类主要由 Spring 来完成，Hibernate 关注的是 O/R 映射文件的配置，如级联关系、延迟加载等。

15.1　系统功能解析

图书馆管理系统包括两部分：后台部分和前台部分。其中后台部分用于图书馆的图书管理、读者管理和系统管理，主要包括入馆图书登记管理、图书类型管理、图书借阅管理、图书借还管理、借阅到期提醒、读者个人信息管理、读者类型管理、图书馆信息维护、管理员信息维护和管理员权限管理。图书馆管理系的后台功能结构图如图 15-1 所示。

前台部分则主要用于为读者服务，包括图书查询、图书馆信息展示、读者信息修改和图书续借。图书馆管理系统的前台功能结构图如图 15-2 所示。

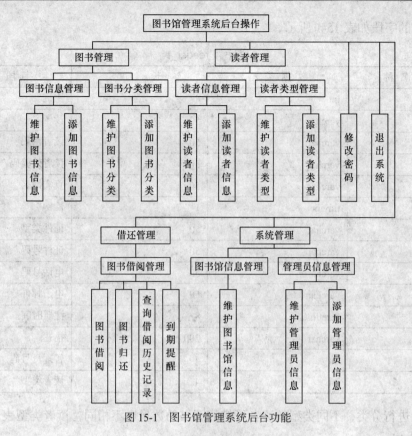

图 15-1　图书馆管理系统后台功能

图 15-2　图书馆管理系统前台功能

15.2　系统数据库设计

本节介绍图书馆管理系统的数据库设计。

15.2.1　数据库分析

注册读者时需要将用户名、密码、真实姓名、性别、有效证件、证件号码、电话号码、E-mail 地址及自我描述添到注册信息表中，然后由管理员对其执行注册操作。此时会生成一个用于标识读者的图书证号，并同时将读者的注册信息、注册时间及对其进行注册操作的管理员号码记录在数据库中，管理员将根据读者的具体信息对其进行分类。综上所述，读者信息表中包含的字段如表 15-1 所示。

表 15-1 读者表 reader_t

字 段 名 称	数 据 类 型	长　　度	字 段 描 述
id	int	4	主键
name	varchar	50	读者名
password	varchar	50	读者密码
identiCode	varchar	50	读者效验码
realName	varchar	50	真实姓名
sex	tinyint	1	性别
papertype	varchar	50	证件类型
paperNo	varchar	50	证件号码
tel	varchar	50	电话号码
email	varchar	50	电子邮件
loginTime	datetime	8	注册时间
description	varchar	200	描述
operator	int	4	管理员号码
type	int	4	读者类型

将读者进行分类，不同类型的读者可借的图书的数量也不相同，读者类型表包含的字段如表 15-2 所示。

表 15-2 读者类型表 readertype_t

字 段 名 称	数 据 类 型	长　　度	字 段 描 述
id	int	4	主键
name	varchar	50	类型名
quantity	int	4	可借数量

几乎每个应用系统中都缺少不了管理员，图书管理系统也同样如此。但和别的系统不同的是，图书管理系统中的管理员是纯粹的管理员，他只可以执行对图书、读者、图书的借与还及查询等操作进行管理而不可以执行对读者的操作，如管理员本身不可以借书。此外，还要求每个管理员根据权限的不同，可执行的操作也不同，因此，需要对管理员表中加入权限字段，这些权限包括：系统操作权限、读者操作权限、图书操作权限、借还操作权限和查询权限。管理员表中字段如表 15-3 所示。

表 15-3 管理员信息表 operator_t

字 段 名 称	数 据 类 型	长　　度	字 段 描 述
id	int	4	主键
name	varchar	50	管理员用户名
password	varchar	50	管理员密码
system	tinyint	1	系统操作权限
reader	tinyint	1	读者操作权限

字 段 名 称	数 据 类 型	长　　度	字 段 描 述
book	tinyint	1	书操作权限
borrow	tinyint	1	借还操作权限
query	tinyint	1	系统查询权限

图书馆中最主要的部分就是图书。其中，图书包含着书名、作者、出版社、价格、上架时间等信息。同样，书的上架操作需要由管理员来执行，这就需要将管理员的信息与书的信息相关联。为了读者查询方便，还需要将书进行分类。综上所述，图书表中字段如表 15-4 所示。

表 15-4　　　　　　　　　　　　　　　　图书表 book_t

字 段 名 称	数 据 类 型	长　　度	字 段 描 述
id	int	4	主键
bookName	varchar	50	书名
author	varchar	50	读者
publisher	varchar	50	出版社
price	float	8	定价
inTime	datetime	8	上架时间
type	int	4	图书类型
operator	int	4	上架管理员

为了方便读者查询图书信息，要求对图书进行分类，将图书的分类放在图书分类表中，图书分类表中字段如表 15-5 所示。

表 15-5　　　　　　　　　　　　　　图书分类表 booktype_t

字 段 名 称	数 据 类 型	长　　度	字 段 描 述
id	int	4	主键
name	varchar	50	类型名

在对图书操作的过程中，出现的一个问题就是，对于同一出版社发行的，书名和作者都相同的一本书，如两本《Struts 2 核心技术与 Java EE 框架整合开发实战》，如何对其进行区分呢？在实际情况中的解决措施就是对每一本书加上一个单独的编号，使其可以进行区分，在图书管理系统中要求加上一个表，这个表将所有图书进行编号，此表中的字段如表 15-6 所示。

表 15-6　　　　　　　　　　　　　　图书编号表 barcode_t

字 段 名 称	数 据 类 型	长　　度	字 段 描 述
id	int	4	主键
barcode	varchar	50	图书编号
bookid	int	4	图书信息

图书馆的重要功能就是图书的借与还，在通常情况下借书都是有期限的，如果借书时间超出了这个期限，图书馆将会向读者索赔，这就需要记录读者的借书日期。同样，需要记录执行借书的管理员号码、借书人及书号，并根据图书的可借时间与读者借书时间计算此书的到期时间，同时需要记录这本书是否已经归还，如果已经归还还需要将处理还书操作的管理

员和已经还书时间进行记录。由于读者除了借书还有续借这项操作，并且对其借的每一本书只可以执行一次续借操作，所以需要在借书表中对每一条借书记录加入一个标识字段，用于标识当前这条借书记录是否已经执行过续借操作，如果已经被续借过则不可以再次执行。综上所述，借书表中字段如表 15-7 所示。

表 15-7　　　　　　　　　　　　　　　　借书表 borrow_t

字 段 名 称	数 据 类 型	长　　度	字 段 描 述
id	int	4	主键
borrowTime	datetime	8	借书时间
readerid	int	4	读者 ID
bookid	int	4	书 ID
borrowOperator	int	4	借书操作管理员
renew	tinyint	1	读者续借标识
forceBackTime	datetime	8	借书到期时间
giveback	tinyint	1	归还与否
givebackOperator	int	4	还书操作管理员
givebackTime	datetime	8	读者将书归还时间

当读者登录到图书馆系统的前台页面时，会在页面中看到图书馆信息，这项操作就需要将图书馆信息存储在数据库中，图书馆信息包括：馆名、馆长、电话、地址、电子邮件、网址、建馆时间和图书馆的介绍。图书馆信息表字段如表 15-8 所示。

表 15-8　　　　　　　　　　　　　　　　图书馆信息表 liberInfo_t

字 段 名 称	数 据 类 型	长　　度	字 段 描 述
id	int	4	主键
liberName	varchar	50	馆名
curator	varchar	50	馆长
tel	varchar	50	电话
address	varchar	50	地址
email	varchar	50	电子邮件
url	varchar	50	网址
buildDate	datetime	8	建馆日期
introduce	text	16	图书馆介绍

15.2.2　数据表关联关系分析

下面是图书馆管理系统中数据表的关联关系。

1. operator_t 表关联关系

当读者进行注册时（即添加读者信息），需要由管理员来完成信息的录入，一个管理员可以注册多个读者账号，一个读者账号只能由一个管理员来注册，因此，读者表 reader_t 和管理员表 operator_t 的关联关系为多对一，读者表中的 operator 字段为此多对一关系中的外键。

对于图书的上架，同样需要管理员进行操作，因此需要将进行此项操作的管理员信息存储在图书表中。由于同一个管理员可以对多本图书执行上架操作，而每本书只会被一个管理员放到书架中，即图书表 book_t 和管理员表 operator_t 之间的关联关系为多对一，图书表中的 operator 字段为此关联关系的外键。

图书的借与还是由管理员操作的，此时需要同时将执行借书与还书操作的管理员记录在借书表中。和前边两种情况相同，借书表 borrow_t 和管理员表 operator_t 是多对一关系，借书表中的 borrowOperator 和 givebackOperator 分别为借书与还书的外键。

2. reader_t 表关联关系

对读者进行分类的目的是使不同类型的读者可以借阅的图书数量不同。在分类中，要求相同类型的读者可以有多个，而一个读者不能属于两个类型，也就是说读者表 reader_t 与读者类型表 readerType_t 之间的关联关系为多对一关系，读者表中字段 type 为此关系的外键。

3. book_t 表关联关系

与读者类似，图书馆中的图书同样需要进行分类，图书表 book_t 和图书类别表 booktype_t 为多对一关联关系，图书表中的 type 字段为此关联关系的外键。

前边提到过，同一本书会有很多册，为了将这些册书进行区分需要分别对每一本书加入编号并存储在编号表 barcode_t 中。由于一本书会有很多册，其编号也是按照册数来决定的，所以图书表 book_t 和编号表 barcode_t 的关联关系为一对多，编号表中 bookid 为此关联关系的外键。

4. borrow_t 表关联关系

读者在借书时需要管理员将其所借阅的图书编号及借书证号记录在数据库中，一个读者可以借阅许多本书，而同一本书（这本书可能会有许多册）又会被很多读者借阅，所以读者表 reader_t 和图书编号表 barcode_t 与借阅表 borrow_t 都为一对多关联，借阅表中的 readerid 和 bookid 字段分别为此两种关联关系的外键。

数据库中所有表的关联关系如图 15-3 所示。

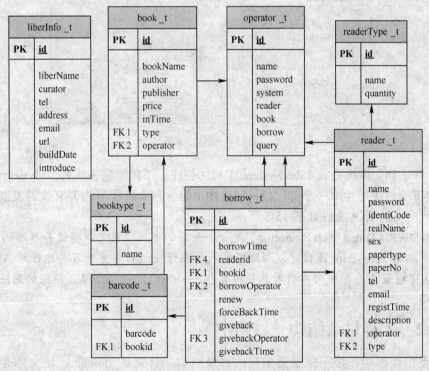

图 15-3　数据库关联关系

15.3　系统框架搭建

在编写代码之前，系统框架搭建的准备工作是必不可少的。例如，把系统中可能用到的文件夹首先创建好，将工程所需的 JAR 文件复制出来，这样不但可以方便以后的开发工作，也可以规范网站以后的整体架构。

15.3.1　创建工程

图书馆管理系统是使用 MyEclipse 创建的。在 MyEclipse 中新建一个 Web 工程，工程名称为 LiberSystem，如图 15-4 所示。

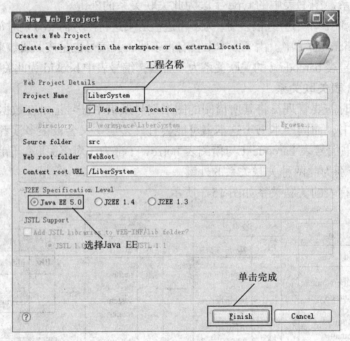

图 15-4　创建工程

单击 "Finish" 按钮完成 LiberSystem 工程的创建。工程创建完成后，MyEclipse 会自动在 WEB-INF 文件夹下生成一个 lib 文件夹，将图书馆管理系统所需的 JAR 文件复制到该文件夹下，工程所需的 JAR 文件如图 15-5 所示。

说明：DWR（Direct Web Remoting）是一个开源的类库，它可以将服务器端的 Java 函数转换成客户端的 JavaScript 函数，以帮助开发人员在开发过程中更加容易地使用 Ajax 技术，要使用 DWR 框架需要在应用中引入其资源类包——dwr.jar。关于 DWR 框架的用法请参考本章的源代码。

15.3.2　工程目录结构

创建完工程以后，接下来就是工程的目录结构。首先是 domain，该文件夹用于存放 JavaBean 组件，其目录结构如图 15-6 所示。

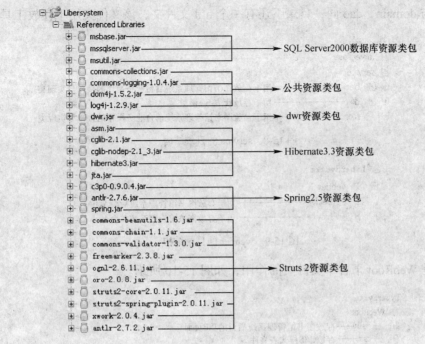

图 15-5　工程所需 JAR 文件

图 15-6　domain 的目录结构

dao 文件夹用于存放数据库操作的接口与实现类，目录结构如图 15-7 所示。

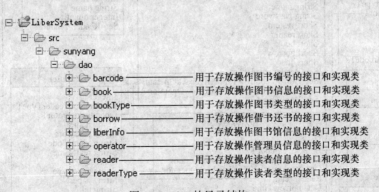

图 15-7　dao 的目录结构

service 文件夹用于存放具体业务操作的接口与实现类，目录结构如图 15-8 所示。

webtier 件夹用于存放 Action 类，目录结构如图 15-9 所示。

此外，与 domain、dao 同一目录下还有一个 util 文件夹，该文件夹用于存放工具类。

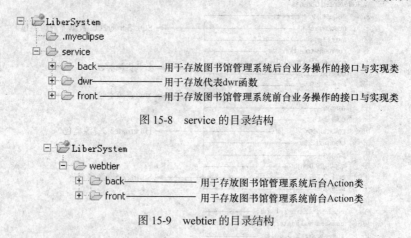

图 15-8　service 的目录结构

图 15-9　webtier 的目录结构

以下就是 WebRoot 下各个文件夹的作用，如图 15-10 所示。

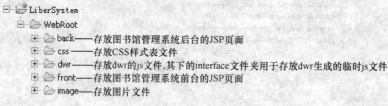

图 15-10　WebRoot 的目录结构

15.4　系统代码实现

本节将介绍图书馆管理系统的代码实现过程，其中系统中各个实体类的关联关系如图 15-11 所示。

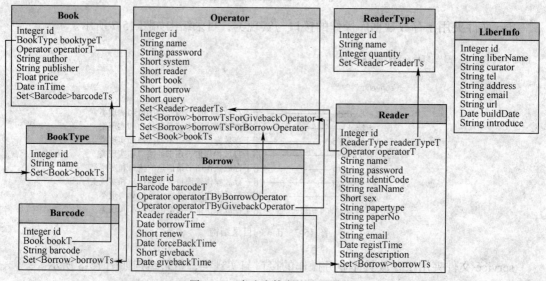

图 15-11　各个实体类的关联关系

在图 15-11 中，箭头起点在关联关系中为多的一方，终点为一的一方。

15.4.1　数据库连接的实现

1. 配置数据源

图书馆管理系统的数据库连接配置在"applicationContext.xml"文件中，其中需指定的内容包括以下几部分。

- 连接数据库的用户名。
- 连接数据库的用户密码。
- 连接数据库的驱动。
- 连接数据库的 URL。
- 连接数据库使用的方言。
- 是否显示 SQL 语句。

配置数据源 Bean 的代码如下：

```
<!-- 配置数据源 -->
<bean id="dataSource" class="com.mchange.v2.c3p0.ComboPooledDataSource"
    destroy-method="close">
    <property name="driverClass"
        value="com.microsoft.jdbc.sqlserver.SQLServerDriver" />
    <property name="jdbcUrl"
        value="jdbc:microsoft:sqlserver://localhost;databaseName=liber_db" />
    <property name="user" value="sa" />
    <property name="password" value="sa" />
</bean>
```

2. 配置 SessionFactory

在"applicationContext.xml"文件中配置 SessionFactory，使 Spring 容器来管理 SessionFactory，而无需手动管理。

配置 SessionFactory 的代码如下：

```
<!-- 配置 SessionFactory-->
<bean id="sessionFactory" class="org.springframework.orm.hibernate3.LocalSessionFac
toryBean">
    <property name="dataSource" ref="dataSource" />
    <property name="mappingResources">
        <!-- Hibernate 映射文件 -->
        <list>
            <value>sunyang/domain/barcode/Barcode.hbm.xml</value>
            <value>sunyang/domain/book/Book.hbm.xml</value>
            <value>sunyang/domain/bookType/BookType.hbm.xml</value>
            <value>sunyang/domain/borrow/Borrow.hbm.xml</value>
            <value>sunyang/domain/operator/Operator.hbm.xml</value>
            <value>sunyang/domain/reader/Reader.hbm.xml</value>
            <value>sunyang/domain/readerType/ReaderType.hbm.xml</value>
            <value>sunyang/domain/liberInfo/LiberInfo.hbm.xml</value>
        </list>
    </property>
    <!-- 配置 Hibernate 相关属性 -->
    <property name="hibernateProperties">
        <props>
```

```
                <prop key="hibernate.dialect">org.hibernate.dialect.SQLServerDialect
        </prop>
                <prop key="show_sql">false</prop>
            </props>
        </property>
    </bean>
```

15.4.2 工具类的实现

在开发过程的中经常会用到一些工具类，可以将这些工具类独放到一个文件夹中，如图
15-12 所示。

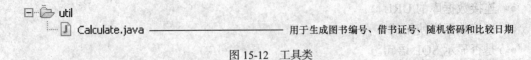

图 15-12 工具类

类 Calculate 中共包含 4 个方法：createBarcode()方法、createReaderIdentiCode()方法、
randomPassword()和 compare_date()方法。

1. createBarcode()方法

createBarcode()方法用于自动生成图书编号，当管理员在系统内添加图书信息时，调用此
方法会得到一个由图书类型 id、图书 id 和册数（该书是同一名称中的第几册）组成的编号，
之后系统会将该编号和添加的图书信息一起存储到数据库内。

createBarcode()方法的代码如下：

```java
public String createBarcode(Integer typeId, Integer bookId, Integer bookNo) {
    String barcode = "";
    // 判断位数，生成 001, 010 这样的字符串
    if (typeId < 10) {                // 判断图书类型 id 的位数
        barcode = barcode + "00" + typeId.toString();
    } else if (typeId < 100) {
        barcode = barcode + "0" + typeId.toString();
    } else {
        barcode = barcode + typeId.toString();
    }
    if (bookId < 10) {                // 判断图书 id 的位数
        barcode = barcode + "00" + bookId.toString();
    } else if (bookId < 100) {
        barcode = barcode + "0" + bookId.toString();
    } else {
        barcode = barcode + bookId.toString();
    }
    if (bookNo < 10) {                // 判断图书册数的位数
        barcode = barcode + "00" + bookNo.toString();
    } else if (bookNo < 100) {
        barcode = barcode + "0" + bookNo.toString();
    } else {
        barcode = barcode + bookNo.toString();
    }
    return barcode;                  // 将生成的图书编号返回
}
```

2. createReaderIdentiCode()方法

createReaderIdentiCode()方法用于自动生成借书证号，当管理员在系统内新增读者时，调用此方法会得到一个由当前时间的年、月、日、小时、分秒以及读者的 ID 号组成的借书证号。

createReaderIdentiCode()方法的代码如下：

```java
public String createReaderIdentiCode(Integer readerNo) {
    SimpleDateFormat sdf = new SimpleDateFormat("yyyyMMddHHmmss");    // 设置日期格式
    String identiCode = sdf.format(new Date()).toString();
    if (readerNo < 10) {
        identiCode = identiCode + "00" + readerNo.toString();
    } else if (readerNo < 100) {
        identiCode = identiCode + "0" + readerNo.toString();
    } else {
        identiCode = identiCode + readerNo.toString();
    }
    return identiCode;              // 将生成的借书证号返回
}
```

3. randomPassword()方法

randomPassword()方法用于生成一个随机密码，在维护管理员信息的删除操作中，程序会调用到此方法，并返回一个由随机数组成的密码。

randomPassword()方法的代码如下：

```java
public String randomPassword(Integer length) {
    String pwd = "";
    // 生成位数
    for (int i = 0; i < length; i++) {
        // 随机大小写字母
        if ((int) 10 * Math.random() + 1 > 5) {
            // 随机大写
            int a = 97 + (int) (26 * Math.random());
            pwd = pwd + (char) a;
        } else {
            // 随机小写
            int a = 65 + (int) (26 * Math.random());
            pwd = pwd + (char) a;
        }
    }
    return pwd;
}
```

4. compare_date()方法

compare_date()方法用于比较两个日期的大小，根据返回值的不同来判断日期的前后，在前台页面的信息搜索功能中用到了此方法。

compare_date()方法的代码如下：

```java
public int compare_date(String DATE1, String DATE2) {
    DateFormat df = new SimpleDateFormat("yyyy-MM-dd");          //设置日期格式
    try {
        Date dt1 = df.parse(DATE1);
        Date dt2 = df.parse(DATE2);
        if (dt1.getTime() > dt2.getTime()) {
```

```
        return -1;                //将不同值返回，以此判断前后两个日期的大小
    } else if (dt1.getTime() < dt2.getTime()) {
        return 1;
    } else {
        return 0;
    }
} catch (Exception e) {
    e.printStackTrace();
}
return 0;
}
```

15.4.3 管理员登录与退出实现

图书馆管理系统的后台提供了管理员登录入口，如图 15-13 所示，通过该入口管理员可以进入后台登录页面。

在系统初始阶段，数据库提供了一个超级管理员账号，根据该账号和密码即可成功登录到图书馆管理系统。当没有输入管理员账号和密码时，系统会通过 JavaScript 进行判断并给出提示信息，如图 15-14 所示。

图 15-13 管理员登录页面   图 15-14 未输入账号提示的信息

若用户输入错误的管理员账号和密码，当系统验证完毕后会重新返回登录页面，并提示"用户名或密码输入有误"，如图 15-15 所示。

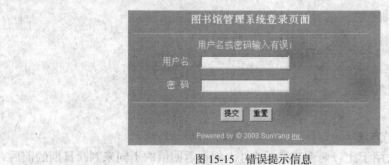

图 15-15 错误提示信息

管理员登录成功后将进入图书馆管理系统的后台主页，如图 15-16 所示，在此页面上管理员可对图书馆管理系统进行各种操作。

单击"修改密码"链接，即可修改当前登录的密码，如图 15-17 所示。输入新密码后，单击"提交"按钮，页面返回到后台主页。单击"退出系统"链接，将出现提示"确认退出？"的确认框，如图 15-18 所示。

单击"确定"按钮，管理员退出登录，页面将返回到管理员登录页面。

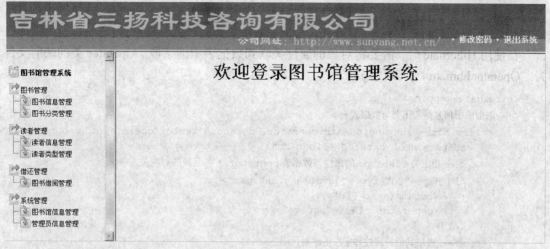

图 15-16 后台主页

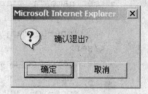

图 15-17 修改管理员登录密码　　　　　　　图 15-18 退出系统

　　代表管理员信息的实体类的类名为 Operator，它拥有的属性包括管理员 id（id）、管理员账号（name）、管理员密码（password）、系统操作权限（system）、读者操作权限（reader）、图书操作权限（book）、借还操作权限（borrow）、查询操作权限（query），其代码如下：

```
public class Operator {
    private Integer id;              //管理员 id
    private String name;            //管理员账号
    private String password;        //管理员密码
    private Short system;           //系统操作权限
    private Short reader;           //读者操作权限
    private Short book;             //图书操作权限
    private Short borrow;           //借还操作权限
    private Short query;            //查询操作权限
    private Set<Reader> read erTs = new HashSet<Reader>(0); //关联的读者类
    //关联的借书操作
    private Set<Borrow> borrowTsForBorrowOperator = new HashSet<Borrow>(0);
    //关联的还书操作
    private Set<Borrow> borrowTsForGivebackOperator = new HashSet<Borrow>(0);
    private Set<Book> bookTs = new HashSet<Book>(0); //关联的图书
    public Integer getId() {
        return this.id;
    }
    public void setId(Integer id) {
        this.id = id;
    }
```

```
                //省略属性的get、set方法
    }
```

在使用 Hibernate 时，需要将对象的属性关联到数据表中的字段。Operator 类的映射文件为 "Operator.hbm.xml"，其代码如下。

```xml
<hibernate-mapping>
<!--映射图书信息持久化类与数据表-->
    <class name="sunyang.domain.operator.Operator" table="operator_t"
        schema="dbo" catalog="liber_db">
        <!--指定类Operator的属性与数据表operator_t各字段的对应关系-->
        <id name="id" type="java.lang.Integer">
            <column name="id" />
            <generator class="native" />
        </id>
        <!-- 省略其他的属性和字段的映射代码 -->
        <!-- 配置一对多关系 -->
        <set name="readerTs" inverse="true">
            <key><column name="operator" /></key>
            <one-to-many class="sunyang.domain.reader.Reader" />
        </set>
        <set name="borrowTsForBorrowOperator" inverse="true">
            <key><column name="borrowOperator" /></key>
            <one-to-many class="sunyang.domain.borrow.Borrow" />
        </set>
        <set name="borrowTsForGivebackOperator" inverse="true">
            <key><column name="givebackOperator" /></key>
            <one-to-many class="sunyang.domain.borrow.Borrow" />
        </set>
        <set name="bookTs" inverse="true">
            <key><column name="operator" /></key>
            <one-to-many class="sunyang.domain.book.Book" />
        </set>
    </class>
</hibernate-mapping>
```

在上面映射文件中，管理员和图书的关系设置为一对多的关系，也就是说每一个编号的图书只能被一个管理员录入，一个管理员可以录入多本书。

在管理员登录操作中，DAO 接口为 OperatorDAO，该接口中共有以下 5 个方法。

- save()：向数据库新增一个管理员。
- findById()：使用 id 检索一个管理员的信息。
- findByProperty()：使用对象的属性进行检索，例如，在管理员登录时根据用户名和密码进行检索。
- findAll()：检索所有管理员信息。
- merge()：更新管理员信息。

下面是 OperatorDAO 接口的代码。

```java
public interface OperatorDAO {
    public void save(Operator transientInstance);
    public Operator findById(java.lang.Integer id);
    public List<Operator> findByProperty(String propertyName, Object value);
    public List<Operator> findAll();
```

```
    public Operator merge(Operator detachedInstance);
}
```

DAO 接口的实现类不仅实现了该接口而且还继承了 Spring 对 Hibernate 的封装类 HibernateDaoSupport（后面的各个数据库操作接口的实现类也同样如此），这个类提供了一个方便的方法 getHibernateTemplate()，很容易就能得到 HibernateTemplate 的一个实例。

接口 OperatorDAO 的实现类为 OperatorDAOImpl，其代码如下：

```java
public class OperatorDAOImpl extends HibernateDaoSupport implements OperatorDAO {
    //向数据库新增一个管理员
    public void save(Operator transientInstance) {
        try {
            getHibernateTemplate().save(transientInstance);
        } catch (RuntimeException re) {
            throw re;
        }
    }
    //使用id检索一个管理员的信息
    public Operator findById(java.lang.Integer id) {
        try {
            Operator instance = (Operator) getHibernateTemplate().get(Operator.
    class,id);
            return instance;
        } catch (RuntimeException re) {
            throw re;
        }
    }
    //使用对象的属性进行检索
    public List<Operator> findByProperty(String propertyName, Object value) {
        try {
            String queryString = "from Operator as model where model."
                    + propertyName + "= ?";
            List<Operator> result = getHibernateTemplate().find(queryString,value);
            return result;
        } catch (RuntimeException re) {
            throw re;
        }
    }
    //检索所有管理员信息
    public List<Operator> findAll() {
        try {
            String queryString = "from Operator";
            return getHibernateTemplate().find(queryString);
        } catch (RuntimeException re) {
            throw re;
        }
    }
    //更新管理员信息
    public Operator merge(Operator detachedInstance) {
        try {
            Operator result = (Operator) getHibernateTemplate().merge(detachedIns
    tance);
            return result;
        } catch (RuntimeException re) {
```

```
        throw re;
    }
  }
}
```

管理员登录的业务操作类接口是 OperatorUtilFacade，该接口中完成的功能共有两项，一项是管理员登录，另一项是管理员修改密码，它包含以下两个方法。

- operatorLogin()：判断管理员登录的账号和密码是否正确，如果正确返回一个包含当前登录管理员信息的 Operator 对象，否则返回 null。
- editPassword()：修改当前登录管理员的个人密码。

管理员登录的业务操作类的代码如下：

```
public interface OperatorUtilFacade {
    public Operator operatorLogin(Operator operator);
    public boolean editPassword(Operator operator);
}
```

OperatorUtilFacade 接口实现类的代码如下：

```
public class OperatorUtilFacadeImpl implements OperatorUtilFacade {
    private OperatorDAO operatorDAO;
    //省略属性的 get、set 方法
    // 管理员登录
    public Operator operatorLogin(Operator operator) {
        if (operatorDAO.findByProperty("name", operator.getName()).size() != 0
                && operatorDAO.findByProperty("name", operator.getName())
                        .get(0).getPassword().equals(operator.getPassword())) {
            return operatorDAO.findByProperty("name", operator.getName()).get(0);
        }
        return null;
    }
    // 管理员修改密码
    public boolean editPassword(Operator operator) {
        try {
            Operator o = operatorDAO.findById(operator.getId());
            o.setPassword(operator.getPassword());
            operatorDAO.merge(o);
            return true;
        } catch (Exception e) {
            e.printStackTrace();
            return false;
        }
    }
}
```

图书馆管理系统中的每个 Action 类都继承了 ActionSupport，Action 类负责具体的页面跳转，管理员登录的 Action 类是 OperatorUtilAction，它进行以下的操作。

- 接收从管理员登录页面表单中传递的管理员账号和密码，交给业务操作类处理，若业务操作类返回的 Operator 对象不为空，说明输入的管理员账号和密码正确，将当前登录的管理员信息放入 Session 对象中，页面返回到后台主页。否则页面返回到管理员登录页面。
- 管理员登录成功以后，若退出登录，则 OperatorUtilAction 类会调用 loginout()方法来销毁 Session 对象中存放的管理员信息，页面返回到管理员登录页面。

● 接收从修改管理员密码传递的管理员 id 和新密码，交给业务操作类处理，将页面返回到后台主页。

管理员登录的 Action 类代码如下：

```java
public class OperatorUtilAction extends ActionSupport{
    private OperatorUtilFacade operatorUtilFacade;
    private int id;
    private String name;
    private String password;
    // 省略属性的 get、set 方法
    // 管理员登录
    public String operatorLogin(){
        Operator o = new Operator();
        o.setName(name);
        o.setPassword(password);
        Operator operator = operatorUtilFacade.operatorLogin(o);
        HttpServletRequest request = ServletActionContext.getRequest();
        if (operator != null) {                                   //判断账号和密码是否正确
            Map session = ActionContext.getContext().getSession();       //获取 Session
            session.put("operator", operator);
            session.put("sessionData", "session");                 // 用于判断用户是否登录
            return "loginSuccess";                                 // 返回到后台主页
        }
        request.setAttribute("flag", "true");
        return "operatorlogin";                                    // 返回到登录页面
    }
    // 管理员退出登录
    public String loginout(){
        Map session = ActionContext.getContext().getSession();   // 获取 Session
        if (!session.isEmpty()) {
            session.clear();
        }
        return "operatorlogin";                                    // 返回到登录页面
    }
    // 管理员修改密码
    public String editPassword(){
        Operator o = new Operator();
        o.setId(id);
        o.setPassword(password);
        operatorUtilFacade.editPassword(o);
        return "updateSuccess";
    }
}
```

创建完 Action 类以后，在 "struts.xml" 文件中配置该 Action 类，配置的关键代码如下：

```xml
<action name="*Util" class="operatorUtilAction" method="{1}">
    <result name="loginSuccess">/back/index.jsp</result>
    <result name="updateSuccess">/back/main.jsp</result>
    <result name="operatorlogin">/back/operatorLogin.jsp</result>
</action>
```

在 Action 类中包含了处理业务逻辑的多个方法，因此在上述代码中为\<action\>元素指定了 method 属性并使用了通配符。Spring 和 Struts 2 整合时，Spring 为 Action 注入业务逻辑组件，因此上述代码中 class 属性的值并不是 Action 的实现类，而是 Spring 容器中 Action 实例的 ID 值。

DAO 类、业务操作类和 Action 类完成以后，将全部交给 Spring 去管理，它们在"applicationContext.xml"文件中的配置如下：

```xml
<!-- 把 DAO 注入给 Session 工厂 -->
<bean id="operatorDAO" class="sunyang.dao.operator.OperatorDAOImpl">
    <property name="sessionFactory"><ref local="sessionFactory" /></property>
</bean>
<!--把 Service 注入给 DAO-->
<bean id="operatorUtilFacade" class="sunyang.service.back.OperatorUtilFacadeImpl">
    <property name="operatorDAO" ref="operatorDAO"></property>
</bean>
<!--把 Action 注入给 Service-->
<bean name="operatorUtilAction" class="sunyang.webtier.back.OperatorUtilAction">
    <property name="operatorUtilFacade" ref="operatorUtilFacade"></property>
</bean>
```

管理员登录的页面文件是 operatorLogin.jsp，它的关键代码如下。

```html
<form id="form" name="form" method="post" action="operatorLoginUtil.action">
    <table>
        <tr><td>图书馆管理系统登录页面</td></tr>
        <tr>
            <td>
                <% if (request.getAttribute("flag") != null) { %>
                    用户名或密码输入有误!
                <%}%>
            </td>
        </tr>
        <tr><td>用户名:</td><td><input type="text" name="name" /></td></tr>
        <tr><td>密 码:</td><td><input type="password" name="password" /></td></tr>
        <tr><td><input type="submit" name="Submit" value="提交"/></td><tr>
    </table>
</form>
```

管理员修改密码的页面文件是 updateOperatorPSW.jsp，它的关键代码如下。

```html
<form id="form" name="form1" method="post" action="editPasswordUtil.action">
    <% Operator o = (Operator) session.getAttribute("operator");%>
    <table>
        <tr><td>更改密码</td></tr>
        <tr><td>管理员名称</td><td><%=o.getName()%></td> </tr>
        <tr><td>管理员密码</td><td><input type="password"
                name="password"value="<%=o.getPassword()%>" /></td></tr>
        <tr><td>二次密码</td><td><input type="password"
                name="password2" value="<%=o.getPassword()%>" /></td></tr>
        <tr><td><input type="submit" name="Submit" value="提交"/></td></tr>
    </table>
</form>
```

说明：下面图书馆管理系统中的每个功能都是按照本节所示的顺序进行实现的，首先是实体类及其映射文件，接着是 DAO 接口及其实现类，之后是业务接口及其实现类，然后是 Action 类及 Bean 的配置，最后是页面文件。因此下面对每个功能只介绍其关键部分，详细内容请参考本章的源代码。

15.4.4　系统管理实现

系统管理包括图书馆信息管理和管理员信息管理，如图 15-19 所示。

1. 图书馆信息管理

图书馆信息管理主要是维护图书馆信息。维护图书馆信息功能中，可以维护的有图书馆名称、图书馆馆长、图书馆电话、图书馆地址、图书馆邮箱、图书馆网址、图书馆建立日期和图书馆简介，如图 15-20 所示。

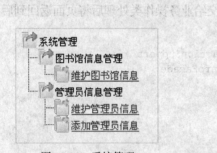

图 15-19　系统管理

图 15-20　维护图书馆信息

图书馆信息管理的功能是维护图书馆信息，在 DAO 类中实现以下两个方法。

- findById()：用于从数据库中检索图书馆信息。
- merge()：用于更新图书馆信息。

```java
public class LiberInfoDAOImpl extends HibernateDaoSupport implements LiberInfoDAO {
    //根据图书馆标识 ID, 查找图书馆信息
    public LiberInfo findById(Integer id) {
        return (LiberInfo) getHibernateTemplate().find(from LiberInfo where id=" +
id).get(0);
    }
    //更新图书馆信息
    public boolean merge(LiberInfo liberInfo) {
        getHibernateTemplate().merge(liberInfo);
        return true;
    }
}
```

在图书馆信息管理的业务操作中，需完成的业务共有两项，一项是将数据库操作类从数据库查询出来的图书馆信息传给 Action 类，另一项是将从 Action 类传过来的更新数据交由数据库操作类持久化。该业务操作类的实现代码如下：

```java
public class SysLiberInfoFacadeImpl implements SysLiberInfoFacade {
```

```
        private LiberInfoDAO liberInfoDAO;
        //省略 LiberInfoDAO 的 set、get 方法
        //单查图书馆信息
        public LiberInfo showLiberInfo() {
            return liberInfoDAO.findById(1);
        }
        //修改图书馆信息
        public boolean editLiberInfo(LiberInfo liberInfo) {
            try {
                liberInfoDAO.merge(liberInfo);
                return true;
            } catch (Exception e) {
                e.printStackTrace();
                return false;
            }
        }
    }
```

图书馆信息管理的 Action 类是 SysLiberInfoAction，它进行以下的操作。

● 接收从业务操作类传递过来的图书馆信息数据，将页面返回到修改图书馆信息页面。

● 接收修改图书馆信息页面表单中的数据，交给业务操作类处理后将页面返回到后台主页。

类 SysLiberInfoAction 的代码如下：

```
public class SysLiberInfoAction extends ActionSupport {
    private SysLiberInfoFacade sysLiberInfoFacade;
    private int id;
    private String liberName;
    private String curator;
    private String tel;
    private String address;
    private String email;
    private String url;
    private String buildDate;
    private String description;
    //省略属性的 set、get 方法
    //得到图书馆信息
    public String showLiberInfo(){
        LiberInfo li = sysLiberInfoFacade.showLiberInfo();
        HttpServletRequest request = ServletActionContext.getRequest();
        request.setAttribute("liberInfo", li);         //将图书馆信息放入 request 对象中
        return "updateLiberinfo";                      //返回到修改图书馆信息页面
    }
    //修改图书馆信息
    public String updateLiberInfo() throws ParseException {
        SimpleDateFormat dateformat = new SimpleDateFormat("yyyy-MM-dd");
        Date date = dateformat.parse(buildDate);       //将字符串转换为日期格式
        LiberInfo li = new LiberInfo();
        li.setId(id);
        li.setLiberName(liberName);
        li.setCurator(curator);
        li.setTel(tel);
        li.setAddress(address);
        li.setEmail(email);
```

```
        li.setUrl(url);
        li.setBuildDate(date);
        li.setIntroduce(description);
        sysLiberInfoFacade.editLiberInfo(li);
        return "updateSuccess";                    //返回到后台主页
    }
}
```

类 SysLiberInfoAction 在 "struts.xml" 文件中的配置如下：

```xml
<action name="*LInfo" class="sysLiberInfoAction" method="{1}">
    <result name="updateLiberinfo">/back/updateLiberInfo.jsp</result>
    <result name="updateSuccess">/back/main.jsp</result>
</action>
```

DAO 类、业务操作类和 Action 类完成后，将全部交给 Spring 去管理，它们在 "applicationCo-ntext.xml" 文件中的配置如下：

```xml
<!--把 DAO 注入给 Session 工厂-->
<bean id="liberInfoDAO" class="sunyang.dao.liberInfo.LiberInfoDAOImpl">
    <property name="sessionFactory"><ref local="sessionFactory" /></property>
</bean>
<!--把 Service 注入给 DAO-->
<bean id="sysLiberInfoFacade" class="sunyang.service.back.SysLiberInfoFacadeImpl">
    <property name="liberInfoDAO" ref="liberInfoDAO"></property>
</bean>
<!--把 Action 注入给 Service-->
<bean name="sysLiberInfoAction" class="sunyang.webtier.back.SysLiberInfoAction">
    <property name="sysLiberInfoFacade" ref="sysLiberInfoFacade"></property>
</bean>
```

图书馆信息管理仅有一个 JSP 页面 "updateLiberInfo.jsp"，用来维护图书馆信息，它的关键代码如下：

```jsp
<% LiberInfo li = (LiberInfo) request.getAttribute("liberInfo"); %>
<form id="form" name="form" method="post" action="updateLiberInfoLInfo.action">
<table >
    <input type="hidden" name="id" value="<%=li.getId()%>" />
    <tr><td>图书馆信息维护</td></tr>
    <tr> <td>图书馆名称</td>
        <td><input type="text" name="liberName" value="<%=li.getLiberName()%>"/></td>
    </tr>
<!-- 省略其他的表单属性-->
    <tr><td ><input type="submit" name="Submit" value="提交"/></td></tr>
</table>
</form>
```

2. 管理员信息管理

管理员信息管理包括维护管理员信息和添加管理员信息。在维护管理员信息功能中，可进行的操作包括修改管理员权限和删除管理员，如图 15-21 所示。

当单击"修改"链接时，页面将跳转到修改管理员权限页面，如图 15-22 所示，在此页面上可维护该管理员图书修改权限、借还操作权限、查询操作权限、读者操作权限、系统操作权限。

管理员名称	密码	图书操作权限	借还操作权限	查询权限	读者操作权限	系统操作权限	操作	
admin	admin	是	是	是	是	是	修改	删除
user1	123456	否	是	是	否	否	修改	删除

图 15-21　维护管理员信息

修改管理员权限

管理员账号 user1

权限选择　□ 图书操作权限　☑ 借还操作权限　☑ 查询操作权限　□ 读者操作权限　□ 系统操作权限

提交　重置

图 15-22　修改管理员权限

当单击图 15-21 中的"删除"链接时，并非将该管理员从系统中删除，而是将指定管理员的密码重置为一个系统生成的随机字符串，并取消此管理员的所有权限，例如，删除系统中管理员名称为 user1 的管理员，结果如图 15-23 所示。

管理员信息

管理员名称	密码	图书操作权限	借还操作权限	查询权限	读者操作权限	系统操作权限	操作	
admin	admin	是	是	是	是	是	修改	删除
user1	IqlzfdAEkrYXfsJ	否	否	否	否	否	修改	删除

图 15-23　删除管理员的效果

在添加管理员信息功能中，可添加管理员账号、密码并设置其权限，如图 15-24 所示。

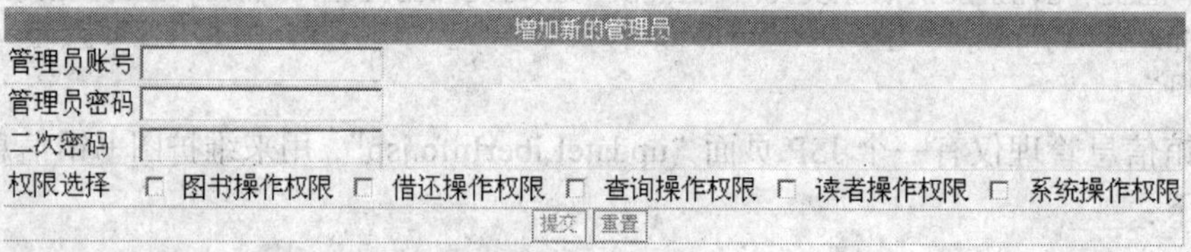

增加新的管理员

管理员账号　[　　　]
管理员密码　[　　　]
二次密码　　[　　　]
权限选择　□ 图书操作权限　□ 借还操作权限　□ 查询操作权限　□ 读者操作权限　□ 系统操作权限

提交　重置

图 15-24　添加新的管理员

未添加任何信息时，系统是禁止提交的，在添加管理员账号时，采用 AJAX 技术来验证当前添加的管理员账号是否存在，如图 15-25 所示。需要注意的是，给管理员添加权限时，赋予管理员权限的不同，该管理员所具有的操作能力也不同。

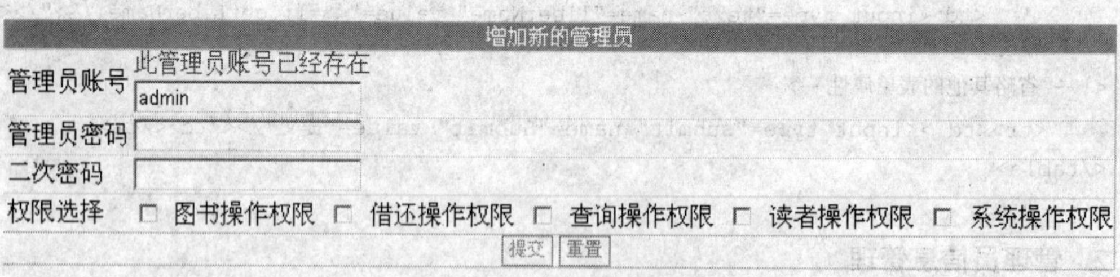

增加新的管理员

管理员账号　此管理员账号已经存在
　　　　　　[admin]
管理员密码　[　　　]
二次密码　　[　　　]
权限选择　□ 图书操作权限　□ 借还操作权限　□ 查询操作权限　□ 读者操作权限　□ 系统操作权限

提交　重置

图 15-25　AJAX 验证添加新的管理员

管理员信息管理使用的 DAO 类和管理员登录操作使用的 DAO 类相同。管理员信息管理的业务操作类为 SysOperatorFacadeImpl，在该接口中共有以下 5 个方法。

- findOperatorInfo()：向 Action 类传递数据库操作类检索出来的所有管理员信息，实现代码如下：

```
public List<Operator> findOperatorInfo() {
    return operatorDAO.findAll();
}
```

● removeOperator()：删除管理员，实质是将管理员密码重置，所有权限取消，实现代码如下：

```
public boolean removeOperator(Integer operatorId) {
    try {
        Calculate cc = new Calculate();
        Operator o = operatorDAO.findById(operatorId);
        Short s = 0;
        o.setBook(s);
        o.setBorrow(s);
        o.setQuery(s);
        o.setReader(s);
        o.setSystem(s);
        o.setPassword(cc.randomPassword(10 + (int) (Math.random() * 11)));
        operatorDAO.merge(o);
        return true;
    } catch (Exception e) {
        e.printStackTrace();
        return false;
    }
}
```

● showAuthority()：调用数据库操作类的 findById()方法，向 Action 类传递单个管理员信息，实现代码如下：

```
public Operator showAuthority(Integer operatorId) {
    return operatorDAO.findById(operatorId);
}
```

● updateAuthority()：将从 Action 类传递的更新信息传给数据库操作类，实现代码如下：

```
public boolean updateAuthority(Operator operator) {
    try {
        Operator o = operatorDAO.findById(operator.getId());
        o.setBook(operator.getBook());
        o.setBorrow(operator.getBorrow());
        o.setQuery(operator.getQuery());
        o.setReader(operator.getReader());
        o.setSystem(operator.getSystem());
        operatorDAO.merge(o);
        return true;
    } catch (Exception e) {
        e.printStackTrace();
        return false;
    }
}
```

● newOperator()：将从 Action 类传递的添加管理员信息传给数据库操作类做持久化。

```
public boolean newOperator(Operator operator) {
    try {
        operatorDAO.save(operator);
```

```
        return true;
    } catch (Exception e) {
        e.printStackTrace();
        return false;
    }
}
```

管理员信息管理的 Action 类为 SysOperatorAction，用于封装请求参数的属性如下：

```
public class SysOperatorAction extends ActionSupport {
    private SysOperatorFacade sysOperatorFacade;
    private int id;
    private String name;
    private String password;
    private short bookOper;
    private short borrowOper;
    private short queryOper;
    private short readerOper;
    private short sysOper;
    //省略属性的set、get方法
}
```

SysOperatorAction 类中的方法包括：

● addOperator()：接收新增管理员页面表单中的数据，交给业务操作类处理后将页面返回到维护管理员信息页面，实现代码如下：

```
public String addOperator(){
    Operator o = new Operator();
    o.setName(name);
    o.setPassword(password);
    o.setBook(bookOper);
    o.setBorrow(borrowOper);
    o.setQuery(queryOper);
    o.setReader(readerOper);
    o.setSystem(sysOper);
    sysOperatorFacade.newOperator(o);
    return find();                      // 返回到维护管理员信息页面
}
```

● find()：接收业务操作类传递的所有管理员信息数据，将页面返回到维护管理员信息页面，实现代码如下：

```
public String find() {
    List<Operator> lof = sysOperatorFacade.findOperatorInfo();
    HttpServletRequest request = ServletActionContext.getRequest();
    request.setAttribute("lof", lof);
    return "showAllOperator";            // 返回到维护管理员信息页面
}
```

● removeOperator()：接收页面上用户要删除的管理员的 id，把 id 传给业务操作类处理后将页面返回到维护管理员信息页面，实现代码如下：

```
public String removeOperator(){
    sysOperatorFacade.removeOperator(id);
    return find();                      // 返回到维护管理员信息页面
}
```

● 接收业务操作类传递的单个管理员信息数据，并传递给更新管理员页面，实现代码如下：

```
public String showAuthority(){
    Operator o = sysOperatorFacade.showAuthority(id);
    HttpServletRequest request = ServletActionContext.getRequest();
    request.setAttribute("operator", o);
    return "update";                // 返回到更新管理员信息的页面
}
```

● 接收更新管理员页面传递的数据，交给业务操作类处理后将页面返回到维护管理员信息页面，实现代码如下：

```
public String updateAuthority() {
    Operator o = new Operator();
    o.setId(id);
    o.setBook(bookOper);
    o.setBorrow(borrowOper);
    o.setQuery(queryOper);
    o.setReader(readerOper);
    o.setSystem(sysOper);
    sysOperatorFacade.updateAuthority(o);
    return find();                  //返回到维护管理员信息页面
}
```

SysOperatorAction 类在 "struts.xml" 文件中的配置如下：

```
<action name="*Operator" class="sysOperatorAction" method="{1}">
    <result name="showAllOperator">/back/showAllOperator.jsp</result>
    <result name="update">/back/updateOperator.jsp</result>
</action>
```

管理员信息管理中所用到的 Bean 在 "applicationContext.xml" 文件中的配置代码如下：

```
<!-- 把 DAO 注入给 Session 工厂 -->
<bean id="operatorDAO" class="sunyang.dao.operator.OperatorDAOImpl">
    <property name="sessionFactory"><ref local="sessionFactory" /></property>
</bean>
<!-- 把 Service 注入给 DAO -->
<bean id="sysOperatorFacade" class="sunyang.service.back.SysOperatorFacadeImpl">
    <property name="operatorDAO" ref="operatorDAO"></property>
</bean>
<!-- 把 Action 注入给 Service -->
<bean name="sysOperatorAction" class="sunyang.webtier.back.SysOperatorAction">
    <property name="sysOperatorFacade" ref="sysOperatorFacade"></property>
</bean>
```

15.4.5　图书管理实现

图书管理主要是进行和图书有关的一些操作，包括图书信息管理和图书分类管理，如图 15-26 所示。

1. 图书信息管理

图书信息管理包括维护图书信息和添加图书信息。维护图书信息功能包括编辑操作、删除操作和添加图书数量操作，如图 15-27 所示。

图 15-26　图书管理

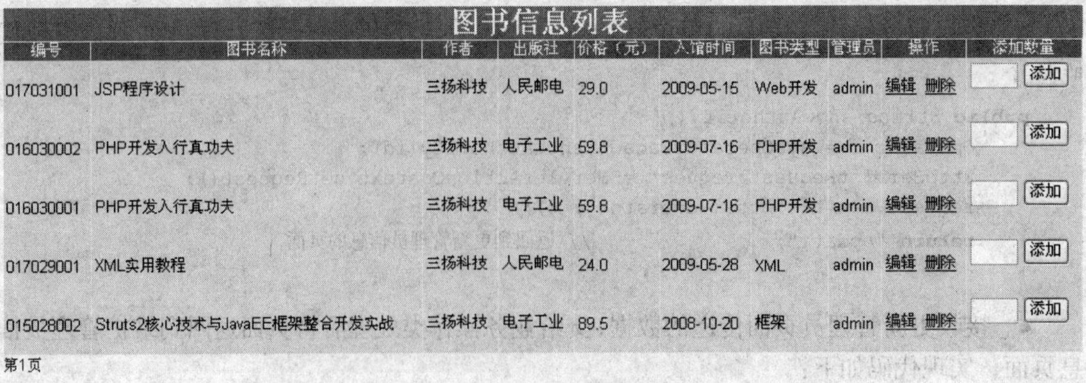
图书信息列表
编号 图书名称 作者 出版社 价格（元） 入馆时间 图书类型 管理员 操作 添加数量
017031001 JSP程序设计 三扬科技 人民邮电 29.0 2009-05-15 Web开发 admin 编辑 删除 添加
016030002 PHP开发入行真功夫 三扬科技 电子工业 59.8 2009-07-16 PHP开发 admin 编辑 删除 添加
016030001 PHP开发入行真功夫 三扬科技 电子工业 59.8 2009-07-16 PHP开发 admin 编辑 删除 添加
017029001 XML实用教程 三扬科技 人民邮电 24.0 2009-05-28 XML admin 编辑 删除 添加
015028002 Struts2核心技术与JavaEE框架整合开发实战 三扬科技 电子工业 89.5 2008-10-20 框架 admin 编辑 删除 添加
第1页

图 15-27　维护图书信息

当单击“编辑”链接时，页面将跳转到修改图书信息页面，如图 15-28 所示，在此页面上可修改图书名称、作者、出版社、价格和图书类型，修改完成后返回到图书信息列表页面。

当单击“删除”链接时，当前编号的图书将会被删除。若该编号图书由于被借出未归还等一些原因，则删除将会失败，如图 15-29 所示。

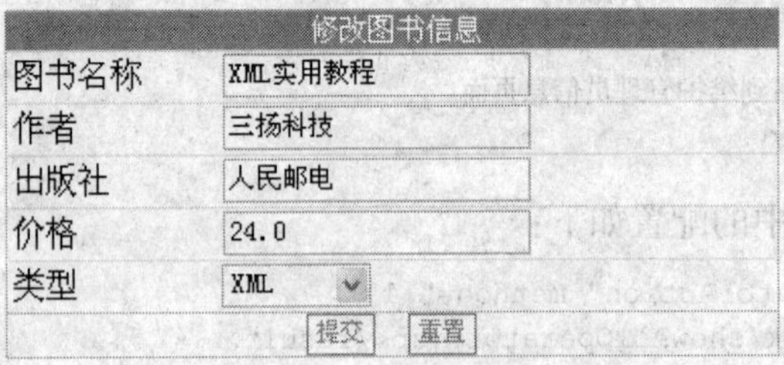
修改图书信息
图书名称 XML实用教程
作者 三扬科技
出版社 人民邮电
价格 24.0
类型 XML
提交 重置

图 15-28　维护图书信息

信息提示！～！
删除失败
【返回】

图 15-29　信息提示页面

在添加数量的文本框中填写需要增加的图书数量（该数量必须是一个整数），单击“添加”按钮，则系统内就会增加一定数量该名称的图书，同时系统会分别为其添加一个不同的编号。

在添加图书信息功能中，可添加图书名称、作者、出版社、价格、类型、数量和当前操作人，如图 15-30 所示，而且每个选项都要求必须填写。其中类型选项为当目前系统内所存在的图书类型，操作人为当前管理员的用户名。

填写完图书相关信息并成功提交后，系统会自动为每本图书添加唯一编号，以标识该书。

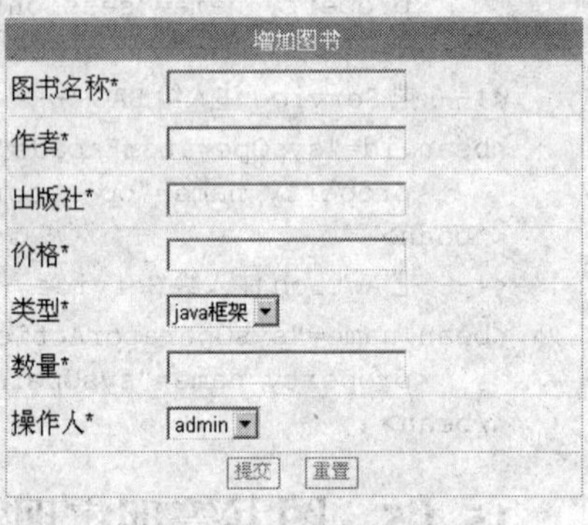
增加图书
图书名称*
作者*
出版社*
价格*
类型* java框架
数量*
操作人* admin
提交 重置

图 15-30　添加图书

图书信息管理使用的实体类包括图书信息（Book）和图书编号（Barcode）两个。图书信息管理的 DAO 类为 BookDAOImpl，该类中包含的方法如下：

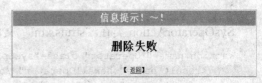

- save()：用于向数据库中新增图书，实现代码如下：

```
public void save(Book transientInstance) {
    try {
        getHibernateTemplate().save(transientInstance);
    } catch (RuntimeException re) {
        throw re;
    }
}
```

- delete(): 用于从数据库中删除图书，实现代码如下：

```java
public void delete(Book persistentInstance) {
    try {
        Book b = (Book) this.getHibernateTemplate().load(Book.class,persistentInst
ance.getId());
        getHibernateTemplate().delete(b);
    } catch (RuntimeException re) {
        throw re;
    }
}
```

- findById(): 根据 id 检索图书信息，实现代码如下：

```java
public Book findById(Integer id) {
    try {
        Book instance = (Book) getHibernateTemplate().get(Book.class, id);
        return instance;
    } catch (RuntimeException re) {
        throw re;
    }
}
```

- findByProperty(): 根据 Book 对象的属性检索图书信息，实现代码如下：

```java
public List<Book> findByProperty(String propertyName, Object value) {
    try {
        String queryString = "from Book as model where model." + propertyName + "= ?";
        Query queryObject = getHibernateTemplate().getSessionFactory()
                .openSession().createQuery(queryString);
        queryObject.setParameter(0, value);
        return queryObject.list();
    } catch (RuntimeException re) {
        throw re;
    }
}
```

- findByVagueProperty(): 使用模糊查询检索图书信息，实现代码如下：

```java
public List<Book> findByVagueProperty(String propertyName, Object value) {
    try {
        String queryString = "from Book as model where model."
                + propertyName + " like '%" + value + "%' and model."
                + propertyName + " != '"+ value + "'";
        Query queryObject = getHibernateTemplate().getSessionFactory()
                .openSession().createQuery(queryString);
        return queryObject.list();
    } catch (RuntimeException re) {
        throw re;
    }
}
```

- findByIntime(): 根据入馆时间检索图书信息，实现代码如下：

```java
public List<Book> findByIntime(String begin, String end) {
    try {
        String queryString = "from Book as model where model.inTime between '"
                + begin + "' and '" + end + "'";
        Query queryObject = getHibernateTemplate().getSessionFactory()
```

```
                    .openSession().createQuery(queryString);
            return queryObject.list();
    } catch (RuntimeException re) {
            throw re;
    }
}
```

- merge()：用于更新图书信息，实现代码如下：

```
public Book merge(Book detachedInstance) {
    try {
        Book result = (Book) getHibernateTemplate().merge(detachedInstance);
        return result;
    } catch (RuntimeException re) {
        throw re;
    }
}
```

图书管理的业务操作类是 BookInfoFacade，该类包含的方法如下。

- newBook()：将从 Action 类传递的添加图书信息数据交由数据库操作类处理，实现代码如下：

```
public boolean newBook(Book book, Integer num) {
    bookDAO.save(book);
    for (int i = 1; i <= num; i++) {
        Calculate cc = new Calculate();
        Barcode b = new Barcode();
        b.setBookT(book);
        b.setBarcode(cc.createBarcode(book.getBooktypeT().getId(), book.getId(), i));
        barcodeDAO.save(b);
    }
    return true;
}
```

- addNum()：将从 Action 类传递的添加图书数量交由数据库操作类处理，若添加成功返回 true，否则返回 false，实现代码如下：

```
public boolean addNum(Book book, Integer num) {
    // 得到当前已经存在的图书数量
    int existNum = Integer.parseInt(barcodeDAO.findByProperty("bookT", book).get(
        barcodeDAO.findByProperty("bookT", book).size() - 1).getBarcode().subst
        ring(6));
    Book b = bookDAO.findById(book.getId());
    for (int i = existNum + 1; i <= existNum + num; i++) {
        Calculate cc = new Calculate();
        Barcode barcode = new Barcode();
        barcode.setBookT(book);
        barcode.setBarcode(cc.createBarcode(b.getBooktypeT().getId(),book.getId(),i));
        barcodeDAO.save(barcode);
    }
    return false;
}
```

- removeBookBarcode()：将从 Action 类传递的图书编号交由数据库操作类处理，并根据不同的情况来判断具有该编号的图书是否可以删除，实现代码如下：

```
public String removeBookBarcode(Barcode barcode) {
```

```
Barcode b = barcodeDAO.findById(barcode.getId());
List<Barcode> lb = barcodeDAO.findByProperty("bookT", b.getBookT());
// 判断 Barcode 是否错误
if (lb.size() == 0) {
    return "notexist";
} else if (borrowDAO.findByProperty("barcodeT", b).size() == 0) {
    if (lb.size() == 1) {
        barcodeDAO.delete(b);
        bookDAO.delete(lb.get(0).getBookT());
        // 当前 Barcode 是否为其所在书中的唯一一本
        return "deletebook";
    } else if (lb.size() > 1) {
        barcodeDAO.delete(b);
        return "deletebarcode";
    }
} else {
    return "borrowed";
}
return "error";
}
```

- findBook()：根据从 Action 类传递的页数和每页显示的数据行数调用数据库操作类的方法，检索所有图书信息，此处使用了分页机制，实现代码如下：

```
public Object[] findBook(Integer page, Integer max) {
    // 设置总页数
    Integer pageNum = 0;
    if (barcodeDAO.findAll().size() % max == 0) {
        pageNum = barcodeDAO.findAll().size() / max;
    } else
        pageNum = barcodeDAO.findAll().size() / max + 1;
    List<Barcode> list = barcodeDAO.findAllPage(max * (page - 1), max);
    // 将总页数和查出的 List 放到 O 中
    Object[] o = new Object[2];
    o[0] = pageNum;
    o[1] = list;
    return o;
}
```

- showBook()：将从 Action 类传递的图书编号 id 交由数据库操作类处理后并返回一个 Barcode 对象，实现代码如下：

```
public Barcode showBook(Barcode barcode) {
    return barcodeDAO.findById(barcode.getId());
}
```

- editBook()：将从 Action 类传递的更新图书信息数据交由数据库操作类处理，实现代码如下：

```
public boolean editBook(Book book) {
    Book b = bookDAO.findById(book.getId());
    b.setAuthor(book.getAuthor());
    b.setBookName(book.getBookName());
    b.setPublisher(book.getPublisher());
    b.setPrice(book.getPrice());
    b.setBooktypeT(book.getBooktypeT());
```

```
    try {
        bookDAO.merge(b);
        return true;
    } catch (Exception e) {
        e.printStackTrace();
        return false;
    }
}
```

图书信息管理中的 Action 类是 BookInfoAction，该 Action 类中包含的方法如下。

● newBook()：接收新增图书信息页面表单中的数据，交给业务操作类处理后将页面返回到维护图书信息页面，实现代码如下：

```
public String newBook(){
    Book book = new Book();
    book.setBookName(bookname);
    book.setAuthor(author);
    BookType bt = new BookType();
    bt.setId(type);
    book.setBooktypeT(bt);
    book.setInTime(new Date());
    Operator o = new Operator();
    o.setId(operator);
    book.setOperatorT(o);
    book.setPrice(price);
    book.setPublisher(publisher);
    bookInfoFacade.newBook(book, num);     // 调用 BookTypeFacade 类中 newBook()方法
    return findAllBook();                   //返回维护图书信息页面
}
```

● editBook()：接收维护图书信息页面上传递的添加图书数量和图书编号 id，交给业务操作类后将页面返回到维护图书信息页面，实现代码如下：

```
public String editBook(){
    Book book = new Book();
    book.setAuthor(author);
    book.setBookName(bookname);
    book.setId(bid);
    BookType bt = new BookType();
    bt.setId(type);
    book.setBooktypeT(bt);
    book.setPublisher(publisher);
    book.setPrice(price);
    bookInfoFacade.editBook(book);
    return findAllBook();                   //返回维护图书信息页面
}
```

● removeBookBarcode()：接收维护图书信息页面上传递的要删除的图书编号 id，交给业务操作类后根据其返回值的不同，将相应的提示信息传递给信息提示页面（error.jsp），实现代码如下：

```
public String removeBookBarcode() {
    Barcode b = new Barcode();
    b.setId(id);
    String s = bookInfoFacade.removeBookBarcode(b);
```

324

```
    String error = "";
    if (s.equals("notexist")) {
        error = "图书编号不存在";
    } else if (s.equals("deletebook")) {
        error = "已将整本书删除";
    } else if (s.equals("deletebarcode")) {
        error = "已删除此书中的一册";
    } else if (s.equals("borrowed")) {
        error = "删除失败";
    } else if (s.equals("error")) {
        error = "删除失败";
    }
    HttpServletRequest request = ServletActionContext.getRequest();
    request.setAttribute("error", error);
    return "error";                    // 返回信息提示页面
}
```

● findAllBook()：将维护图书信息页面上传递的页数交由业务操作类，并将业务操作类返回的图书信息数据传递到维护图书信息页面上。

```
public String findAllBook(){
        if (page == 0) {page = 1;}
        Object[] o = bookInfoFacade.findBook(page, 5);
        Integer pageNum = (Integer) o[0];                    // 总页数
        List<Barcode> lb = (List<Barcode>) o[1];
        HttpServletRequest request = ServletActionContext.getRequest();
        request.setAttribute("pageNum", pageNum);            // 将pageNum放入Request对象中
        request.setAttribute("allBookList", lb);             // 将lb放入Request对象中
        return "showAllBook";                                // 返回维护图书信息页面
    }
```

● showBook()：接收维护图书信息页面上传递的 id，交由业务操作类来查找单个图书信息，将页面返回到更新图书信息页面。

```
public String showBook(){
        Barcode bc = new Barcode();
        bc.setId(id);
        bc = bookInfoFacade.showBook(bc);
        HttpServletRequest request = ServletActionContext.getRequest();
        request.setAttribute("bc", bc);
        return "updateBook";                // 返回到更新图书信息页面
    }
```

● addNum()：接收修改图书信息页面上传递的图书册数，交由业务操作类处理后将页面返回到维护图书信息页面。

```
public String addNum(){
    Book book = new Book();
    book.setId(id);
    bookInfoFacade.addNum(book, num);
    return findAllBook();                //返回维护图书信息页面
}
```

在 "struts.xml" 文件中配置 BookInfoAction，配置的关键代码如下：

```
<action name="*BInfo" class="bookInfoAction" method="{1}">
    <result name="showAllBook">/back/showAllBook.jsp</result>
    <result name="updateBook" >/back/updateBook.jsp</result>
</action>
```

在"applicationContext.xml"文件中配置图书信息管理中使用的 Bean，配置代码如下：

```
<!--把 DAO 注入给 Session 工厂-->
<bean id="bookDAO" class="sunyang.dao.book.BookDAOImpl">
    <property name="sessionFactory"><ref local="sessionFactory" /></property>
</bean>
<!-- 把 Service 注入给 DAO  -->
<bean id="bookInfoFacade" class="sunyang.service.back.BookInfoFacadeImpl">
    <property name="bookDAO" ref="bookDAO"></property>
    <property name="bookTypeDAO" ref="bookTypeDAO"></property>
    <property name="borrowDAO" ref="borrowDAO"></property>
    <property name="barcodeDAO" ref="barcodeDAO"></property>
    <property name="operatorDAO" ref="operatorDAO"></property>
</bean>
<!--把 Action 注入给 Service-->
<bean name="bookInfoAction" class="sunyang.webtier.back.BookInfoAction">
    <property name="bookInfoFacade" ref="bookInfoFacade"></property>
</bean>
```

2. 图书分类管理

图书分类管理包括维护图书分类和添加图书分类。在维护图书分类功能中，包括编辑和删除操作，如图 15-31 所示。

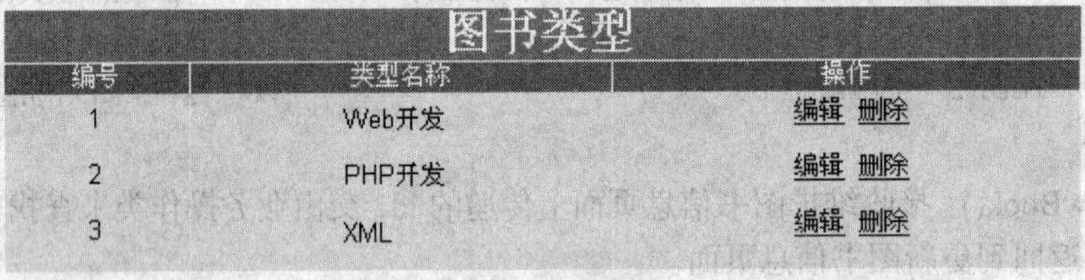

图书类型		
编号	类型名称	操作
1	Web开发	编辑 删除
2	PHP开发	编辑 删除
3	XML	编辑 删除

图 15-31　维护图书类型

当单击"编辑"链接时，页面将跳转到修改图书页面，如图 15-32 所示。修改完类型名称以后，单击"提交"按钮，页面将返回到图书类型列表页面。

当单击"删除"链接时，可将选中的图书类型从系统中删除，若该类型已经被图书馆中的图书选用，将会删除失败。

在添加图书分类功能中，只需填写类型名称即可，如图 15-33 所示。

图 15-32　修改图书类型　　　　　　　　图 15-33　添加图书类型

图书分类管理中 DAO 类是 BookTypeDAOImpl，该类中有以下 5 个方法。

- save ()：用于向数据库中新增图书类型，实现代码如下：

```
public void save(BookType transientInstance) {
    try {
        getSession().save(transientInstance);
    } catch (RuntimeException re) {
        throw re;
    }
}
```

● delete ()：用于从数据库中删除图书类型，实现代码如下：

```
public void delete(BookType persistentInstance) {
    try {
        BookType b = (BookType) getHibernateTemplate().load(BookType.class,
                persistentInstance.getId());
        getHibernateTemplate().delete(b);
    } catch (RuntimeException re) {
        throw re;
    }
}
```

● findById ()：根据 id 检索图书类型信息，实现代码如下：

```
public BookType findById(java.lang.Integer id) {
    try {
        BookType instance = (BookType) getHibernateTemplate().get(BookType.class, id);
        return instance;
    } catch (RuntimeException re) {
        throw re;
    }
}
```

● findAll()：检索所有图书类型信息，实现代码如下：

```
public List<BookType> findAll() {
    try {
        String queryString = "from BookType";
        Query queryObject = getHibernateTemplate().getSessionFactory()
                .openSession().createQuery(queryString);
        return queryObject.list();
    } catch (RuntimeException re) {
        throw re;
    }
}
```

● merge ()：更新图书类型信息，实现代码如下：

```
public BookType merge(BookType detachedInstance) {
    try {
        BookType result = (BookType) getHibernateTemplate().merge( detachedInstance);
        return result;
    } catch (RuntimeException re) {
        throw re;
    }
}
```

图书类型的业务操作类是 BookTypeFacadeImpl，该业务类非常简单，只需调用相应的 DAO 类中的方法即可。

图书类型的 Action 类是 BookTypeAction，该 Action 类中包含的方法如下。

● addBookType()：接收新增图书类型页面表单中的数据，交由业务操作类去处理，将页面返回到维护图书类型页面，实现代码如下：

```
public String addBookType(){
    BookType bookType = new BookType();
    bookType.setName(name);
    bookTypeFacade.newBookType(bookType);
    return findBookType();              //显示图书类型页面
}
```

● removeBookType()：接收维护图书类型页面传递的要删除的图书类型 id，交由业务操作类去处理，将页面返回到显示图书类型页面，实现代码如下：

```
public String removeBookType(){
    BookType bt = new BookType();
    bt.setId(id);
    bookTypeFacade.removeBookType(bt);
    return findBookType();              //显示图书类型页面
}
```

● findBookType()：接收从业务操作类传递的所有图书类型信息，将页面返回到维护图书类型页面，实现代码如下：

```
public String findBookType() {
    List<BookType> list = bookTypeFacade.findBookType();
    HttpServletRequest request = ServletActionContext.getRequest();
    request.setAttribute("bookTypeList", list);
    return "showBookType";              //返回到维护图书类型页面
}
```

● showBookType()：接收维护图书类型页面传递的要编辑的图书类型 id，交由业务操作类去处理，将页面返回到修改图书类型页面，实现代码如下：

```
public String showBookType() {
    BookType bookType = new BookType();
    bookType.setId(id);
    bookType = bookTypeFacade.showBookType(bookType);
    HttpServletRequest request = ServletActionContext.getRequest();
    request.setAttribute("bookType", bookType);
    return "updateBookType";            //修改图书类型页面
}
```

● updateBookType()：接收修改图书类型页面表单中的数据，传递业务操作类去处理，将页面返回到维护图书类型页面，实现代码如下：

```
public String updateBookType(){
    BookType bookType = new BookType();
    bookType.setId(id);
    bookType.setName(name);
    bookTypeFacade.editBookType(bookType);
    return findBookType();              //显示图书类型页面
}
```

类 BookTypeAction 在 "struts.xml" 文件中的配置如下：

```
<action name="*BType" class="bookTypeAction" method="{1}">
```

```
    <result name="showBookType">/back/showBookType.jsp</result>
    <result name="updateBookType">/back/updateBookType.jsp</result>
</action>
```

图书类型中使用的 Bean 在 "applicationContext.xml" 文件中的配置如下：

```
<!--把 DAO 注入给 Session 工厂-->
<bean id="bookTypeDAO" class="sunyang.dao.bookType.BookTypeDAOImpl">
    <property name="sessionFactory"><ref local="sessionFactory" /></property>
</bean>
<!--把 Service 注入给 DAO-->
<bean id="bookTypeFacade" class="sunyang.service.back.BookTypeFacadeImpl">
    <property name="bookTypeDAO" ref="bookTypeDAO"></property>
    <property name="bookDAO" ref="bookDAO"></property>
</bean>
<!--把 Action 注入给 Service-->
<bean name="bookTypeAction" class="sunyang.webtier.back.BookTypeAction">
    <property name="bookTypeFacade" ref="bookTypeFacade"></property>
</bean>
```

15.4.6　读者管理实现

读者管理主要是进行和读者有关的一些操作，包括读者信息管理和读者类型管理，如图 15-34 所示。

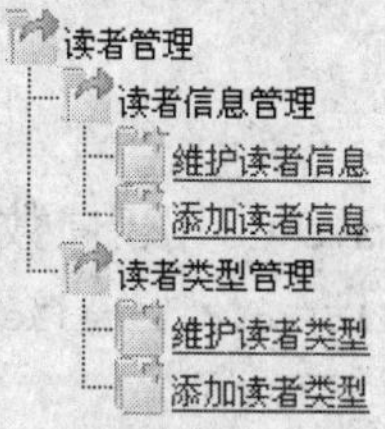

1. 读者信息管理

读者信息管理包括维护读者信息和添加读者信息。在维护读者信息功能中，包括编辑和删除操作，如图 15-35 所示。

单击"编辑"链接，页面将跳转到修改读者信息页面，如图 15-36 所示，在此页面中可修改读者真实姓名、性别、证件类型、证件号码和读者类型。

图 15-34　读者管理

用户账号	密码	读者类型	真实姓名	性别	借书证编号	证件类型	证件号码	电话	电子邮箱	注册时间	备注	操作
reader	000000	普通会员	张三	男	20091110162112042	学生证	11	11	c@d.com	2009-09-10	普通会员	编辑 删除
reader3	000000	高级会员	王五	女	20090511085329019	身份证	99	99	ww@w.cn	2009-11-11	高级会员	编辑 删除
reader2	000000	高级会员	李四	男	20091110164020043	军人证	22	22	ss@s.cn	2009-11-10	高级会员	编辑 删除

第1页

图 15-35　维护读者信息

单击"删除"链接，将删除被选中的读者。若该读者有过借阅历史，那么删除将会失败，如图 15-37 所示。

在添加读者信息功能中，可添加读者账号、真实姓名、性别、证件类型、证件号码、电话、电子邮箱、读者类型、备注和操作人，如图 15-38 所示。

填写完读者信息，成功提交以后，系统会为该读者自动添加一个借书证号，并为此账号分配一个初始密码 "000000"。

读者信息管理的功能是维护读者信息和添加读者信息，它的 DAO 类是 ReaderDAOImpl，该类中包含以下 7 个方法。

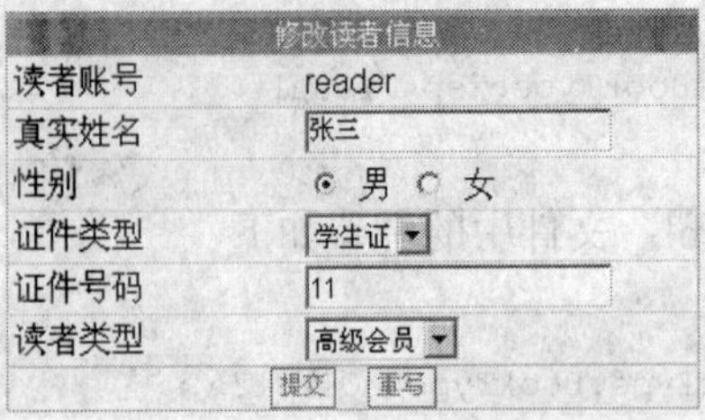

图 15-36　修改读者信息

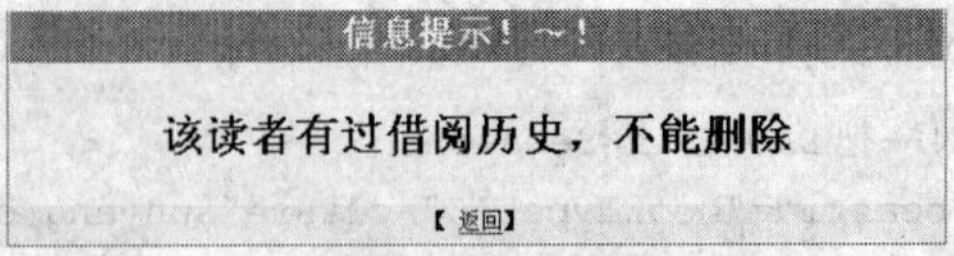

图 15-37　信息提示页面

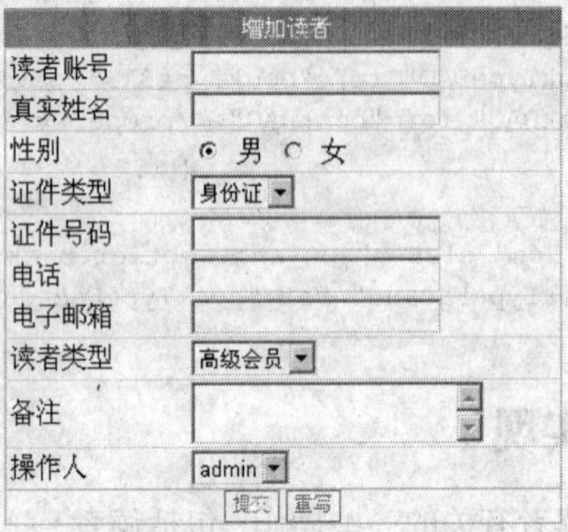

图 15-38　添加读者信息

- save()：用于向数据库中添加读者信息记录，实现代码如下：

```
public void save(Reader transientInstance) {
    try {
        getHibernateTemplate().save(transientInstance);
    } catch (RuntimeException re) {
        throw re;
    }
}
```

- delete ()：用于从数据库中删除读者信息记录，实现代码如下：

```
public void delete(Reader persistentInstance) {
    try {
        getHibernateTemplate().delete(persistentInstance);
    } catch (RuntimeException re) {
        throw re;
    }
}
```

- findById ()：根据读者 id 从数据库中检索读者信息记录，实现代码如下：

```
public Reader findById(java.lang.Integer id) {
    try {
        Reader instance = (Reader) getHibernateTemplate().get(Reader.class,  id);
        return instance;
    } catch (RuntimeException re) {
        throw re;
    }
}
```

- findByProperty ()：根据 Reader 对象的属性检索读者信息，读者登录用到了此方法，

实现代码如下:

```
public List<Reader> findByProperty(String propertyName, Object value) {
    try {
        String queryString = "from Reader as model where model."+ propertyName + "= ?";
        Query queryObject = getHibernateTemplate().getSessionFactory()
                .openSession().createQuery(queryString);
        queryObject.setParameter(0, value);
        return queryObject.list();
    } catch (RuntimeException re) {
        throw re;
    }
}
```

● findAll (): 从数据库中检索所有读者信息记录,实现代码如下:

```
public List<Reader> findAll() {
    try {
        String queryString = "from Reader";
        Query queryObject = getHibernateTemplate().getSessionFactory()
                .openSession().createQuery(queryString);
        return queryObject.list();
    } catch (RuntimeException re) {
        throw re;
    }
}
```

● findAllPage (): 根据页数检索读者信息记录,实现代码如下:

```
public List<Reader> findAllPage(Integer first, Integer max) {
    try {
        String queryString = "from Reader order by registTime desc";
        Query queryObject = getHibernateTemplate().getSessionFactory()
                .openSession().createQuery(queryString);
        queryObject.setFirstResult(first);
        queryObject.setMaxResults(max);
        return queryObject.list();
    } catch (RuntimeException re) {
        throw re;
    }
}
```

● merge(): 用于更新读者信息,实现代码如下:

```
public Reader merge(Reader detachedInstance) {
    try {
        Reader result = (Reader) getHibernateTemplate().merge(detachedInstance);
        return result;
    } catch (RuntimeException re) {
        throw re;
    }
}
```

2. 读者类型管理

读者类型管理包括维护读者类型和添加读者类型。在维护读者类型功能中,包括编辑操作和删除操作,如图 15-39 所示。

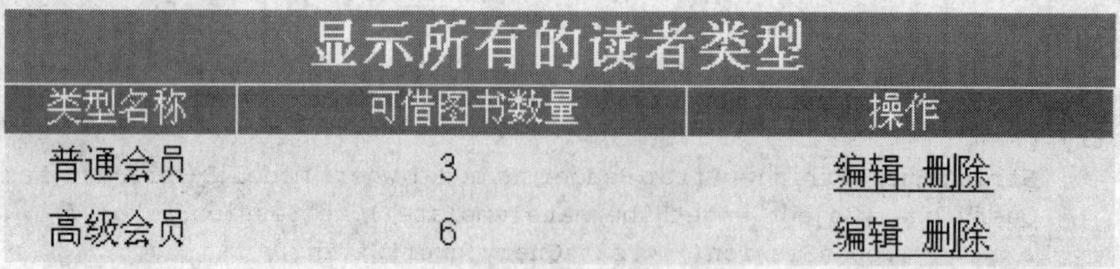

显示所有的读者类型		
类型名称	可借图书数量	操作
普通会员	3	编辑 删除
高级会员	6	编辑 删除

图 15-39　维护读者类型

单击"编辑"链接，页面将跳转到修改读者类型页面，如图 15-40 所示，在该页面上可修改类型名称和可借图书数量。修改完毕，单击"提交"按钮，页面将返回到读者类型列表页面。

单击"删除"链接，将删除选中的读者类型。若该类型已经被读者使用，删除将会失败。在添加读者类型功能中，添加读者类型和可借数量，读者类型实际上标识着读者可借阅图书的权限，不同类型对应着不同的可借阅图书数量，如图 15-41 所示。

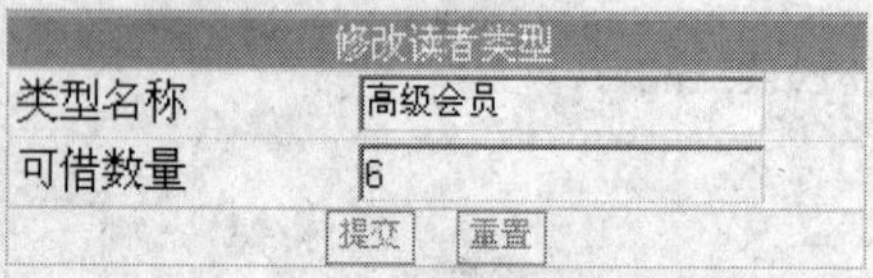

修改读者类型	
类型名称	高级会员
可借数量	6
	提交　重置

图 15-40　修改读者类型

增加读者类型	
类型名称	
可借数量	
	提交　重置

图 15-41　添加读者类型

读者类型管理中 DAO 类是 ReaderTypeDAOImpl，该类中有以下 5 个方法。

- save ()：用于向数据库中新增读者类型。

```
public void save(ReaderType transientInstance) {
    try {
        getHibernateTemplate().save(transientInstance);
    } catch (RuntimeException re) {
        throw re;
    }
}
```

- delete ()：用于从数据库中删除读者类型。

```
public void delete(ReaderType persistentInstance) {
    try {
        getHibernateTemplate().delete(persistentInstance);
    } catch (RuntimeException re) {
        throw re;
    }
}
```

- findById ()：根据 id 检索读者类型信息。

```
public ReaderType findById(java.lang.Integer id) {
    try {
        ReaderType instance = (ReaderType) getHibernateTemplate().get(ReaderType.
class, id);
        return instance;
    } catch (RuntimeException re) {
        throw re;
    }
}
```

- findAll ()：检索所有读者类型信息。

```java
public List<ReaderType> findAll() {
    try {
        String queryString = "from ReaderType";
        Query queryObject = getHibernateTemplate().getSessionFactory()
                .openSession().createQuery(queryString);
        return queryObject.list();
    } catch (RuntimeException re) {
        throw re;
    }
}
```

- merge ()：更新读者类型信息。

```java
public ReaderType merge(ReaderType detachedInstance) {
    try {
        ReaderType result = (ReaderType) getHibernateTemplate().merge(detachedInstance);
        return result;
    } catch (RuntimeException re) {
        throw re;
    }
}
```

15.4.7　借还管理实现

借还管理是针对读者借书、还书等一系列的操作，它包括图书借阅、图书归还、查询借阅历史记录和到期提醒，如图 15-42 所示。

在图书借阅功能中，管理员在图书借阅页面中输入读者要借的图书编号和该读者的借书证号，单击"借阅"按钮，读者即可将此图书借走，如图 15-43 所示。

图 15-42　借还管理　　　　　　　　　　图 15-43　借阅图书

若填写的图书编号或借书证号有误，将提示"图书编号或图书证号有错"的信息，如图 15-44 所示。

图 15-44　填写数据有误

若图书已经被借出，或该图书虽然归还了但未经过系统处理，在系统内标识为未归还，当输入这类情况的图书编号时，单击"借阅"按钮，会提示"当前图书已被借出"的信息，如图 15-45 所示。

图 15-45　图书已被借出

在图书归还功能中，管理员在图书归还页面中输入读者要归还图书的编号，直接单击"图书归还"按钮即可，如图 15-46 所示。

若输入不正确的图书编号，将提示"图书号错误"的信息，如图 15-47 所示。

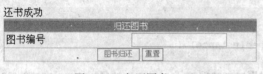

图 15-46　归还图书

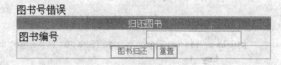

图 15-47　图书编号错误

若输入的图书编号虽然正确，但是该图书并未被借出，将提示"当前图书并没有被借出"的信息，如图 15-48 所示。

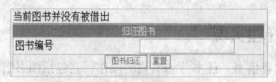

图 15-48　图书尚未借出

每一次的借书和还书操作都会被系统记录下来，查询借阅历史记录功能可帮助管理员方便地了解每一本图书的借阅和归还情况，如图 15-49 所示。该历史记录详细地描述了图书编号、图书名称、读者账号、读者真实姓名、借书证号、借书日期、到期时间、借书操作人、归还情况、归还日期和还书操作人。

图书编号	图书名称	读者账号	读者真实姓名	借书证号	借书日期	到期时间	借书操作人	归还情况	还书日期	还书操作人
借阅历史记录										
016030001	PHP开发入行真功夫	reader2	李四	20091110164020043	2009-09-11	2009-10-11	admin	未归还		
017029001	XML实用教程	reader	张三	20091110162112042	2009-09-11	2009-10-11	admin	已归还	2009-09-23	admin
016030002	PHP开发入行真功夫	reader3	王五	20090511085329019	2009-08-23	2009-09-23	admin	未归还		

第1页

图 15-49　借阅历史记录

当借阅的图书未能按期归还时，系统应有效地提醒管理员，以使管理员及时地通知读者归还图书。到期提醒功能可方便地使管理员发现那些借书即将到期但未归还的读者，如图 15-50 所示。在到期提醒页面上显示了图书编码、书名、读者名称、读者证件类型、读者 E-mail、读者电话、读者类型、借书时间和到期时间。

图书编码	书名	读者名称	读者证件类型	读者证件号	读者真实姓名	读者Email	读者电话	读者类型	借书时间	到期时间
快要到期图书列表										
016030002	PHP开发入行真功夫	reader3	身份证	99	王五	ww@w.cn	99	高级会员	2009-08-23	2009-09-23

图 15-50　到期提醒

借还管理的功能主要是为读者借书、还书服务的，它的 DAO 类为 BorrowDAOImpl，该类中包含以下 8 个方法。

- save()：用于向数据库中新增读者借书记录，实现代码如下：

```
public void save(Borrow transientInstance) {
    try {
        getHibernateTemplate().save(transientInstance);
    } catch (RuntimeException re) {
        throw re;
    }
}
```

- findById()：根据 id 检索借书记录，在续借功能中用到了此方法，实现代码如下：

```
public Borrow findById(Integer id) {
    try {
        Borrow instance = (Borrow) getHibernateTemplate().get(Borrow.class,id);
        return instance;
    } catch (RuntimeException re) {
        throw re;
    }
}
```

- findByProperty()：使用对象的属性进行检索，用于检索读者是否有借阅图书历史记录，在删除读者时用到了此方法，实现代码如下：

```
public List<Borrow> findByProperty(String propertyName, Object value) {
    try {
        String queryString = "from Borrow as model where model."+ propertyName + "= ?";
        List<Borrow> result = getHibernateTemplate().find(queryString,value);
        return result;
    } catch (RuntimeException re) {
        throw re;
    }
}
```

- findByTwoProperties()：使用对象的两个属性进行检索，用于检索指定读者的借书数量是否已经达到其最大借书量，实现代码如下：

```
public List<Borrow> findByTwoProperties(String propertyName1,
        Object value1, String propertyName2, Object value2) {
    try {
        String queryString = "from Borrow as model where model."
                + propertyName1 + "= " + value1 + " and " + "model."
                + propertyName2 + "= " + value2;
        return getHibernateTemplate().find(queryString);
    } catch (RuntimeException re) {
        throw re;
    }
}
```

- findWarnings()：从数据库中检索那些借书日期即将到期的记录，实现代码如下：

```
public List<Borrow> findWarnings(Short s, Date date) {
    try {
        // 设置日期格式
        SimpleDateFormat sdf = new SimpleDateFormat("yyyy-MM-dd HH:mm:ss");
```

```
            String queryString = "from Borrow as model where model.giveback = "
                    + s + " and model.forceBackTime < '"
                    + sdf.format(date).toString()
                    + "' order by model.forceBackTime";
            return getHibernateTemplate().find(queryString);
        } catch (RuntimeException re) {
            throw re;
        }
    }
```

- findAll ()：从数据库中检索所有的借书和还书记录，实现代码如下：

```
public List<Borrow> findAll() {
    try {
        String queryString = "from Borrow";
        return getHibernateTemplate().find(queryString);
    } catch (RuntimeException re) {
        throw re;
    }
}
```

- findAllPage ()：根据页数检索借书和还书记录，实现代码如下：

```
public List<Borrow> findAllPage(Integer first, Integer max) {
    try {
        String queryString = "from Borrow order by borrowTime desc";
        Query queryObject = getHibernateTemplate().getSessionFactory()
                .openSession().createQuery(queryString);
        queryObject.setFirstResult(first);
        queryObject.setMaxResults(max);
        return queryObject.list();
    } catch (RuntimeException re) {
        throw re;
    }
}
```

- merge()：修改读者借书信息，如读者续借时更新读者借阅图书的到期时间，实现代码如下：

```
public Borrow merge(Borrow detachedInstance) {
    try {
        Borrow result = (Borrow) getHibernateTemplate().merge(detachedInstance);
        return result;
    } catch (RuntimeException re) {
        throw re;
    }
}
```

15.4.8 前台功能实现

图书馆管理系统的前台主要用于为广大读者提供相关的服务，在前台主页上，如图 15-51 所示，读者可浏览到图书馆的详细介绍，包括图书馆的名称、联系方式、建馆日期等，读者还可利用信息搜索功能根据指定条件来查询图书的借阅情况。此外，当读者登录后还可查询已借图书情况和进行图书续借操作。

图 15-51　前台主页

1. 信息搜索

信息搜索功能是前台的一项重要功能，读者可根据图书的作者、出版社、书名、上架日期和类型来检索特定的图书情况，如图 15-52 所示。

信息搜索功能的界面采用 Ajax 技术实现，选择不同的分类，会出现不同的查询条件，如图 15-53 和图 15-54 所示。

图 15-52　信息搜索

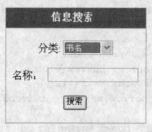

图 15-53　按书名搜索

图 15-54　按上架日期搜索

例如，按书名查找，输入要搜索的图书名称（这里为模糊查询），单击"搜索"按钮，查询结果就会在信息搜索的右侧显示出来，包括书名、作者、出版社、图书类型、上架时间、价格、图书编号和借阅情况，如图 15-55 所示。

书名	作者	出版社	图书类型	上架时间	价格	图书编号	借阅情况
XML实用教程	三扬科技	人民邮电	XML	2009-05-28	24.0	017029001	可借
PHP开发入行真功夫	三扬科技	电子工业	PHP开发	2009-07-16	59.8	016030002	已借出
PHP开发入行真功夫	三扬科技	电子工业	PHP开发	2009-07-16	59.8	016030001	已借出
JSP程序设计	三扬科技	人民邮电	Web开发	2009-05-15	29.0	017031001	可借

图 15-55　按书名搜索后的结果

前台功能使用的业务类为 FrontFacadeImpl，该类的 searchBook()方法用于进行信息搜索，该方法的实现代码如下：

```java
public Object searchBook(String searchType, String[] bookProperties) {
    List<Object> l = new ArrayList<Object>();
    // 使用书名或出版社进行查询
    if (searchType.equals("bookName") || searchType.equals("publisher")) {
        // 先使用精确查询
        for (Book book : bookDAO.findByProperty(searchType,bookProperties[0])) {
            Iterator<Barcode> barcode = book.getBarcodeTs().iterator();
            BookType bookType = book.getBooktypeT();
            while (barcode.hasNext()) {
                int may = 1;
                Barcode b = barcode.next();
                Iterator<Borrow> borrow = b.getBorrowTs().iterator();
                while (borrow.hasNext()) {
                    may = borrow.next().getGiveback();
                }
                List<Object> books = new ArrayList<Object>();
                // 将图书信息、图书编号、是否可借、图书类型放入 List 中
                books.add(book);
                books.add(b);
                books.add(may);
                books.add(bookType);
                l.add(books);
            }
        }
        // 然后使用模糊查寻
        for (Book book : bookDAO.findByVagueProperty(searchType,bookProperties[0])) {
            Iterator<Barcode> barcode = book.getBarcodeTs().iterator();
            BookType bookType = book.getBooktypeT();
            while (barcode.hasNext()) {
                int may = 1;
                Barcode b = barcode.next();
                Iterator<Borrow> borrow = b.getBorrowTs().iterator();
                while (borrow.hasNext()) {
                    may = borrow.next().getGiveback();
                }
                List<Object> books = new ArrayList<Object>();
                books.add(book);
                books.add(b);
                books.add(may);
                books.add(bookType);
                l.add(books);
            }
        }
        return l;
        // 使用作者名查
    } else if (searchType.equals("author")) {
        for (Book book : bookDAO.findByProperty(searchType,bookProperties[0])) {
            Iterator<Barcode> barcode = book.getBarcodeTs().iterator();
            BookType bookType = book.getBooktypeT();
            while (barcode.hasNext()) {
                int may = 1;
```

```java
                Barcode b = barcode.next();
                Iterator<Borrow> borrow = b.getBorrowTs().iterator();
                while (borrow.hasNext()) {
                    may = borrow.next().getGiveback();
                }
                List<Object> books = new ArrayList<Object>();
                books.add(book);
                books.add(b);
                books.add(may);
                books.add(bookType);
                l.add(books);
            }
        }
        return l;
        // 使用图书类型查
    } else if (searchType.equals("booktypeT")) {
        bookTypeDAO.findById(Integer.parseInt(bookProperties[0]));
        for (Book book : bookDAO.findByProperty(searchType, bookTypeDAO
                .findById(Integer.parseInt(bookProperties[0])))) {
            Iterator<Barcode> barcode = book.getBarcodeTs().iterator();
            BookType bookType = book.getBooktypeT();
            while (barcode.hasNext()) {
                int may = 1;
                Barcode b = barcode.next();
                Iterator<Borrow> borrow = b.getBorrowTs().iterator();
                while (borrow.hasNext()) {
                    may = borrow.next().getGiveback();
                }
                List<Object> books = new ArrayList<Object>();
                books.add(book);
                books.add(b);
                books.add(may);
                books.add(bookType);
                l.add(books);
            }
        }
        return l;
        // 使用上架日期查
    } else if (searchType.equals("inTime")) {
        String stringDate1 = bookProperties[0];
        String stringDate2 = bookProperties[1];
        Calculate cc = new Calculate();
        // 日期参数的排序
        switch (cc.compare_date(bookProperties[0], bookProperties[1])) {
        case 1:
            break;
        case 0:
            Calendar c = Calendar.getInstance();
            try {
                c.setTime(new SimpleDateFormat("yyyy-MM-dd").parse(stringDate2));
            } catch (ParseException e) {
                e.printStackTrace();
            }
            c.add(Calendar.DAY_OF_MONTH, 1);
            // 设置日期格式
```

```
                        SimpleDateFormat sdf = new SimpleDateFormat("yyyy-MM-dd");//设置日期格式
                        stringDate2 = sdf.format(c.getTime()).toString().substring(0,10);
                        break;
                case -1:
                        stringDate2 = bookProperties[0];
                        stringDate1 = bookProperties[1];
                }
                for (Book book : bookDAO.findByIntime(stringDate1, stringDate2)) {
                        Iterator<Barcode> barcode = book.getBarcodeTs().iterator();
                        BookType bookType = book.getBooktypeT();
                        while (barcode.hasNext()) {
                                int may = 1;
                                Barcode b = barcode.next();
                                Iterator<Borrow> borrow = b.getBorrowTs().iterator();
                                while (borrow.hasNext()) {
                                        may = borrow.next().getGiveback();
                                }
                                List<Object> books = new ArrayList<Object>();
                                books.add(book);
                                books.add(b);
                                books.add(may);
                                books.add(bookType);
                                l.add(books);
                        }
                }
                return l;
        }
        return null;
}
```

前台功能的 Action 类是 FrontAction，该类的 searchBook()方法用于查找图书，它的实现方法
如下：

```
public String searchBook() {
        String messages[] = new String[5];
        if (typer.equals("author") || typer.equals("publisher")|| typer.equals("bookName")) {
                messages[0] = theName;
        } else if (typer.equals("booktypeT")) {
                messages[0] = bookTypes;
        } else if (typer.equals("inTime")) {
                messages[0] = begin;
                messages[1] = end;
        }
        Object lo = frontFacade.searchBook(typer, messages);
        List l = (List) lo;
        HttpServletRequest request = ServletActionContext.getRequest();
        request.setAttribute("search", l);
        return "index";//将页面返回到前台主页
}
```

2. 读者登录与修改信息

在图书馆管理系统前台首页的底部提供了读者登录入口，如图 15-56 所示。通过该入口
读者可进入个人信息页面，以进行查询已借图书、修改个人信息等操作，如图 15-57 所示。
和管理员登录类似，在读者登录页面中也提供了相关的验证功能。

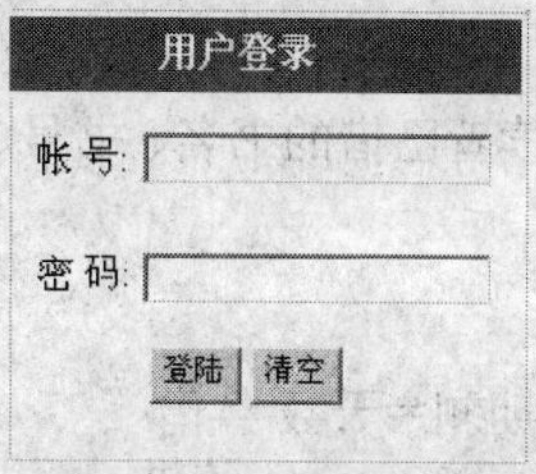

图 15-56　读者登录

修改个人信息

| 以下是您所借的图书和到期时间 | | | | | |
书名	书号	借书时间	到期时间	到期剩余天数	续借
XML实用教程	0160300012	2009-09-17	2009-10-17	30	续借

图 15-57　读者登录

单击"修改个人信息"链接，页面将跳转到修改读者信息页面，如图 15-58 所示，读者可修改登录密码、电子邮箱和备注信息。修改完成后，单击"提交"按钮将返回到显示读者已借图书页面。

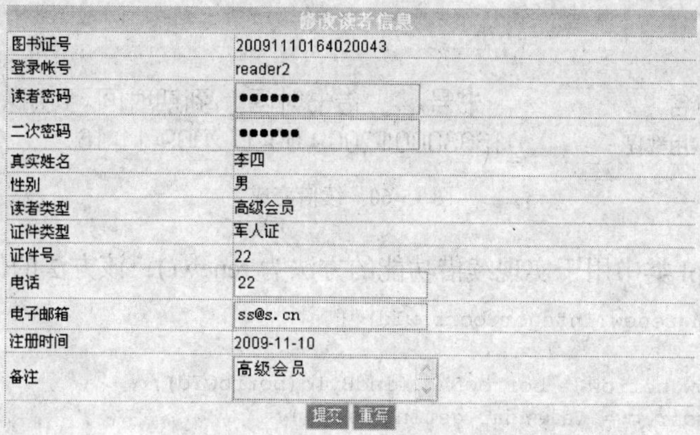

修改读者信息	
图书证号	20091110164020043
登录帐号	reader2
读者密码	●●●●●●
二次密码	●●●●●●
真实姓名	李四
性别	男
读者类型	高级会员
证件类型	军人证
证件号	22
电话	22
电子邮箱	ss@s.cn
注册时间	2009-11-10
备注	高级会员

提交　重写

图 15-58　修改个人信息

FrontFacadeImpl 类中用于实现读者登录的方法为 readerLogin()，该方法的代码如下：

```java
public Reader readerLogin(String name, String password) {
    if (readerDAO.findByProperty("name", name).size() != 0 &&
        readerDAO.findByProperty("name", name).get(0).getPassword().equals (password)) {
            return readerDAO.findByProperty("name", name).get(0);
    }
    return null;
}
```

用于实现借阅信息的方法为 findBorrowedBooks()，该方法的代码如下：

```java
public List<Object> findBorrowedBooks(Integer readerId) {
    List<Object> list = new ArrayList<Object>();
    for(Borrow borrow : borrowDAO.findByTwoProperties("readerT", readerId,"giveback",
"0")){
        List<Object> l = new ArrayList<Object>();
        l.add(borrow);
        Date date1 = new Date();
        Date date2 = borrow.getForceBackTime();
        l.add(((date2.getTime() - date1.getTime()) / (1000 * 60 * 60 * 24)) + 1);
        list.add(l);
    }
    return list;
}
```

3. 图书续借

当读者登录成功后，会进入显示读者已借图书页面，其中显示了读者已借的书名、书号、借书时间、到期时间、到期剩余天数和续借功能，如图 15-59 所示。

书名	书号	借书时间	到期时间	到期剩余天数	续借
XML实用教程	0160030001	2009-09-17	2009-10-17	30	续借

以下是您所借的图书和到期时间

图 15-59　图书续借

图书续借功能提供给读者续借一次图书的权限，单击"续借"链接，页面将跳转到显示读者已借图书页面，同时读者借阅图书的到期时间会增加 30 天，该书的续借权限将会取消，如图 15-60 所示。

书名	书号	借书时间	到期时间	到期剩余天数	续借
XML实用教程	0160030001	2009-09-17	2009-11-16	60	

以下是您所借的图书和到期时间

图 15-60　续借完成

FrontFacadeImpl 类中用于实现续借功能的方法为 renew()，该方法的代码如下：

```java
public boolean renew(Integer borrowId) {
    try {
        Borrow borrow = borrowDAO.findById(borrowId);
        Calendar c = Calendar.getInstance();
        c.setTime(borrow.getForceBackTime());
        // 将还书日期延后 30 天
        c.add(Calendar.DAY_OF_MONTH, 30);
        Short s = 1;
        // 将续借字段 renew 设置为 1，表示已经续借过
        borrow.setForceBackTime(c.getTime());
        borrow.setRenew(s);
        borrowDAO.merge(borrow);
        return true;
    } catch (Exception e) {
        e.printStackTrace();
        return false;
    }
}
```

在上述代码中，将每次续借后归还的时间延长为 30 天，并且将该书的续借权限取消，即读者对每本书只有一次续借机会。

本 章 小 结

本章使用 Spring、Struts 2 和 Hibernate 3 个框架来开发图书馆管理系统，其开发的功能包括系统管理、图书管理、读者管理、借还管理、前台功能等。在学习本章时，重点掌握的内容是 3 个框架的结合过程，各自在系统中充当的角色以及本系统的具体业务逻辑的实现。